纺织服装高等教育“十二五”部委级规划教材

现代服饰形象设计

张　原 主编

東華大學出版社

内容简介

随着现代社会的变革和文化艺术的进一步发展，人们的修饰与装扮更期望展现的是社会内涵，寻求更完美魅力形象。现代服饰形象设计是彰显个性、体现自身社会价值与地位的一种行为方式。该书内容涵盖了个人形象设计、服饰形象设计的发展历程、服饰形象设计的建构与形象管理、日常服饰形象设计准则、服饰形象创意设计方法等基础理论；同时针对个人身形观测和原型分析、个人色彩分析及评定、气质性格倾向分析与个人风格及评定，详细介绍了服饰形象设计主体设计内容——服饰色彩搭配、内衣穿着艺术、服饰款式搭配、饰品搭配等方面的技巧；对职业服饰形象设计、休闲服饰形象设计、社交场合服饰形象设计、创意形象设计进行风格划分及解读。这是一本偏重应用层面和实践环节的教材，着力于现代着装与形象的设计和创意的探讨，具有较强的实用性和可操作性，在强调知识性、系统性的前提下，力图有所创新。本书可作为高校形象设计专业、服装专业的教材，也可作为相关从业人员的有益读物。

图书在版编目（CIP）数据

现代服饰形象设计/张原主编. —上海：东华大学出版社，2014.3
ISBN 978-7-5669-0359-4

Ⅰ.①现… Ⅱ.①张… Ⅲ.①服饰美学②个人—形象—设计 Ⅳ.①TS941.11②B834.3

中国版本图书馆CIP数据核字（2013）第215349号

责任编辑 杜亚玲
封面设计 潘志远

现代服饰形象设计
Xiandai Fushi Xingxiang Sheji
主编／张 原
出版／東華大學出版社
上海市延安西路1882号
邮政编码：200051
出版社网址／http://www.dhupress.net
天猫旗舰店／http://dhdx.tmall.com
印刷／苏州望电印刷有限公司
开本／889mm×1194mm 1/16
印张／17 字数／600千字
版次／2014年3月第1版
印次／2014年3月第1次印刷
书号／ISBN 978-7-5669-0359-4/TS·431
定价／68.00元

前言

PREFACE

作为人类本质表现的具体形式，服饰形象设计经过不断的探索和开发，形成了创造人类新生活的服装设计与服饰文化。从嗜毛饮血的原始时代开始，人类就出于各种目的开始有意识地改变自身的本来形象，并利用诸多手段借助自身以外的材料来包裹和装饰身体，这就形成了早期人类潜意识当中自我形象设计的雏形。

随着现代社会的变革和文化艺术的进一步发展，人们的修饰与装扮则更期望展现一种社会内涵，寻求更完美的魅力形象。服饰形象设计从它诞生之日起，即具有反映社会物质文明和精神文化等多方面内涵的功能，并随着时代的进步和社会的演变不断扩展和丰富自己，其反映了时代的物质生产与科学技术水平，并对社会意识形态领域具有深厚的影响力。

现代服饰形象设计是彰显人类、体现自身社会价值与地位的一种行为方式。它在经历了漫长的开拓和发展、同步与融合后，才达到如今的统一。服饰形象设计是非语言性的信息传递媒介，反映着使用者的人格、社会地位、职业、文化水平、个性以及所承担的社会责任等有关其他性格和行为举措的信息传达。它也是人类有关心理和社会重要象征的表现形式。

作为本书的编著者已从事服装和形象设计相关教学十多年，积累了丰富的教学和实践经验，为构架此书奠定了良好基础。这是一本偏重应用层面和实践环节的教材，着力于现代着装与形象的设计和创意的探讨，具有较强的实用性和可操作性。本书由浅入深、由理论到实践，从体系、内容、观点到材料的选择，均以强调知识性、系统性为前提，结合世界服装发展史、古今中外形象设计理念，力图有所创新。此书可作为高校形象设计专业、服装专业的教材，也可成为相关从业人员的有益读物。

本书由西安工程大学、陕西咸阳师范学院、西安建筑科技大学、陕西学前师范学院等多所高校从事相关专业的教师联合编写。其中第一章由何静静、刘翔编写；第二章由冯佳妮、刘冰冰编写；第三章由张原编写；第四章由张原、刘翔编写；第五章由袁斐、王文丽编写；第六章由刘翔、袁斐编写；第七章由刘翔、袁斐编写；第八章由张原编写。全书由张原策划、统稿、修改。

本书的编写中，还得到了刘彩霞、闫红洁、王媛、袁龙、韩冰、李春鹏、林菀、殷子、张倩、李钊、薛帅等同志的帮助，在此对他们的辛勤付出表示感谢。

由于编者水平有限，难免有疏漏、不妥之处，敬请读者批评指正。

张　原

2014 年 1 月于西安

目 录

CONTENTS

目 录

CONTENTS

目 录

CONTENTS

目录

CONTENTS

第一章　形象设计与服饰

第一节　形象设计概说

一、形象设计的历史溯源

形象设计的产生和发展与整个人类服饰史、妆饰史、艺术史、文化史有着错综复杂的紧密联系。人类对于美不遗余力的追求以及经济的飞速发展和技术手段的不断革新，为形象设计的诞生和发展提供了现实的可能性和理论支撑的依据。

其历史脉络可以从以下三方面进行考证：

（一）早期行为实施阶段

在艺术发展史中，无论是绘画、雕塑、建筑还是服饰艺术，它们在各自追根溯源时通常把远古人的生存选择和行为当作最早形成的艺术行为之一。例如：当人通过视觉感受到自然之美并有所作为时，造型艺术就诞生了。形象设计作为一种文化形态，并不是现代人灵感所动、凭空产生的。早在裸态文明及原始文明时期就已客观存在。原始民族的服饰、妆饰表明：为达到以实用性为目的的基础上，有选择地利用兽皮、羽毛、贝壳等物件装饰身体（图 1–1），通过斑纹、黥涅、耳鼻唇饰等手段改变原有自然体态，并运用涂粉、着色修饰技巧美化形象，在某种意义上来说，这就是形象设计最早期的一种自主行为方式，从而说明装饰行为的最原始驱动力来自于人类爱美的天性。

人类在经历漫长的进化过程后，双手的解放、脑容量的增加，视觉美感的形成，在不自觉中已经产生对形象、色彩的感知能力，并把对于自身形象的创造性活动引入到日常生活当中。回观早期服饰发展进程，人类对于形象美的不懈追求，执著而坚定。

譬如，古埃及时期帝王服饰都以图腾修饰，而平民服装大都非常简单，方便劳动。直至图坦卡蒙时期古埃及人才开始注视衣服装饰，当时最流行在衣服上刺绣或佩戴各种贵重饰物（图 1–2）。如，头冠——象征个人尊贵的代表。古罗马时期崇尚健美的体魄，其服饰形象深受这一以人为本的哲学思想启示。强调线条的自然流畅、褶皱的随意悬垂、人衣的动静结合，配以考究的发型和妆饰，形成了恢弘、大气的整体形象。这一时期的服饰既承袭了古希腊的传统又有所发展。当时，不分男女贵贱，古罗马人都穿宽大的围裹式长衣、长袍，他们的围裹式长衣，就成了古代罗马文明的象征（图 1–3）；文艺复兴

图1–1　玛雅战士服饰

图1–2　埃及图坦卡蒙王朝时期服饰

图1–3　古罗马时期服饰

时期文化艺术达到前所未有的繁荣，达·芬奇、拉斐尔、米开朗基罗等这些艺术巨匠的出现，使得社会经济文化超前繁荣，思想得到根本性的开放，服饰形象多以奢华、富贵风格为主，将人体包装的形象艺术推向极致（图1-4）。

中国古人也很注意自己的外在形象，《离骚》有云："纷吾既有此内美兮，又重之以修能（态）。"所谓"修能（态）"，就是美好的仪容、形象；屈原在诗中反复运用香花、香草来比喻自身之美。"民生各有所乐兮，余独好修以为常"，他的"好修"理论完全可以看作其注重自身外在形象的独特美学追求；春秋战国时期，赵武灵王胡服骑射，改变了中国传统上衣下裳的服饰形象，确立了上衣下裤的形制……文人骚客、达官权贵们的美学思想、着装行为对于各个历史时期主流的服饰、妆饰形象的确立有着极大的影响。

反观历史，人类在创造文明、追求美的历程中，不自觉地已经把自我形象设计、创作行为纳入到日常生活规范。直到20世纪初，伴随着物质生活的不断丰富、技术手段的不断更新，从而迎来了形象设计艺术体系从思想基础到概念形成的循序发展过程。

（二）概念形成阶段

早期西方艺术史，传统的美术与设计艺术大多被当作贵族皇室及宗教政权的宣扬工具，并且带有浓厚的神秘主义色彩，普通人根本无法窥伺。1907年诞生的"德意志工作联盟"以推动社会性的、产业性的设计运动为目的，其宗旨为提倡"完全而纯粹的功用"，以此为契机，引发了一场现代艺术设计思潮。

形象设计的思想基础来源于1919年4月1日在德国魏玛成立的一所设计学院——包豪斯（Bauhaus）。作为包豪斯第一任校长，格罗皮乌斯亲自拟定了《包豪斯宣言》，确定其设计宗旨"艺术与技术的统一"。包豪斯经历了魏玛（1919～1925）和迪索（1925～1932）两个时期后，不断在实践中探索，确立了现代设计的基本观点和教育方向：①人是一切艺术活动的核心，设计的目的是人而不是产品。②设计必须遵循客观、自然的法则。③设计要将艺术与技术真正统一。其教育体系、设计理论与设计风格在实践中逐渐成熟、完善。包豪斯整合了美术和设计两个不同领域，使之达到融合，为此后各类视觉传达艺术的诞生奠定了坚实的基础。

图1-4　文艺复兴时期男骑士与女贵族

作为视觉综合性设计的一个派系，形象设计雏形起始于20世纪50年代的西方资本主义国家。早期的优秀形象设计师既不是美容师也非化妆师，而是出自服装设计大师。这是由于在个体的外观和造型中，服饰总是占有较大比例。法国服装设计师纪梵希为好莱坞影星奥黛丽·赫本所做的一系列形象设计，就是较为成功的范例（图1-5）。纪梵希根据赫本纤细的体型特征设计出直线条服装和鞘型服饰，配以特定的面妆和发型，塑造出优雅大方、清丽脱俗的女性新形象。时至今日，仍被当作女性美的形象典范被竞相模仿（图 1–6）。

（三）市场运作阶段

随着社会的日益现代化，生活质量也在不断提高，越来越多的人开始认识到，真正的形象美在于充分地展示自己的个性。创造一个属于自己的，有特色的个人整体形象才是更高的境界。人们对美的关注也不再仅仅局限于一张脸，而开始讲求从发式、化妆到服饰的整体和谐以及个人气质的培养。随之而来，商业与视觉文化联姻，急剧加速了形象产业的发展。在西方发达国家，个人形象设计相关产业早已有了成熟的市场运作机制，形象顾问、色彩咨询师、衣橱专家等新兴职业应运而生。

形象设计作为一门新型的综合艺术学科，正走进我们的生活。无论是政界要人、商贾、明星，还是平民百姓，都希望有一个良好的个人形象展示在公众面前。人们迫切想提高自我形象设计能力，但有时感到力不从心，往往是投入较大而收效甚微，甚至适得其反。其原因是忽略了形象设计的艺术要素，那么只有掌握了形象设计的艺术原理，才等于找到了开启形象设计大门的钥匙。人们对于自身形象的关心程度日渐增长，形象成为一种无形资产，成为人们身份识别、价值体现的重要因素。

20 世纪 90 年代初，以个体、社会的人为研究对象的形象设计开始登陆中国。由西蔓女士在 1998 年 5 月创建并成立了中国首家专业色彩、形象咨询服务企业——北京西蔓色彩文化发展有限公司。西蔓色彩是最早将“个人色彩诊断”、“个人款式风格诊断”、“色彩营销”、“色彩心理咨询”、“色彩搭配设计师”和“城市色彩规划”等概念引到国内，并通过教育催生出“中国的色彩、形象咨询行业”，引爆了一场中国的色彩、形象咨询革命，使许多色彩人才实现了高端就业，成为中国色彩、形象咨询行业创始和领军企业。随后，全国各地的形象设计公司也相继开张。

图1–5　纪梵希为奥黛丽・赫本所做形象设计（1）

图1–6　纪梵希为奥黛丽・赫本所做形象设计（2）

二、形象设计的概念

(一)关于“形象”

要了解服饰形象设计的内涵,就必须首先界定“形象”的概念,即设计的客体内容。

《现代汉语大辞典》中对“形象”一词的解释:“能引起人的思想或感情活动的具体形状和姿态,是人们的感知器官收集到的某一客观事物的总信息量,经过大脑加工形成的总印象”。

《辞海》中对于“形象”则有两个解释:一指形状、相貌;二指文学艺术区别于科学的一种反映现实的特殊手段。即根据现实生活各种现象加以选择、综合所创造出来的,具有一定思想内容和审美意义的具体生动的图画。由此可见,“形象”的含义可区分为狭义和广义两种。前者专指人;后者则是指人与物,包括社会的、自然的环境和景物。本书中所诠释的“形象”是一种狭义的概念,以人为本,专指能够反映个体身份地位、内在修养、气质性格的外部形态特征的综合代名词。

(二)关于形象设计

形象是指人的内外形象与造型的视觉传达,是指个体在社会或群体中所形成的总体印象,即社会或群体对某一个体的外在形象以及内在精神世界综合认识后所形成的总体评价。形象设计所涉及的领域较广,与工艺美术、人文科学、自然科学等紧密相连,也是对个人整体形象的再创造过程。

个人形象设计是以服务个人生活目标为核心,以个人的职业、性格、年龄、体型、脸型、肤色、发质、姿态、气质风度等综合因素为依据,使服饰、化妆及体态礼仪等要素达到创造思维与艺术实践活动的最佳结合。

形象设计是通过设计师以其独特的视角、创造能力对人的自然条件(身型特征、色型特征、气质倾向)、社会条件(生活方式、社会背景、职业阶层)进行综合分析,并结合环境、风俗习惯和时尚因素,运用身体装饰(服饰形象装扮)、身体表现(姿态举止,音色节奏等)、身体塑造(塑身和美容)等技术手段重新构建一个更加合理,更加理想的人物社会性体貌。在诸多的形象设计要素中,服饰是形象设计的必要手段和组成部分,也是形成人外在第一印象的集中体现。

三、个人形象的构成

个人形象是一个人在社会上所形成的公众印象,以及社会公众由此对其产生的基本看法和做出的总体评价。在现在信息化时代,良好的个人形象传递着个人信息,不仅能缩短人与人的距离,最大限度地发挥个人潜力和优势,还能让个人信心百倍地融入现代社会竞争之中。

现代个人形象包括以下三方面:精神形象、社交活动形象、外在视觉形象。

(一)精神形象

即内在形象,是指个人形象中相对隐藏、外显性差的诸因素,它是通过长期的努力逐步形成的、较为稳定的、直接对外在状态产生决定性作用的一系列潜隐因素,常常通过思想道德、人格、理念、能力等方面发挥作用。包括文化层次、道德品质、人生观、美学修养、艺术修养等。“质于内而形于外”,内在形象起决定性作用,可以对外在形象起到升华的作用。

(二)社交活动形象

是外在形象之一,是在社会交往活动中表现出来的。包括内容有:

1. 仪表礼仪——仪容服饰、仪容体态(站姿坐姿)、化妆礼节。

2. 举止礼仪——问候礼节、谈话礼节、女士优先礼节、手势礼节、做客礼节、吸烟礼节、握手礼节等。

3. 场所礼仪——餐厅就餐礼节(中、西餐)、舞厅跳舞礼节、室内外场合礼节、师生礼节、家庭礼节等。

(三)视觉形象

即外部形象之二。包括内容如下:

1. 发型——不同发质的护理与保养、不同发质的梳理、不同脸型的发型、不同头型的发型、不同性别的发型、染发方法、戴假发方法。

2. 妆容——不同类型皮肤的护理与保养、不同类型皮肤的化妆、不同场合的化妆、不同年龄层的化妆、不同季节的化妆、不同性别的化妆。

3. 服饰形象——体型美的标准、体型保持与内衣选择、服装美学(色彩、款式、面料)、着装的TPO原则、不同体型的着装、不同肤色的着装、不同职业的着装、不同年龄层的着装、不同性别的着装。

个人形象是一个综合的全面素质,是一个外表与内在结合的、动态的概念。

四、个人形象的社会属性

虽然人们很难改变自己的身高或相貌,但是很多时候人们能够有意无意地改变自己的声调、说话方式、衣着、行走和坐立姿势等,这就是人们在社会生活中不知不觉的形象改变。没有人是生活在真空里的,我们都成长在特定的社会环境里,为群体所包围,显示不同的社会身份。每个人都有着自己的形象期望,这种期望更多的表现出社会性特点,即人的社会形象。

(一)个人形象的社会角色分析

我们在日常生活中与他人的相互作用大部分都涉及到社会角色及行为准则。在某些特定的场合中都相应地产生个人的某种形象(表1-1)。从步入儿童时代起,我们就开始学会在特定场合做出正确的行为。在现代生活中,我们所处的各种社会场合对"合适"的形象都有一套特定的期望,如果我们想要被别人接受、受周围人的喜爱,那么我们的行为就必须符合这些期望。但这并不意味着去学习一套规则或是做个包装而已。其实在我们的日常交际中,这种形象期望在不同社会群体之间存在着很大的差异。从一个社会领域内的形象特点换到另外一个社会群体可能会显得很奇怪,甚至让人反感。社会角色是很难以一个确切的数字表示出来的,正因为在现实社会中存在不同的社会场合,因而就会产生比它多上几倍的社会角色存在,如社会地位群体包括上司、下属,军界、政界、学界、农牧业、工业或商界等等。这就使他或她在充当不同角色时会有相对应的需求和标准。当我们仔细审视人们在社会中所扮演的角色时,形象期望就会变得非常清晰明了。一系列社会准则为人们所扮演的特定的社会角色设置了可接受的形象表现方式。

(二)社会角色与个人形象设计

人们在不断地变换社会角色时,其中很多角色都有着一定的共同点。例如,企业的高级主管,仅就这一社会角色来讲,它对外要代表本企业的实力形象,对内要保持决策层与管理层的尊严,这都使得他在形成自己社会角色前必须完成具有针对性的个人形象设计,这是其形成自己角色形象定位所必需的。无论是服务行业,还是娱乐行业,大都需要体现这种特色,这也是社会共性的集中表现。一般来讲,不同的社会阶层,对形象定位与时尚风格有着不同的需求,但同一社会角色,对待形象的塑

表1-1　社会角色类别

社会角色类别	
年龄及性别群体	例如:孩子,老人,男孩,女人
家庭群体	例如:爸爸,阿姨,奶奶
社会地位群体	例如:主席,经理,领班,工人代表
职业群体	例如:教师,律师,机械师,秘书
共同爱好群体	例如:运动员俱乐部成员,电子游戏爱好者

造会有相似之处。

个人所处的社会环境与自我形象相辅相成,形象设计过程中不能忽略社会角色。如果仅从人物个体表面形象作为设计的出发点,即使设计对象与设计师双方都满意,但当其进入自己的社会角色时,就不一定能够获得良好的社会效应。形象设计中理解设计对象的生活背景与社交环境是作为展开设计的重要基础。

个人形象设计是要在个人条件基础上定位一个被自己以及公众接受的期望形象,设计对象以这个期望形象为目标,调整自己的心态和行为,使之达到设计的目的。它是一种实用性设计,是一种再创造的过程。

对于现代社会而言,个人形象设计也被赋予更多人性化的特点,在满足个人需求的同时给予正确的引导,在自己固有的模式上加以拓展和延伸的设计过程,寻求合理形象定位,并且在与之对接中,强化个体的角色意识,从而使内外达到和谐一致。

第二节　服饰——表达个人形象的外在符号

马克思说："人们为了能够'创造历史'必须能够生活。但是为了生活，首先就需要衣、食、住以及其他东西。因此第一个历史活动就是生产满足这些需要的资料，即生产物质生活本身。"（《马克思恩格斯选集》第一卷第32页，人民出版社，1972年版。）由此可见，服饰存在的根本原因，是出于人类生活的实际需要，即服饰的实用性。

服饰从形态上可分为佩戴、挂饰以及装饰等形式，以改变身体某些部位的自然状态，达到装饰目的。装饰是与审美意识相联系的，亦出现在保护身体的生存需要之后。演化到现代服饰便成为个人形象塑造的主题内容之一，是完善整体或个人良好形象的主要因素。

一、服饰的基本概念

服饰，既是人类文明的标志，又是人类生活的要素。它除了满足人们物质生活需要外，还代表着一定时期的社会文化背景。服饰作为我们日常生活必不可少的一部分，随着经济的发展、多元文化的融合，服装不仅是人类文明与进步的象征，同时也是一个国家、民族文化艺术的组成部分，是随着社会文化的延续而不断发展的。它不仅具体地反映了人们的生活方式和生活水平，而且形象地体现了人们思想意识和审美观念的变化。

服饰这一专业术语有着独特的界定和表述，概念上有广义与狭义之分。

（一）广义上的服饰概念

是指衣服及其装饰，它包括衣服和服饰配件两个部分：

其一，衣服。这是人们所穿着的服装类型的总称，其构成的三个基本元素包括面料、款式及色彩。是运用形式美法则和技法将款式造型，色彩搭配，面料选型等要素进行设计，使之形成类型各异、相对具体的服装单品、单件套的成品。例如：风衣、茄克、外套、裤子、裙子等。由于经济的发展和人们生活水平的提高，服装款式也越来越丰富，根据不同用途，可分为：用于正式社交场合的礼服（图1-7）；用于日常生活的生活装（图1-8）；用于各种职业劳动的职业装（图1-9）；用于进行体育活动的运动装；用于各种演艺活动的演出服；还有用于家庭内穿着的休闲装等等（图1-10）。

其二，服饰配件。主要包括附着于人身上的饰品，还包含身体以外与服装有关的物品。包括帽子、鞋、围巾、领带、胸针、眼镜、手表、手链等物品。因而，服饰具有较广泛的概念，是人类的穿戴、装扮自己的行为及其着装状态。

图1-7　晚礼服

图1-8　生活装

图1-9　职业装

图1-10　运动休闲

（二）狭义的服饰概念

是指服装的佩饰或装饰。具有两种含义：一是服饰配件，其范围不仅包括附着于人身上的饰品，还包括身体以外与服装有关的物品。比如帽子、鞋、围巾、领带、胸针、眼镜、手表、手链等，其发展既有其独立性，又有对服装的依附性；二是指服装的装饰用品或衣服上的图案、色彩等。

二、服装的起源及穿着的基本意义

人类社会发展的早期，着装行为就已出现，距今已有数千年的历史了。衣服成为人们在自然中保护身体，维持生存的一种不可缺少的手段。服饰经历了“草、叶裙围”、“兽皮披”、“早期织物装”，到“布帛衣裳”，以至于现代科技产品服装时代。

（一）对身体的保护

在服装的种种起源动机中，有“身体保护说”和“保护器官说”。

1. 身体保护说

《释名 · 释衣服》称：“衣，依也，人所以避寒暑也。”美国服装史论专家玛里琳 · 霍恩也认为：“最早的衣物也许是从抵御严寒的需要中发展而来的。”这种推想是合乎逻辑的。因为，原始居民面临着生产力低下、生存环境恶劣等一系列情况，在战胜自然的能力相对较弱的情况下，本能的适应自然的能力就显得尤为突出，原始人开始用兽皮、树叶、羽毛、草片等包裹身体取暖。并且，为了适应各种环境，气候，狩猎和劳作的需要，遮体的兽皮出现了各种造型，遮体的方式也变得多种多样（图 1-11）。

2. 保护器官说

另一种关于服装起源的保护说认为，当人类从四足行走进化为两足直立行走时，因为在狩猎等剧烈活动中某些器官容易受伤，且极为不便，因而需要将某些部位包裹起来，进而产生出了腰绳或腰布这种人体包装物品。这种行为中逐渐发展到把其他身体部分包裹起来，逐渐扩展至全身形成人类最初的服装。人类的祖先为了在狩猎和劳作时，使赤裸的手腕和脚腕免遭荆棘的刺伤和野兽侵害，用木头、兽皮做成护腕的手镯、脚镯，并且日益精巧、灵便，人类的服饰就逐渐形成了。

（二）装饰与自我表现

1. 吸引异性说

人体装饰学说认为，人类用衣物装饰自己是为了取悦他人。众所周知，熟悉的事物不会引起好奇，隐藏的东西反而容易激发人们的好奇心。比如，稍稍披上一点遮盖的东西，但还隐约可见体形，就比全裸更诱人。人类之所以要用衣服装饰自己，是因为

图1-11　部落时期原始人类的服饰

男女两性为相互吸引对方，在性器官部位装饰服饰是为了突出性特征，引起对方注意和好感。

2. 炫耀的标志

有的人认为服装起源的动机是用以“炫耀”为标识。早期形式的衣服是用来博得人们的称赞和尊敬的。在原始社会后期，可能有人由于勇敢的品质和强悍的体魄而在部落的围猎活动中做出了突出的贡献，于是假想在享用完野兽的美味后，可能将兽骨、兽齿做成项链，又可能将兽皮充当衣物授予此人，作为对他的表彰。例如，印第安人把鹰的羽毛作为勇敢的象征（图 1-12）。佩带野兽的牙齿、骨骼、刺彩纹和刀痕，向人们显示他在狩猎中的业绩，装饰的目的是为了表现穿着者的力量、勇气和技术。

图1-12　印第安人的服饰是其炫耀的标志

3. 护符装饰说

护符装饰说认为服装的起源是对自然和图腾的信仰，将赋有寓意的饰物装饰人体，这种穿戴行为逐渐演变发展为人类着装模式。原始居民为了保护善的灵魂并使恶的灵魂不能近身，就把认为可以避邪和祈福的诸如贝壳、石头、羽毛、兽齿、叶子、果实等装饰在身上（图 1-13）。他们认为衣饰穿戴在身上有一种驱邪的作用，衣饰的功能是用来保护他们，抵御可能伤害人类的妖魔。这种简陋的身体装饰物逐渐演变发展为人类最早的服饰。

图1-13　原始人的饰物是其护身符

4. 爱美欲的表现

有些服饰专家在对服饰的探讨中认为，服饰的基本意义不仅是起到保护作用，同时也是人们本能爱美欲的表现。服装的起源来自人类喜欢使自己富有魅力，以表现自己强烈的心理活动。从原始状态的披挂、缠裹、简单缝制，到现代服饰的工业化生产和高科技制作手段；从大都市的顺应潮流的时髦打扮，到偏远地区少数民族的服饰装缀，无不彰显人们对美的追求。

三、现代服饰穿着行为动机

服饰是人类的第二层皮肤，它像一面镜子一样，折射物质生产与物质生活的发展状况。随着经济的发展，现代社会服装的穿着要满足人类的生理和精神的双重需求。现代服饰穿着行为动机可以从服饰的物质性与精神性两方面进行分析。

（一）服饰的物质性

服饰的物质性主要表现在服装的实用功能方面，在人类作为生物体存在时，为适应自然环境以及应对自身的生理现象，而产生的对服装的需求。

1. 护体性能

现代人类作为生物体存在时，为适应环境以及应对自身的生理现象，而产生对服装造型和材料的需求。服装的保护性主要是指对人体皮肤的保洁、防污染、防护身体免遭机械外伤和有害化学药物、热辐射烧伤等等的护体性能。这是通过服装面料的吸湿性、吸水性、保温性、通气性、含气性、导热性、抗热辐射性、防水性、耐汗性等性能来实现的。

2. 卫生性能

随着科学技术的发展，现代人类对服装的卫生性能需求逐渐提高，要求服装能够保护人体不受外界和内部的污染。服装的卫生安全性能，主要以皮肤的接触性、口服毒性、纤维含量与组成规定、有害物质含量限定及顺应不同人群所处生活状态、不阻碍其运动机能和生理功用为重点要求。使服装具有防止尘土、煤烟、工业气体及其粉尘等外部污染侵入到皮肤的功能。如果侵入了，玷污了皮肤，则要求容易清除。同时，服装还应具有阻止外界的致病微生物或非病原微生物侵入，或最好能在其表面杀灭的性能。

3. 舒适性

现代人着装不仅要求服装能保护人体，维持人体的热平衡，同时在穿着中要使人有舒适感，以适应气候变化的影响。服装的舒适性功能，主要是指日常穿用的便服、工作服、运动服、礼服等对人体活动的舒适程度。过紧的、缺乏弹性的服装，限制了人体的活动，甚至影响人的正常呼吸，长时间穿着这样的服装，还会使人体骨骼发生变形，对未发育成熟的青少年来说危害更大。同时，服装与人体皮肤的触觉舒适性现代人也越来越注重。例如，经过起毛绒整理和柔软整理的织物都较柔软，这样的织物加工成服装，其舒适性较好，容易得到消费者的青睐。

（二）服饰的精神性

服饰不仅是时代物质生产能力的反映，也是时代物质生活水平的反映。服饰的精神性表现为社会功能、装饰功能和象征功能。

1. 服饰是社会礼仪制度与风俗习惯的反映

服饰在各国历史上，都有着严格的礼仪规范，体现了国家根据礼仪传统和民俗习惯对服饰制式的统治，对各种不同阶层的人们的特定服式要求。中国两千多年的封建社会，形成了以汉民族为传承的中华特有的服饰传统。“三礼”（《周礼》、《礼仪》、《礼记》）记载了等级森严的服饰礼仪制度。如今服饰形象设计是人们在交往过程中为了相互表示尊重与友好，达到交往的和谐而体现在服饰上的一种行为规范。

2. 服饰是人们思想意志与情感世界的写真

服饰关乎人们的仪表，是人们内在意志与情感世界的写真。中国自古以来，把服饰当作人的仪表之尊、德尚之表和情感世界的外化，推崇“内美”“文质彬彬”“暖而求丽”“好质而恶饰”“天人感应”“衣冠楚楚”“不可异众”等服饰观。不同朝代，封建文人的服饰议论，其说不一，然而大家强调的近乎都是要求服饰表现人的作风、气派和尊严。事实上，不仅古代帝王在自己的冕服上所寄驻的思想、意志、情感一览无余，而且一般官吏、百姓也无不如此。时至今日，人们更是在追求款式、面料、色彩色调的同时，力求有一个吉利的名称、知名的品牌。可以说，古今中外，衣如其人，概莫能外。

3. 服饰是人类文化、民族文化、群体文化与个性文化的再现

服饰文化是带有鲜明的民族性、地域性特点的。不同国家、民族由于地理的、经济发展的差异，经过不同历史阶段的演变而形成的地域性、民族性差别，反映在服饰上，其形式和风格各异。在世界上许多地区中，民族服装与衣服风格代表了某个人隶属于

某个村庄、地位、宗教等等。例如：一个苏格兰人会用格子花纹来宣告他的家世；而一个法国乡村妇女会用她的帽子来宣告她的村庄。

不同的文化群体，在着装风格和喜好上也有各自的特点。并且，因为其中的个体经历、受教育的程度、生活习惯、兴趣和爱好上的差别，同一群体中人们对于服饰的款式、色彩色调要求也不尽然一致；因一个头花、一具领结、一条丝巾、一款项链，而尽显个人风范。正是人类文化、民族文化、群体文化和个性文化的交替存在，便构成了服饰文化的绚丽多彩。

4. 服饰表达了人们对美的执著追求

服饰的装饰功能来自人们追求美的心理——审美意识。有意识的生命活动把人和动物区分开，而审美意识是人类最主动的意识活动。服饰的美观性满足人们精神上美的享受。服饰对于现代人，不再仅仅是外表的浮华，更是知性与修养的表现特征，即个性的代言。现代社会时尚是人们心中的宠爱，服饰当仁不让地独占于潮头之颠，体现了现代人身处社会漩涡中的自我定位，是内在气质的释放，更是心中温情故事的倾诉和对美的追求。

5. 服装是传达信息的媒介

服饰传达的社会讯息则包含了社会地位、职业、能力、道德与宗教联结、婚姻状态以及性暗示等等。人类必须知道这些符码以辨认出传递的讯息。如果不同的团体对于同一件衣物或装饰解读出不同的涵义，那么穿衣者可能会激发出一些自己所没有预期到的反应。例如：在现代社会中，没有法律会去约束不同地位者相互的着装变化，然而那些服装的高价位很自然便限制了他人的购买与使用。

服装可以用来表现一个人对其文化规范与主流价值观的异议以及个人的独立性。例如：在19世纪的欧洲，艺术家与作家会过着波西米亚式的生活，并且刻意穿着某些衣物来震惊他人。乔治·桑（George Sand）穿着男性的服装、女性解放运动者穿著短灯笼裤（bloomers）、男性艺术家穿着丝绒马甲（waistcoat）与俗丽的领巾。波西米亚族、披头士（beatnik）、嬉皮士、哥特族、朋克族在20世纪则用服饰宣扬着独立的个性。

第二章　现代服饰形象的历程

服饰形象是物质与精神相结合的产物，服饰形象随着人类物质和精神需求的提升而不断发展。20世纪是服装时尚发展变化最快且流行周期最短的时期，同时也是人类物质生活和精神财富增长最多且最为重要的时期。进入20世纪后，人类经历了两次世界大战的洗礼，战争改变了原有的社会价值体系，也打破了19世纪浪漫主义服饰形象风潮，人们的服饰形象在20世纪中经历了多元化的风格转型。与此同时，随着社会经济的繁荣增长和人民生活水平的迅速提高，在衣、食、住、行各方面都有所反映，特别是突飞猛进的服装业，这一时期在欧洲等国的发展中，出现了一批服装设计的大师们，他们所推出的新颖设计在当时受到了社会各阶层人士的普遍欢迎和推崇，同时，这一时期的服饰对现代人的着装理念有着深远的影响。现代服饰在继承和延续20世纪服饰的基础上进行了一定的创新和发展。

图2-1　19世纪末20世纪初西方女性强调以“S”型为美的造型

图2-2　19世纪末20世纪初西方女性强调以“S”型为美的造型

第一节　西方服饰形象的现代历程

一、女性服饰形象的现代历程

（一）1900年~1910年期间的女性服饰形象

优雅的气质与奢华的装饰是19世纪末20世纪初时尚流行的绝对法则。因此，追求时髦的女士们沉浸在貂皮和银狐所营造的奢华中。帽子较大，上面缀满了花朵、羽毛、缎带和面纱，一把花边繁复的细小阳伞则是随手必备的饰物。服装在此时代表着身份和地位，妇女依然穿着S型或A型的服装。传统的女性用紧身衣包裹整个身体，突出丰腴的胸部线条和曼妙的腰部曲线，女性完美的S型弧度服饰形象是这一类保守传统女性的显著特点（图2-1）。西方女性积极地使用化妆品以求得有个优雅的气质形象，色彩开始丰富艳丽，特别注重眼部化妆。女性发型流行优雅的盘发，普通女性通常都留着长发，并把长发盘起；将波浪卷发在颈背处挽成髻，或是梳成较高的发髻（图2-2）。

新一代的妇女不想再忍受束缚，他们渴求自我和自由，于是促成了改革的服装设计师和新女性形象的出现。1905年前后，法国人保罗·波烈（Paul Poiret）提出“要把妇女从紧身胸衣里解放出来”，他以摧枯拉朽的行为推翻了女用紧身胸衣控制服装的长期垄断，创造了新的时装，从而成为时装设计的第一人。由于这个时期女性服装经历了革命化的转变，从紧身胸衣为中心的S型和A型的传统式样转变为自由的、轻松的新式样，因此女性的服饰形象以优雅、简洁为主体风格。

1908年，法国设计师保罗·波烈发布了蹒跚

图2-3　1910年的女性蹒跚裙

女裙(图 2-3)(呈直线造型,因在膝盖处收拢,不便于快速行走而得名,被妇女们在日装和晚装中普遍接受,风靡一时)、宝塔裙等款式,这些新设计吸收了中东服装和日本和服的外形特征,改变了传统的西式服饰造型方式,对时尚产生了十分巨大的影响(图 2-4)。

(二)1910 年~1920 年期间的女性服饰形象

1910 年后服装进入了一个急速的转型过渡期,一直延续到 20 年代早期并引导了现代服装的潮流。此时,时装追求简洁大方的风格,女性时装已着重表现包括腿部曲线在内的人体自然线条美;在战争的影响下,男女服装都发生了功能性的转化,这对后世的服装发展有着很深远的影响。

1910 年 ~1914 年,纤细柔软的波列线条成为流行的主导,戴珠串束发带和羽毛装饰是常见的装束(图 2-5)。20 世纪初开始崇尚东方文化,从 1911 年波烈设计的服装就能看出。在当时,秀美而简洁的服饰线条柔和优雅,细节充满东方情趣。在他的引导下,女装呈现出和谐、古典又具东方异域的气质,尽管受到保守派的激烈斥责,却并未阻挡时尚女士们的追逐和效仿(图 2-6)。

第一次世界大战的爆发,使得妇女直接参加生产和战争,对于传统的服装是一个直接的打击,服装的观念、形式、剪裁、生

图2-4　保罗·波烈设计的简单大方的长裙

图2-5　运用串珠和羽毛元素作为装饰

图2-6　20世纪初中小贵族女性服饰

图2-7　欧洲女便装

图2-8　一战后中性化的服饰形象

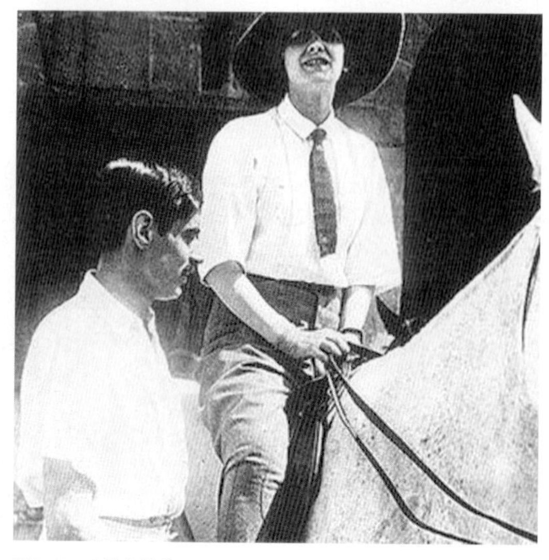

图2-9　女性户外休闲服

产、面料都与前十年大相径庭。第一次世界大战之后，女装发生了革命性的变化。女权运动是其最重要的影响因素之一。一批新型的、更加职业化的女性涌现，促使职业装应运而生。清爽简洁的服饰形象风格成为人们追求的时尚，优雅与奢华都被暂时放置一旁，取而代之的是简洁利落的风格。女帽的款式出现帽边缩窄、饰品极少的变化，多数职业女性以简单宽松的风衣配以直筒连衣裙的服饰形象出现，掀起了一时的流行风潮（图 2-7）。

另一方面，社交场合女性仍以晚装为主，战争的阴影并不妨碍杜维尔的贵妇继续波烈式的羽饰、长裙，她们以高规格服饰的铺张来炫耀丈夫的地位。晚装则采用明亮色彩的闪光面料，并带有很多女性化的细节，如：宽摆裙、褶裥裙以及珍珠、亮片、流苏等装饰。同时女用军装也很普及，开创了现代女装制服化、男性化的先河，一直影响至今，一些开明的时尚女性在聚会时身着男式礼服表现出开放的个性（图 2-8）。

（三）1920 年 ~1930 年期间的女性服饰形象

第一次世界大战后，人们的生活发生了巨大变化，战争从根本上改变了人们的生活方式及思想观念。由于战争的原因，女性开始有机会走出家庭，走入社会从事一些社会活动及服务工作。这一时代的女性服饰越来越休闲，出现了较为男性化的趋势。时装设计大师可可 · 夏奈尔（CoCo Chanel）提出，男性对于女性的欣赏立场不应该作为女性服装设计的考虑中心。由于这一时期社会生活方式已改变，波烈式的宽大拖沓的时髦，既不适宜更多的社会活动，也显得可笑滑稽。夏奈尔凭借天才的敏感，推出针织羊毛运动装和简洁的衬衫，作为妇女户外活动的休闲装（图 2-9）。

此时饱受战乱之苦的男性终于可以生活在自由和平的家园。对女性的渴慕和赞美之情在女装样式中充分体现。服装产生了表现追求享受，花哨而轻松的样式。1925 年，裙装的长度有所转变，趋向于短小精悍，同时女性开始崇尚减肥，追求并塑造少女的体形，且腰线也降低到跨部，以掩盖成熟女性的曲线。年轻女孩的裙子是如此的短，以至显露出她们丝袜的卷边，胸衣也不再使用，剪着流行的短发，青春的气息不变，但不再是天真无邪的感觉，发展为稍显轻浮的“小野禽风貌”（图2–10）。

这个时期水手装和水手裤替代女长裙，这个时代在时装史上被古怪地称为“女男孩”时期，裙子从脚踝升到膝盖以上，成为名副其实的短裙。电影《42号街》剧照里描述了当时的女孩形象——剪短头发，裙子的减短成为不可遏制的潮流，穿男性服装，便是这一时期的写照(图2–11)。

（四）1930年~1940年期间的女性服饰形象

这一时期的服装开始详尽细分，讲究女性的衣橱内挂有各种不同场合的服装，如工作、日常生活、鸡尾酒会、非正式晚宴以及各种体育活动等。

20世纪30年代初，女装的重点从腿部转移至后背，女性化的趋向重新浮现，裙子的长度回落到离地面10英寸的地方，裙子上的褶裥从原来的臀围位置下落到膝盖以下。女装的整体风格在1931年~1933年间，以长裙为主，突出腰线，臀部瘦窄，面料柔软松散，通过斜裁强调向下的流动感和下坠感(图2–12)。

1933年~1937年这一时期的设计突出胸部、腰部和臀部，典型的装扮是胸部有装饰的衬衣、紧腰上衣和直身裙，腰线回到原来的位置，但还是保持自然线条。衬衣靠近颈部以宽松的围巾、泡泡花结装饰，衬衣胸部的装饰更加夸张。例如图2–13中女演员贾奎林 · 德鲁巴克是典型的30年代的打扮，帽子、带有胸部装饰的衫衣、典雅

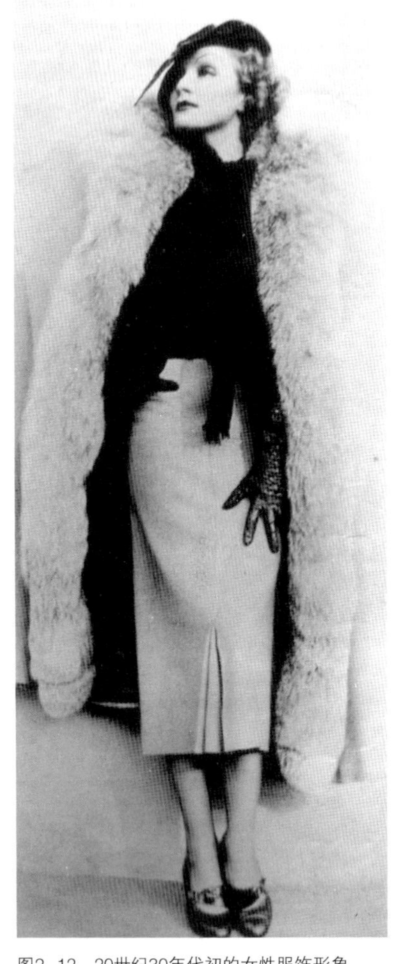

图2–12　20世纪30年代初的女性服饰形象

图2–10　20世纪20年代少女的“小野禽风貌”

图2–11　“女男孩”服饰形象

的紧身上衣和直身裙子组合、手套和手袋,她被视为半个世纪中巴黎最典雅的女性偶像。

1938 年 ~1939 年间则有复古的风潮,胸部的轮廓浑圆饱满,腰收紧,肩和袖的设计有了新意。巴黎出现了新型的紧身胸衣。通过加负起到紧身的作用,塑造出收腰的新造型。这一时期出现的另一种变化是宽肩西服。袖子从羊腿袖变成了不同长度的瘦长袖。在袖窿处抽褶或捏褶裥,并加垫肩形成方肩造型。

夏奈尔创造的"白色晚装"影响了整个三十年代。紧紧贴身的缎子闪闪发光,把身体细节暴露无遗,性感突出。白色晚装成为好莱坞的最爱,无论电影中的那些光彩照人的主角,还是奥斯卡颁奖仪式上的女影星,很多人都穿着白色晚装出场。

图2-13　20世纪30年代女性服饰形象

(五)1940 年 ~1950 年期间的女性服饰形象

第二次世界大战(1939~1945)期间,物资短缺直接影响着服装业。与其他很多日用品一样,服装也是限量供应。这样,服装的款式都衍变成又短又小。女装裙子的褶裥数量受到限制,袖子、领子和腰带的宽度也有相应的规定。刺绣、毛皮和皮革的装饰都受到禁止。裙长及膝而且裁剪得很窄。套装的设计注重功能性,并且适合各种场合穿着。

在战争背景下,军队制服也成为时尚,这些紧身、合体、颇具战时严肃感和纪律感的制服既被权贵穿成时装,百姓也趋之若鹜。其款式常常与军服相似,给人留下印象最深的是宽宽的垫肩和系得紧紧的腰带(图 2-14)。

图2-14　二战时期女便服

战后的 1947 年高级时装在巴黎复苏,巴黎再度引领时尚潮流。经历了多年的经济萧条之后,人们渴望穿上漂亮的服装,克里斯汀 · 迪奥(Christian Dior)意识到了这一点,他的服装发布会引起的巨大轰动,表明人们对服饰美的强烈渴望和追求。随着充满女性化"新式样"的推出,迪奥一举成为"时装之王"。这种款式的特点是:长及小腿,裙子下摆宽大,上衣肩部圆润,充分展现了女性优美的形体(图 2-15)。

然而，牛仔裤因其耐穿耐磨，在这个时期也开始流行，从一种普通工作服发展成性感、时尚的时装。

（六）1950 年 ~1960 年期间的女性服饰形象

时装设计在 50 年代开始复苏，出现了令人耳目一新的 New Look（新面貌），长 A 字裙、紧身上衣，典雅精致，时装大师克里斯汀 · 迪奥（Christian Dior）以优柔典雅的风格而被称为“温柔的独裁者”。这个时期对典雅形象的追求，与第二次世界大战残酷的、男性主导的形象形成强烈对比。这一时期的典雅，追求的是柔软的线条、斜肩、浑圆的臀部以及极为狭窄的腰部。在非正式的场合，女性穿收腰的裙子，裙子打褶，或者穿小小的上衣，裙子是 A 字的或直身的，塑造了赋有优雅情调的女性服饰形象（图 2–16）。

这个时期经典设计师的经典作品大多华美、实用和性感，充满了艺术魅力，高雅不俗。女帽仍是时装中重要的组成部分。这时最时髦的则是一种用平纹织物缝制而成的无檐帽。例如，50 年代初，巴仑夏加（Balenciaga）开始制作一种新时装，它不像“New Look”腰部那么紧，臀部那么夸张，但局部充满设计感，也具女性优雅、复古韵味，反映了二战后典型的戏剧化奢华回归（图 2–17）。

图2–15 迪奥“新样式”服饰

图2–16 A字上衣搭配百褶裙

图2–17 20世纪50年代女性高贵典雅的形象

1952年，纪梵希（Givenchy）这个品牌在法国正式诞生，它是以其创始人，第一位首席设计师休伯特·德·纪梵希（Hubert de Givenchy）命名的。正值迪奥的新形象风靡欧美，而纪梵希却另有一番看法，他认为这是一个新技术突飞猛进的时代，任何事情都有可能发生，女人们对服饰的要求也是一样多变，她们的形象将发生重大的变化。纪梵希首次推出的个人系列是简单的白色棉布衬衫，衣袖上装饰着夸张的荷叶边。此外他还创造了两件套晚装：无肩带的贴身上衣，配外套和长裤或日间裙，成为端庄舒适的日装；到了晚上，配上华丽高贵的半截长裙，就变成风情万种的晚装。这种线条简洁、制作精良、富有现代感的时装一经亮相，立刻受到美国人的欢迎。这其中便包括了好莱坞的当红影星奥黛丽·赫本，她的着装形象影响了整整一代人的审美趣味，无论银幕上下，她的举手投足之间总能折射出令人叹服的优雅与美感，她的童花式发型、卡普里长裤、黑色的高领毛衣和平底浅口鞋，长期以来被视为高贵与时髦结合的完美典范，引领着一代又一代的时尚潮流。

20世纪50年代初期，波普艺术开始出现，它通过放大和扭曲，但对细节和质地的描绘又极其写实的方法，表现出对现代大都市社会和文化进行探索的愉悦和热情。波普艺术始于英国，然后传往美国，在服装设计中表现为大量采用发亮发光、色彩鲜艳的人造皮革、涂层织物以及金属和塑料制品等。摇滚乐歌星成了新的公众偶像，埃尔维斯·普雷斯利（Elvis Presley）是最负盛名的一个，他经常便装上台，甚至上穿西部风格的外套，花哨的衬衣上缀着色彩鲜艳的镶边或流苏，扎着宽皮带，穿着瘦腿裤，脚下是一双蓝色的仿麂皮生胶底鞋。

（七）1960年~1970年期间的女性的服饰形象

对于20世纪的时装界来说，60年代是“反文化时代”，反权威、反传统思潮盛行时期，被称为“动荡的60年代”。艺术流行波普艺术、摇滚音乐，哲学流行存在主义，标新立异是此时的主要思潮。这时所有起引导作用的服装店及服装设计师的影响都不如以往时代那么重要了。没有一家能“独霸天下”、一统潮流，服装的发展出现一派多元化的纷呈面貌，并开始进入大批量生产的新阶段。

由于社会动荡，年轻人的成熟以及对传统文化的不满，他们开始向传统习俗，甚至传统服装提出批评和挑战。这一时期主张“反文化、反潮流、反权威”，时装设计走向非主流化，追求惊世骇俗的表现。这个时期最突出的时装设计是瘦窄的迷你裙和裤脚宽大的喇叭裤。第一个推出迷你裙设计的是玛丽匡特（Mary Quant），她针对具有反叛精神的青少年，推出小得不能再小的裙子，就是今天的迷你裙或超短裙，推出后迅速在欧美青年女性中流行起来。印花超短裙，加上紧身连裤袜，再配上花形首饰和大波浪的短发，是60年代的典型服饰形象。

1963年以后，西方青年流行“无性别趋向”的形象（Unisex）。当时最受欢迎的设计师是伊夫·圣·洛朗（Yves Saint Laurent），他的第一件透明、性感衬衫震撼了时装界。他创造了中性服装，并成功地将燕尾服引入女装设计中。“无性别倾向”意思是无论男女都穿同样质地甚至同样颜色的衬衫、裤子（图2-18）。

20世纪60年代下半叶，出现了一种新的青年人的狂热运动——“嬉皮士”运动。他们反对传统的基本服式，而从北美印第安人的图案中寻找自己服装的纹样。嬉皮士们穿着打扮的特点是：蓬松的大胡子；不论男女，头发都乱七八糟地披到肩上；女子常在头上插花戴朵，甚至连脸面都画上装饰花纹；服式常很怪诞、颜色多样。这些嬉皮士们，男男女女都佩戴大量的首饰，念珠、手镯、各种戒指等等。他们的服饰对传统潮流是一个完全的改变。嬉皮士服装并不为一般民众广泛接受，但在时装界却有不小的影响（图2-19）。

此时高级女装业产生了一位具有革新意义和代表意义的设计师——安德列·库雷热（Andre Courregas），他的经典作品有两个特点：一是腰围线完全放开，轮廓线平直且便于穿着和运动；二是一反过去注重衣服里面结构的做法，更注重表面的平面结构，如分割线，镶嵌拼接，缝纫线迹，配色等。这使传统女性的着装形象受到影响，突破了以往法国高级时装的一贯风格，出现了服装款式造型简洁、饰品搭配时髦的特点。

（八）1970 年 ~1980 年期间的女性服饰形象

20 世纪 60 年代末和 70 年代初是服装潮流变换非常混乱的时期。这是一个突显自我的年代，中庸裙代替了迷你裙，大喇叭裤盛行，牛仔服以其随意、潇洒、中性等特征风靡世界。例如：在 70 年代前半期风靡世界的喇叭裤（Flares），这种裤子臀部和大腿处都剪裁很贴身，然而从膝盖往下，裤脚便逐渐张开，呈喇叭状，使腿的长度得到强调和夸张。图案绚丽多彩的毛衫配以宽腿喇叭裤是 70 年代初的流行服饰形象，虽然被批评为太过矫揉造作，但却一再被仿效。

这十年中“无性别趋向”在女性服饰形象中影响极大。这种从 60 年代沿袭而来的风貌，70 年代达到了前所未有的程度。“无性别化”是指女性服饰的男性化，例如：长裤在剪裁开口上都是相同的，只是在尺寸上稍有差别；女子的西装、毛衣、围巾等等也都向男性化服装靠拢。这种趋向出现的一个重要原因是越来越多的职业女性要求与男性平等，同时，男性服装的功能性又较为完善，因而也很受她们的欢迎。在这股影响极大的潮流中，牛仔裤显得风头十足。各种服装，如裙子、衬衫、茄克上装、背带装、滑雪裤、雨衣，甚至比基尼泳装、鞋、帽、皮带等也都广为流行，构成一个完整的牛仔装系列。

从 70 年代末开始，“朋克”（Punk）风格在服饰等方面都很极端，比起 60 年代的反叛，70 年代更加激烈，各种古灵精怪的东西被大胆使用。他们用极端的方式追求个性，他们穿着黑色紧身裤、T 恤、皮茄克和缀满拉链、亮片的服装，将发色染成红、蓝、绿、黑，脸颊、眼圈涂上闪闪发光的刺眼颜色，把眼睛画成几何形，这种服饰形象从伦敦街头迅速复制到欧洲和北美（图 2–20）。

法国高级时装虽秉持着一贯的原则，但新一代的设计师们还是在设计中融入了许多新的灵感和元素。20 世纪 70 年代，民俗化的风格真实地出现在巴黎的时装舞台上。例如：圣罗兰和一些服装设计师的设计作品中就表现了明显的民俗倾向。东方的超大型宽衣文化服装震撼了窄衣文化的欧洲。日本、马来西亚、印尼服装元素成为了设计师的设计素材

图2–18 “无性别趋向”服饰

图2–19 “嬉皮士”风格

图2-20　20世纪70年代的“朋克”（Punk）形象

图2-21　20世纪80年代西方女性日常服饰

和时尚焦点。由此看出，在70年代民俗化风格的装扮形象在个人形象包装中也占有一席之地。

20世纪70年代是健身俱乐部和运动开始成为热点的时期，这激发了紧身健身服和运动化时装的流行。人们开始喜欢大自然的色彩和天然素材，迷你针织衣、宽松运动裤、开司米衣服、露背服、绒面革衬衫等服装流行一时。

图2-22　20世纪80年代初西方女性的时尚蝙蝠衫

（九）1980年~1990年期间的女性服饰形象

进入20世纪80年代，时尚潮流变得更加错综复杂。个性化成为设计师与消费者共同追求的目标。在这加速变化的时代，一个服装款式混杂的时代，长、短、宽、窄的服装无处不在，流行的多元化一方面为追求时尚的群体提供了多种表现自我的方式，另一方面也使人们对流行的理解和把握变得愈加困难。既有经典优雅的风格也有休闲实用的风格。日装以简单舒适裁剪的休闲款为主（图2-21），也有一些摆动的、修长的或相互重叠的款式。

宽松肥大的服装在20世纪80年代初十分流行。宽松肥大的外轮廓造型舒适随意又具时尚感，成为年轻女性的流行装束。例如80年代伦敦女性身着宽松的黑白色蝙蝠衫，整体装束体现了青春的色彩（图2-22）。

同时，20世纪80年代的“雅皮士”服饰形象也是流行主流之一。80年代的“雅痞”已经成为社会的中坚，他们的生活讲究品位和名牌，他们对奢华物品、高级享受的追求热情十足，无论是雅皮男还是雅皮女，时装上的一大特征就是显示权威、力量和严肃的垫肩。例如：在日常的职业场合，女性的整体着装形象严谨。优雅的都市风格的套装保持男装轮廓和细节。女性偏爱穿宽垫肩、裁剪精致的正式服装以及短而紧身的裙子和讲究的衬衣。英国首相撒切尔夫人、美国总统里根夫人和戴安娜王妃的服饰形象成为女性的榜样。

（十）1990 年 ~2000 年期间的女性服饰形象

20 世纪 90 年代世界发生了翻天覆地的变化，经济开始全球化。服装穿着的一个显著的特点，就是进入了一个追求个性与时尚的多元化时代。

服饰和女性的角色息息相关，它比世界上任何一件事物都更真实、更坦率地表达女性的思想。人们的视角从关注物质转移到关注自我，讲究服装实用、讲究舒适成为新的风气。颜色鲜艳的茄克装、连裤装、比较窄的裙子、套头装等成为很普及的服装。而信息时代的来临，加快了人们的生活节奏，使得极简主义乘势而上。讲究舒适和功能，去除装饰，成为极简主义的服饰特征，职业女性以简约的服饰形象为时尚，服装做工精致，力求打造干练、简洁、清爽的形象。

这一时期休闲成为主流，简洁、舒适、运动、休闲的美国风格时装成为着装主流。休闲装款式丰富多变，20 世纪以来曾出现过的一些样式在 90 年代纷纷得以呈现，如 20 年代的低腰长裙，30 年代的柔软剪裁，60 年代的年轻样式和 70 年代的喇叭裤。曾经人们为之趋之若鹜后又抛弃的服饰在 90 年代不同的人群中找到了归宿。

90 年代中性化服饰形象成了流行中的宠儿。社会也越来越无法以职业对两性作出明确的角色定位。T 恤衫、牛仔装、低腰裤被认为是中性服装；黑白灰是中性色彩；染发、短发是中性发式，而中性化装扮更为活跃。

90 年代服饰形象中出现了前卫风格，特点是离经叛道、变化万端、无从捉摸而又不拘一格。它超出通常的审美标准，任性不羁，以荒谬怪诞的形式，产生惊世骇俗的效果。前卫的服饰风格成为年轻人反叛的一种精神象征，反映了西方反叛、以自我为中心的一代，他们因对现实的失望与厌倦，而只好在前卫风格的文化圈子里，寻找精神寄托的社会现实（图 2–23）。

图2–23　20世纪90年代前卫风格的服饰形象

90 年代服饰形象中出现风格多变的特点。例如：欧美风格、民族风格、哈韩风格、前卫风格、淑女风格、洛丽塔风格、田园风格等。各个历史时期、各个民族地域、各种风格流派的服装相互借鉴、循环往复，传统的、前卫的，各种新观念、新意识及新的表现手法空前活跃，具有不同于以往任何时期的多样性、灵活性和随意性。

（十一）21 世纪的女性服饰形象

进入 21 世纪，人们在着装时不只是要表现一种视觉效果，还要表现一种生活态度、一种观念和情绪。人们更看重的是自己的生活方式及自己所属的那个团体的特征。服饰形象包含了各种设计理念和风格，各种具体款式和穿着方式，并对它们均持宽容态度。

人们对自己穿着风格有了明晰的认识，注重服装穿着的目的性和整体效果。使服装形象的所有要素——人体、款式、色彩、材质、配饰，形成统一的、充满魅力的外观效果，同时具有一种鲜明的倾向性。着装风格能在瞬间传达出个人形象设计的总体特征，具有强烈的感染力。多数职业女性保持了传统风尚的服装趋势，简捷、色彩单一浅淡、风格保守甚至带有跨越世纪的怀旧风格；年轻一代的女性很自然地就能将自己融入个性化、标新立异的服装形式中。

二、男性服饰形象的现代历程

（一）20 世纪初期（1900~1930）男性服饰形象

当 19 世纪结束时，男士服装中炫耀张扬的特性基本消失，男士着装样式趋于简约化及固定化，但还保留着传统男式服装的精致细节，在服装搭配、成衣的剪裁以及不同场合的穿着方式上都有了较为细致的规定。

在男士服装中，持续时间最长且样式相对固定的就是西装。然而在每个时期，西服的款型和剪裁都有其时代特色。20 世纪初期，男装西服以其带有理想造型的款式为基础，精致的设计细节，高品质的面料以及规范化的穿着组合形式成为服饰新潮流，男士的着装形成了较为固定的模式，巴黎男子的典型服饰形象以精致、保守、成熟稳重为主要特点，展现绅士风度。例如：男士们都穿着三粒扣或四粒扣的西装和爱德华时期特有的丝绒领子的单排扣大衣（图 2-24）。

男士礼服因穿着场合、时间、功能的不同分为：正式礼服、半正式礼服、晚礼服、晨礼服等等。不同时期，男士礼服在结构和形式上变化不大，只是细节上存在一些不同。这一时期，对于上流社会，一种从普通西服改变而来的无尾礼服（Tuxedo）彰显出时尚与前卫，它以其既新潮又保留部分传统元素的式样将燕尾服挤出了所有的日常活动领域，例如：这一时期未登基的威尔士王子，不仅穿上了新潮前卫的无尾礼服和佩戴不同风格样式的礼帽，又将条纹、格子和灯笼裤穿成时尚（图 2-25）。

另外，体育运动和户外活动的盛行，导致新的运动服饰不断涌现，成为男子新潮服饰的最佳来源。它包括运动装、户外服、茄克衫、T 恤衫等。这类服饰具有易穿脱、易做运动、透气性好和吸汗力强等特点。同时，在 20 年代，时髦的男装有高尔夫装束形象；法兰绒裤子和美国式西服外套的混合搭配形象；针织套头衫和宽大的裤子以及相同的图案短袜的搭配形象，都是这一时期的典型服饰形象特征。

（二）20 世纪中期（1940~1970）男性服饰形象

20 世纪 40 年代是男装突变的年代，第二次世

图2-24　爱德华时期男性服饰

图2-25　20世纪20年代男性的服饰形象

图2-26-a　男士摇滚形象

图2-26-b　个性的发型设计

界大战爆发，另时装趋于平民化，再也不是为某阶层所特有的。由于战争原因，大量物资短缺，不同国家开始以不同方式进行资源节约。例如，英国从1941年开始实施衣服及布料配给制度，服饰设计简单，注重耐用实际的服装生产。当时最流行的男装外形犹如一个倒三角形，软呢帽配阔边外套，大垫肩十分夸张，裤子呈直筒形，裤脚翻褶并露出当时流行的圆头鞋，衬衣以松身为主，门襟、领子及领带很宽，领带更印上抽象图案及女郎图样。到40年代末，美式T恤，印有鲜艳图案或格子型的运动T恤成为日常衣着。

50年代初期的男士服饰仍十分讲究，而且很多在战时遭到破坏的东西，都一一重建起来，社会呈现一片生机，伦敦早期的爱德华式的服装样式开始复苏，这种男装的特点是：修长的身线，嵌有绒边的领子和翻起的袖口，配有紧身裤和豪华织锦大衣。到了50年代中期，绰号“猫王”的埃尔维斯·普雷斯利（Elvis Aron Presley）为代表的摇滚狂潮在新生代中派生出来，于是一个崭新的男士性感形象产生了——黑色皮质飞行茄克、T恤衫、蓝色牛仔裤及长筒靴作为青春反叛派的标志而为世人瞩目（图2-26），同时，猫王变化多端的发型也受到很多人的追捧。

20世纪60年代属于摇摆的年代（The Swinging Sixties），衣服的着重点是耐洗及易整理，腰子的变化及设计成为时装的一大主流，窄长的裤型依然流行，但崇尚低腰，腰头只到臀围线，再配以粗细不同的皮带，扮成西部牛仔的模样，而以喇叭形裤脚代替了窄脚裤型。年轻一代甚至将新买回的牛仔裤泡在浴缸中以求缩水后更贴身，有的还特意将大腿及臀部位置磨白做成所谓的褪色外观（图2-27），而弹性牛仔裤也应运而生，成为流行一时的常服。与此同时，真皮被大量使用，不同颜色的软皮制作成外套、大衣等。

从爱德华七世外观到披头士热，年轻人的服饰大都清洁齐整、落落大方，而放荡不羁、打破常规的风格并不流行，但到了60年代下半叶，年轻人一向以来的热诚及生命力开始褪色，新的一代似乎缺乏自信，很多年轻人开始建立另一种生活方式，希望远离高度发达的物质文明。他们愤世嫉俗，疯狂吸毒，有的人则开始追求神秘的事物，笃信邪教及东方神教，“嬉皮士”（Hippies）运动是当时最具规模的祭祀活动，其服饰特点极大地影响了当时的年轻人，他们不分男女都是披肩长发，有的还烫成卷发，

图2-27　身着牛仔裤的男士形象

图2-28　20世纪80年代的雅皮士男性服饰装扮风格

并用窄长的头带钉上珠片裹在头上，如同印第安土著人，男子更喜留长胡子，任其篷散凌乱，一派迷失放荡的模样。

（三）20世纪中后期（1970 ~1990）男性服饰形象

70年代并无重大的戏剧性变化，嬉皮士风格席卷世界之后，接踵而来的“孔雀革命”（Peacock Rervolution）导致男性化妆品的盛行，而科技进步，使经济物质得到极大丰富。年轻人的服饰崇尚装饰，不分男女，无性别服装大为流行。在70年代中期，青年一代产生激烈的反战情绪，但相反却令军装在短时间内流行起来，灯芯绒，米色、卡其色的全棉斜条纹布被大量用于日常的服饰中，同时，劳工阶层的服饰步入流行，成为市场上的主要货品，工人裤（Overall）及粗布制成的衣服成为日常装，流行度仅次于牛仔衫裤。70年代末，一种从低下阶层兴起的时装崛起——头发短且直立，有些更将头发剪如马鬃毛，从前额一直竖到后颈，又将其染成奇异色彩，如粉红，翠绿等，更有极端的将别针扣在耳朵及鼻子上，服装的颜色以黑色或强烈夺目色为主，T恤印上口号标语又饰以别针、拉链或铁链，裤子紧紧裹住双脚，称为“束裤”（Bondage Trousers），长及足踝以露出鲜艳的袜子，此类装扮称为“朋克”（Punk），而穿者被称为Punk Rockers。朋克的装扮，以其原创性对现代时装文化带来了前所未有的冲击。从50年代的阿飞装，60年代的嬉皮打扮到70年代的脂粉装，虽各具特点，但总体而言，没有任何一个时期可与朋克媲美，许多名设计师，如走高格调路线的夏奈尔公司，亦不能不受“朋”的影响，此外，不对称的发型，短而多层次的剪发技术以及染发品的使用，亦因朋克开创先河而逐渐流行起来，许多白领丽人也敢于尝试染发，这在“朋”以前是不可思议的事。

到了80年代中期，生活节奏明显加快，时装变得更讲求实用，个人风格已和时装密不可分，融为一体，时装界更出现“形象设计”新花样，进而导致雅皮士风格（Yuppie style）的凸现（图2-28），雅皮士是高科技时代的产物，有着独特的生活观念、工作哲学和家庭模式，他们注重个人形象设计，用更鲜艳带有条纹的柔软衬衫取代70年代领口上浆的衬衫，色彩灰暗的领带也被有光泽的真丝领带所代替。另一方面，运动被视为是一种保持体形的乐趣，从而掀起运动服饰新浪潮。

（四）20世纪末期（1990~1999）男性服饰形象

90年代是20世纪最后的十年，沉浸在世纪末情绪中，传统服饰再度复苏，风格典雅，线条简洁的高级格调开始受到推崇，正装西服顺应时尚潮流，平和的肩型取代了夸张坚硬的肩部造型，配合柔性做工的制衣技术，赋予90年代男性西服新风貌。此外，一种来自美国西雅图的摇滚乐装束——古拉吉（Gyunge）更引起全球新闻媒体的关注，他们穿着揉皱的长裤，加上重叠的背心或披肩，一顶怪趣的针织帽更是打扮的焦点所在，古拉吉正以其随意性及原创性的风格，风行于美洲、欧洲与日本，古拉吉服饰设计的创意并非全新的突破，而是刻意强调服饰的“陈旧观”，代表一种反奢华的情愫潮流。

总之，从20世纪下半叶开始，男装领域的想象力日益丰富，款式五花八门，变化多端，不同流派的文化，有不同的服装风格。

第二节　中国服饰形象的现代历程

我国素有“衣冠王国”之称，服装文化历史源远流长。

自辛亥革命废除了封建制度，延续几千年的衣冠体制和服饰典章被弃之不用。20世纪真正意义上的服装文化的时尚交流可以说是从20世纪20年代开始的，中国服饰形象受到传统文化和外来服饰文化的影响出现中西结合的现象。

一、“五四运动”前后的服饰形象

鸦片战争以后，我国的通商口岸，外商云集，洋行不断建立，于是，西方服饰文化传入了中国，西式服装以它全新的审美情趣赢得了人们的钟爱。孙中山先生首先提倡由西式服装改革成中山装，这对西式服装在中国的发展起了很大的推动作用。西式服装虽然掀起了服装改革的浪潮，但有几千年传统文化的中国服装依然是人们心目中的佼佼者。辛亥革命以后，中国服饰穿着复杂，可以用中西并存来形容。西式的西服、连衣裙、制服、套裙等都很受欢迎，而中式男长袍、旗袍、上衣下裙、短装等仍是人们日常服饰穿着的主要选择。

“五四运动”以后，一批知识分子从国外带回西式服装，从而将中国服饰近代发展历程带入到一个男装由长装向短装转变的主要过渡阶段。短装的诸多优点在日常生活中日渐明显，它方便了人们生产、生活、交通、旅行等，更能适应各种现代工业的发展。

中式的对襟小褂和对襟小棉袄虽然比不上中山服的款式新颖，但是，它穿着舒适、方便，且工艺过程不复杂，是西式短装无法比拟的。在长装装式与短装装式交替流行的漫长岁月中，中式短装始终被人们所喜爱。

直至新中国诞生初期，受来自美国好莱坞电影文化和海派服装的影响，以上海为主的大都市女性纷纷打扮成一副“摩登女郎”的模样，追求地道的海派西洋风格，又窄又长的裙子，佩戴椭圆形眼镜、手表、皮包和阳伞，这种打扮在上海滩极为盛行，时髦女性争相效仿（图2-29）。

同时，旗袍仍然备受女性的青睐，这时的旗袍也一改传统的式样，其造型为收腰线、长下摆，显露身体曲线，开衩提高并镶饰花边，领型前低后高。特别是穿在一些女影星和社会名流身上，更显出娇柔典雅的风范，随即成为老少皆宜的新女性的代表性服装。

二、新中国诞生初期的服饰形象

新中国以一种崭新的姿态出现在世人面前，随着时代的更替，民国服饰除了女性旗袍仍有流行，其他都退出了历史舞台。

新中国诞生伊始，朝气蓬勃的刚健形象成了服

图2-29　上海大都市“摩登女郎”形象

饰主流。劳动人民终于推翻三座大山，喜气洋洋地当家作主，此时自然崇尚工农兵的穿着形象。当时由于纺织工业落后，人人参加劳动，建设新中国。因此服装品种单一，色彩单调，需要耐磨耐脏的日常服装。工装的灰蓝绿自然成了最实际的服装。衣服布料颜色不外乎老三种：蓝、灰、黑，单调呆板。服装式样可以说是千篇一律，季节不分、男女不分，工装背带裤成为那时的新时尚。

中山装是在广泛吸收欧洲服饰优点的基础上形成的，孙中山综合了西式服装与中式服装的特点，倡导设计出的一种直翻领有袋盖的四贴袋服装，定名为中山装。新中国的缔造伟人们第一次在天安门城楼上集体亮相宣告新中国成立了，毛泽东和他身边的领导人穿中山装的形象引起世界瞩目。解放后，进驻各个城市的干部都穿灰色的中山装。革命热情激励青年学生争相效仿，之后传遍大江南北。此后，又出现了青年装、学生装、军便装等中山装系列。

20 世纪 50 年代末，前苏联某领导人到中国访问时，提出中国的服装不符合社会主义大国的形象，为展示社会主义建设的欣欣向荣，政府提出"人人穿花衣裳"的口号，才使捆扎着的女装松开了束缚，一时间，"爱劳动、穿花衣"成了人们生活的新口号。"布拉吉"成为一种革命和进步的象征，也因此成为 50 年代最流行的女性服饰之一。当时中国的大街小巷、建设工地，上至知名女性、社会名流，下至基层女工，一时间，"布拉吉"成为时尚。"布拉吉"是俄语音译，即连衣裙。这种款式健康活泼，不做作，流行了很久，以至于现在许多中年妇女夏季的裙装还是这种稍加变化的布拉吉（图 2-30）。

50 年代末，列宁装成为普及率最高、年龄适应性最广的女性服装。列宁装本是男装上衣，在中国却演变出女装，并成为与中山装齐名的革命"时装"。这一男性政治领袖的着装，携带着革命的政治意识，悄悄接近并包裹了女性的身体。它的式样为西装开领，双排扣、双襟中下方均带一个暗斜口袋，腰中束一根布带，各有三粒钮扣。列宁装或多或少带有装饰性元素——双排钮扣和大翻领，腰带的作用有助于女性身体线条的凸现。当时列宁装可供挑选的颜色并不多，清一色的蓝、灰、黑。穿列宁装、留短发是那时年轻女性的时髦打扮，整体服饰形象看上去朴素干练、英姿飒爽，带动了时代的风尚潮流（图 2-31）。

图2-30　身穿布拉吉的女性形象

图2-31　清一色的列宁装

三、20世纪60年代的服饰形象

20 世纪 60 年代初期，是新中国历史上最艰苦的时期，三年自然灾害，不仅粮食大幅减产，棉花也连年欠收，纺织品、针织品生产都比往年下降，人们买服装、棉布和日用纺织品都要凭布票。

为了尽可能地节约，购买布料要求布面要宽，要结实。服装的标准是耐磨和耐脏，灰色、黑色、蓝色这些比较耐脏、耐洗的颜色成为街头流行色，千篇一律、季节不分、男女不分的服装样式也更通行了，服装剩下的只有解放装、青年装、中山装、对襟衫。

60年代后期中国进入到了一个特殊的历史时期。服装是思想意识的表现。服装逐渐款式一致、色彩单一，不分男女，不分职业的军装盛行，人们以穿绿军装为美(图2-32)。当时最时尚的装束莫过于穿一身不带领章帽徽的草绿色旧军装，扎上棕色武装带，胸前佩戴毛主席像章，斜挎草绿色帆布挎包，脚蹬一双草绿色解放鞋。我们从一些反映这个时期的照片中看到，不管男女老少服装统一，处在那个年代人们没有权利选择服装款式，也没其他款式可以挑选，服饰形象单一而乏味。60年代的女性服装，以军装和蓝、黑、灰、黄的单色调为主流，女性服饰与男性从色彩款式上差异甚微，革命英雄服饰形象成了普通人群服装选择的依据。例如：本是男装上衣，却在当时的中国演变成革命"时装"的列宁装，具有中西合璧的鲜明特点，成为女性喜爱的服装；本是中国人民解放军55式冬常服中的棉帽，因雷锋而闻名中华，是雷锋的象征之一，因此着军装、带雷锋帽也成为人们冬季效仿的着装方式。

"的确良"面世于20世纪60年代末，风行于70年代。它挺括、滑爽，尤其是印染鲜亮，对熟悉了粗布、粗衣或者是洋布、洋衫的国人来说，不能不说是一次巨大的视觉冲击。那时，穿着一件"的确良"衬衫，成为年轻人的梦想(图2-33)。

四、改革开放初期的服饰形象

1976年岁末人们的服饰逐渐开始从单调统一到绚丽多彩转变。此时，西方的奇装异服悄悄地闯入了国门，人们追求美的意识逐渐苏醒。因为压抑太久的心里早已渴望服饰的改变，因此面对突如其来的"奇装异服"，人们感到了惊喜，意外地惊喜。思想开放的女孩子则脱去了暗淡灰色的外衣，流行穿有装饰在纹的衣服和色彩鲜艳的编织毛衣(图2-34)。

中共十一届三中全会的召开，中国进入了改革开放新时期。中国改革开放之初，正值喇叭裤在欧美国家的流行接近尾声之际，中国的年轻人几乎一夜之间就穿起了喇叭裤，并迅疾传遍全国。这种裤子低腰短裆，紧裹臀部，裤腿上窄下宽，从膝盖向下逐渐张开，形成喇叭状，有的裤脚宽大到像一把扫街的扫帚。戴墨镜、留鬓角、蓄长发和一条上窄下宽的喇叭裤，更成了当时年轻人眼中时尚的服饰形象。

五、20世纪80年代的服饰形象

80年代中国随着时代的发展，人们的穿着越来越丰富，色彩也从单一的蓝灰黑变得五颜六色。改

图2-32 20世纪60年代的男青年形象

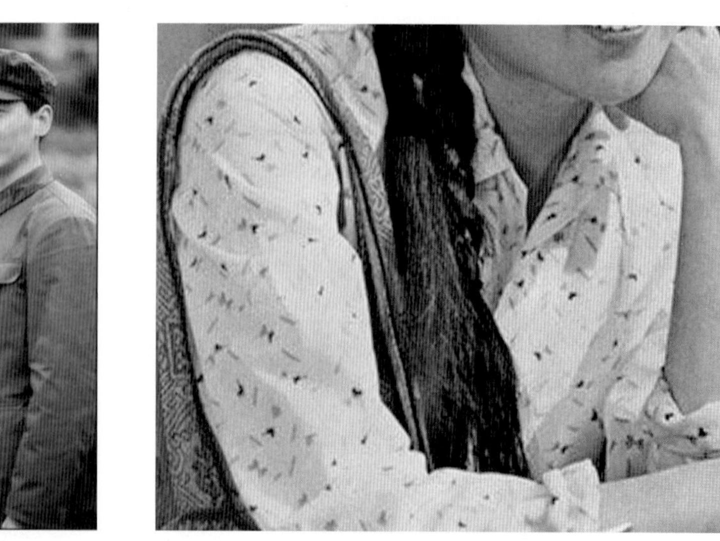

图2-33 "的确良"衬衫

革开放以后，随着思想的解放，经济的腾飞，以西装为代表的西方服饰以不可阻挡的国际化趋势又一次涌进中国。1983年国家的领袖们充当了服装文化改革的先锋，当总书记胡耀邦和中央政治局的5位常委集体穿着西服出现在党的十三次代表大会的记者招待会上时，一股“西装热”席卷中华大地，中国人对西装表现出比西方人更高的热情，穿西装打领带渐渐成为一种时尚（图2-35）。

图2-34　20世纪70年代少女的形象

伴随着改革开放的大门被敞开，人们的审美意识和审美视野也一并打开了。80年代初，女性最流行的装束就是蝙蝠衫了。蝙蝠衫的袖幅宽大，跟衣服侧面连在一起，双臂展开，形似蝙蝠。袖幅的宽度有大有小，袖幅夸张的，展开后袖子与衣服下摆几乎连成了直角三角形。这种服装色彩丰富、款式夸张，符合了当时女性的爱美求丽之天性。蝙蝠衫与健美裤的搭配呈一窝蜂态势流行（图2-36）。

图2-35　20世纪80年代流行的西装

80年代色彩鲜艳的运动装装扮也成为时尚。人们几乎随时随地地穿着运动服，甚至还成为了学生的校服和工人的厂服。由此，引发人们对运动休闲的趋之若鹜，古老的中华大地上一时间出现了外穿运动装的时尚。宽松、舒适、健康风尚使得运动装不再是竞技场上的专利，而成为健康养生，陶冶情操，调剂生活的一种服饰，进入了寻常百姓家。

到了80年代中后期，市场机制臻于成熟，服装流行加快，这时候女性服饰开始向时装化变化，在浪漫娇美的基础上，加上了成熟因素的设计风格，使服装造型和装饰突出艺术性和时代风貌。例如：色彩夸张的几何型垫肩毛衣、超短迷你裙、色彩鲜艳的红裙子成为大街小巷的女性追求时尚的标志。

此时，明星的服饰形象成为年轻人的标榜。日本电视连续剧《血疑》在中国大陆播出，让中国女性眼前一亮的是女主角幸子那件代表着服饰新潮的短上衣，时髦女青年爱屋及乌，青春靓丽的“幸子衫”、“幸子发型”成为时尚；而影星李赛凤头戴一顶红色礼帽，甜美可人儿的风格打扮，也成为80年代女生的一个服饰形象的风向标。

图2-36　蝙蝠衫的流行

20世纪80年代牛仔裤登陆中国，在年轻人中迅速流行。那时候在年轻人中间流传着一句调皮的口头禅——“牛仔裤，省钱又省布！”而牛仔裤也因其紧臀、窄腿的造型而一度被当成颓废、叛逆的象征。成了年轻人流行服饰文化里最普及的装扮，“引领时代新潮流”。

六、20世纪90年代的服饰形象

90年代，人们的生活向小康过渡，思想观念更为开放。百姓衣着服饰一改过去“从众”和“趋同”的心理，变得色彩斑斓，令人目不暇接。人们的服饰日益多样，穿着日益优雅，表情日益生动，显示出一种开放的精神与心态。

讲究品位，突出个性的风尚将服饰带入了90年代。众多国际时尚品牌开始大举进入中国。1992年，路易威登进驻中国，随后，“巴宝莉”、“香奈儿”、“古驰”、“爱玛仕”、“乔治阿玛尼”、“范思哲”纷至沓来，成为国人追求时尚潮流的风向标。90年代，中国服装至少在高端人群中已经实现了与世界的同步。奢侈、豪华、昂贵不再是用来批判西方生活方式的专用词，而成为人们理直气壮追求的生活目标，对名牌的崇拜成为高尚品位的表现。中国人的日常着装意识在这个年代发生了一次彻底的革命，他们从长期以来注重价格和款式变化为更注重品牌。当人们开始以更独立的身份出现在重要的社交及商务场合，着装的品牌档次成为身份和品位的主要标志。

除了对品牌的追崇外，服装的大胆尺度也开始挑战中国人的眼球。女子服饰宛如都市里一道亮丽的风景线，展示出了都市的无穷魅力。“时装渐欲迷人眼”，风情万种的女装，将女性的柔媚表现的淋漓尽致。内衣外穿、吊带衫、迷你裙、松糕鞋、透明装、露背装、露脐装、乞丐服、哈韩服等等，站到了流行前沿。

改革开放以来，圆领T恤衫兴起热潮。90年代初大行其道，并有“文化衫”之名。追求个性的年轻人将表达情绪的语句印在了廉价的汗衫上，“别理我，烦着呢”是其中最为流行和经典的一句。这种渲染情绪的文化衫在这一时期给了压抑的人们一个宣泄的出口，也给了追求个性的人们一个空间。这种服装因其简单、方便、价廉，有个性图案和文字，又有浓郁的休闲意味而受到广泛喜爱。一时，“文化衫”配牛仔裤和军靴，留着长发，戴着墨镜成为前卫一族的服饰形象典型代表。

七、21世纪的服饰形象

进入新世纪人们穿衣打扮讲求个性和多变，很难用一种款式或色彩来概括时尚潮。缤纷绚烂的设计元素除了为服装制造出明亮热情的气氛外，更营造出了一种意境，也创造出视觉盛宴的效果；国际品牌时装进驻中国市场，中国人开始认识并接受范思哲、路易威登、迪奥等品牌；互联网的发展使得人们获得各类时尚资讯变得畅通无阻，中国人的穿着多元化引领时尚风潮。

2000年随着香港影星张曼玉在《花样年华》中27套旗袍的亮相和影片在国际上的好评，国民便把目光转回到了自己身上，开始意识到民族的才是世界的。《花样年华》再掀旗袍热，带动旗袍热，片中张曼玉身着旗袍的造型性感、优雅，使典雅的旗袍服饰形象又一次成为中国女性着装的焦点。

2001年上海APEC峰会上，各国领导人集体亮相，他们穿的都是大红色或宝蓝色的中式对襟唐装，这一情景通过电视瞬间传遍全球，唐装迅速流行。这种东方韵味十足的唐装，使穿惯了现代时装的人们产生了亲切感和新鲜感。

21世纪中国人的经济力量、消费水平、消费观念，还有对名牌的认知，在逐步提升中。对时尚的理解也不是跟风模仿，而是开始注重自身气质与时尚单品的搭配以达到一种个性的展现。而这种个性的展现不再局限于少数人、年轻人，而是一种国民化，男女老幼都会有意无意的追求个性化的东西。21世纪中国人的服饰形象正以崭新的面貌融入并影响着国际化的时尚浪潮。

第三章　现代服饰形象设计的建构

第一节　关于服饰形象设计

一、服饰形象设计的概念

服饰形象是个人形象中的主体内容之一。服饰形象设计是以着装方法和着装观感为主要研究内容的视觉传达艺术。它是对特定群体或个体外在美的一种设计，是基于人体的“软”雕塑艺术，是人的气质、个性、情调、风格的表征手段。

从设计对象的角度来看，服饰是个人形象设计中塑造整体之美所不可或缺的要素，穿着服饰的最终目的除了御寒防暑、保护身体外，更重要的是个体或群体通过服装、服饰品的选择和穿着达到所期待的视觉效果，满足其心理需求。“云想衣裳花想容”，得体的穿着，不仅可以使穿着者显得更加美丽，还可以体现出一个现代文明人良好的修养和独到的品味。

从设计师的角度来看服饰形象设计就是全面观察和分析服饰形象主体，即对着装者从外到内的了解、分析、评定，然后根据设计对象穿着目的进行整体服饰包装设计，使人与服饰相统一与融合、服饰与环境相协调，使设计对象符合自身的社会性体貌。

从观赏者的角度来看，现代意义的服饰形象的内容包含了仪容、仪表以及仪态三方面的综合印象，讲究服饰形象与个人职业地位的匹配。对于服饰形象的评定则与观赏者自身的审美倾向、审美品味有着直接关系。关于服饰形象，很多人的理解仅仅是一个服饰色彩或者服饰款式与个人配搭所形成的形象，实际上服装形象的塑造是一个相当复杂且艰巨的工程。服饰形象评判是视觉感官的内容，因为服装穿出来就是让人看的，但要接触到服饰形象内在的含义，则要通过一个“读”字来实现。读不同于看，就好像读画不同于看画一样，“读”在这里并非出声念，而是以心灵去观察对象。

良好的服饰形象不仅仅是外在视觉形象的赏心悦目，将自己打扮的多么美丽、英俊，最重要的是要做到自身整体服饰与个人气质、性格、言谈举止以及个人所处的场合、地位相吻合。良好的现代服饰形象一定是涵盖了仪容（外貌）与仪表（服饰、个人气质）以及仪态（言谈举止）三方面的综合形象。例如：职场服饰形象不仅要与个人自身条件紧密结合，同时要体现出个人工作领域的特点，反映出个人着装的归属性。最好事先了解行业和企业的文化氛围，把握好特有的办公室色彩，谈吐和举止中要流露出与企业、个人相符合的气质；同时要注意衣服的整洁干净，特别要注意服装的适体性；服装的颜色则要选择中性色，款式突出简洁、现代感等等（图 3-1）。

服饰形象设计与个人形象设计的关系是个别与整体、局部与全局、要素与系统的对立统一。对于个人形象设计来说服饰形象是必不可少的单元、要素和环节，是人们展示自身形象美的重要手段。服饰形象设计又是一门综合性很强的艺术，它除了讲究服装三要素：款式、色彩、面料的合理搭配外，还必须顾及配件、饰品色彩、造型、风格与主体服装的完美衔接，并以诉求对象的体型、面貌特征、审美偏好、气质特征、文化修养为研究的对象和基础，以求创造出主题明确、概念完整、个性突出、内外和谐、赏心悦目

图3-1 良好的职场服饰形象

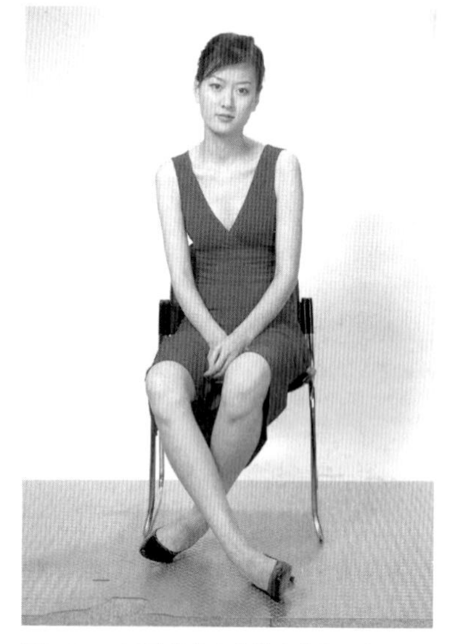
图3-3-a 不雅的仪态会影响整体服饰形象

图3-3-b 优雅的仪态与服饰形象的统一

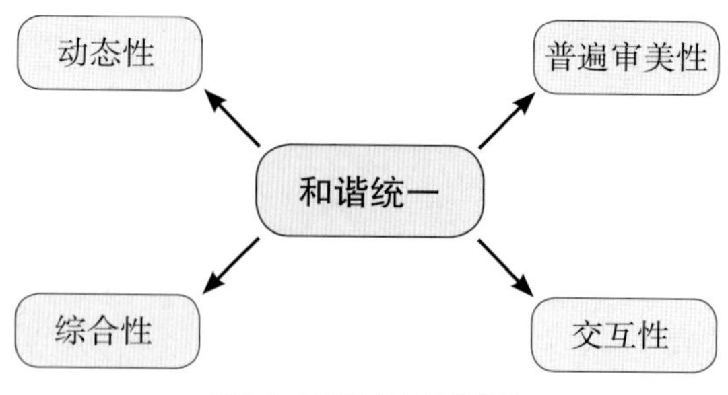

图3-2 形象设计的特性分析

的整体服饰形象美。

二、服饰形象设计的特性

服饰形象设计的设计对象是人，除了先天遗传因素所确定的元素基本无法改变，而对于人的形象有着巨大影响的地域环境、时间、审美等因素，都随时发生着变化，这些反映到个人服饰形象设计中表现出以下几个特征（图 3-2）：

（一）动态性

个人服饰形象设计受到时间与空间的变换，情感与思维认识的演变等多维因素的影响。人是动态的，设计对象自我化的举止姿态、声音等将相同的服饰装扮演绎出不同的形象。例如：设计对象身着同样的服饰，但由于举止姿态的不同会产生不同的形象（图 3-3-a，图 3-3-b）。在个人的发展过程中，服饰形象也呈现出动态变化的特性。个人年龄、心态、体态、地位、欣赏品味以及流行时尚等因素的变化都会影响到服饰形象的定位。

个人的服饰行为会受限于环境、年龄、场合、形体等因素，在不同的因素制约下应搭配与之相适应的服饰，以符合着装者的职业、年龄、地位等因素。不同年龄有不同的典型的服饰行为表现，社会对个人每个阶段都有一些不同的着装模式要求。随着个人年龄变化，不同年龄阶段就应该有不同的服饰形象主体风格。例如：女性 18 岁是青年时期，是上大学时期，生理、心理逐渐成熟，容易接受新事物，服装希望与他人一致的“从众”和希望社会对其特殊性的“求异”，花季少女时期服饰形象可以根据个人喜好选择甜美风格、时尚风格、休闲自然风格、前卫风格等等；工作后随着在经济上的独立，社会地位的确立，逐步形成牢固的价值观和消费意识，服饰形象受到社会地位、身份的影响。服饰形象不仅是满足个性表现的手段，同时又要与职业角色相符合，服饰形象设计风格多变；中老年人在体型特点、行动特点、心理需求等综合因素的制约下，服饰形象风格趋于保守、严谨，形成了主要以经典传统风格、简约风格、自然休闲等为主体的服饰着装观念。从而看出，年龄与角色差异往往体现在服饰上，

图3-4-a　少女时期服饰形象

也就形成与一定年龄段相适应的服饰形象定位的变异，反映了服饰形象设计的动态性特点（图 3-4）。

（二）综合性

从形象设计师的工作内容上看，服饰形象设计涉及了多种学科：服装学、色彩学、美学、人体学、社会学、心理学等等，设计要素和设计环节环环相扣，设计过程具有综合性特质。设计者一方面要研究人的身体特征和设计对象所追求的理想服饰形象形态；另一方面从服饰心理学和社会心理学的双重角度研究服饰心理活动，通过设计心理、着装心理、评判心理了解服饰形象塑造的价值所在；同时也能准确把握时尚，科学运用设计造型元素，即服装款式、色彩、质地以及配饰等等塑造人的社会性体貌特性。在塑造服饰形象之美时以具体案例具体分析为原则，有目的、有针对性地为受众者提供服饰相关要素的设计和搭配指导。

从设计对象角度看，服饰形象设计的涵盖因素具有多样性。个人服饰形象是身体、心理和社会环境的全方位反映。个人的外在服饰形象能够从不同角度反映出个人的年龄、职业、文化层次、生活状况、社会角色等一系列的因素，服饰形象设计所追求的是内外综合的整体和谐之美。个人外部的形象之美与内部的精神之美是统一的，两者相互依存且缺一不可。精神之美对于服饰形象的定位构想起着引导作用。举例来说，对于一个具有广博学识及较高修养的人，在为其形象定位时，就应充分考虑其深刻的文化底蕴和较高层次的审美情趣，进而为其设计出高雅、庄重、知性的服饰形象；而对于一个举止鲁莽、修养较差的人，如果给予相同的形象定位，则极可能产生沐猴而冠的负面效果。

服饰形象的设计应通过塑造设计对象的外在形象之美来强化其自身的气质及性格特征。同时，通过挖掘设计对象的内在之美打造其完美的外在形象，并借助于服装、配饰、仪容、姿态等方方面面的特征加以表现，塑造出令人赏心悦目的形象美。杨澜作为职业女性的典范其服饰形象通常表现出理性的智慧，她的成就有目共睹，她令人沉醉的气质与服饰相得益彰，是中国女性形象向世界展示的典范。美丽、聪慧、优雅、知性，她的服饰形象永远沉静淡雅，丝毫没有张扬的锋芒。

图3-4-b　青年时期服饰形象

（三）交互性

服饰形象设计强调交互过程，主要通过设计过程中信息的传达、接收、交流、反馈等方面表现出来。一方面是设计师与设计对象的信息传达，另一方面是受众人群的接受与反馈，设计对象和受众对设计方案的认可程度将对设计实施产生影响。

服饰形象设计通过服饰将个人的整体形象呈现给社会，通过服饰形象展示设计对象的社会身份，生活方式，理想追求。在服饰形象设计中，设计对象先将个人的信息和自己所期望的理想服饰形象传达给设计师；设计师则根据设计对象自身的自然条件、社会条件等客观因素和主观心理因素进行分析评判后，围绕设计对象的工作、社交、生活场景，提出理想服饰形象设计构想，而设计构想能否得到设计对象的认同，信息的沟通交换就显得尤为重要，设计环节中从方案的认可到具体实施交互性特点显而易见。

从设计对象的服饰着装心理看，希望所设计的服饰形象能被受众人群所认可、接受、喜爱，受众对设计信息的反馈会影响到设计方案的定位。个人的服饰形象面对受众人群时，人们会出现不同的审视心理、评价心理和辨别心理。有时会因一个服饰形象而产生对初次印象的好恶，从而波及无限；有时会在服饰形象的感召下，产生对设计对象下意识的感觉，通过着装形象去揣度着装者的人品。因此，在服饰形象设计中设计师一定要了解受众对设计信息的认可程度，这样就可能动地把握设计方向。

（四）普遍审美性

服饰所构成的艺术形象，应该具有普遍的审美愉悦性，符合绝大多数受众的审美标准。既然人是作为社会的分子而存在的个体，那么个人的整体形象就必然会受到其他社会成员道德标准和审美意识的影响与制约。

普遍审美性原则强调的是符合同一文化共同体的审美共性，有一定的环境和范围限制。虽然现在讲求的是文化多元化，但这种多元必须是建立在文化共识的基础之上，超越了则会变得面目全非。同理，服饰形象的审美功能也必须保持在一定的弹性空间内，超出这一范围，美的有可能就变成丑的。例如：年轻新新人类中盛行的前卫、另类、嬉皮的服饰形象，对于长期处于传统礼教浸染，崇尚舒适、自然着装规范的中国人来说普遍不能接受和欣赏；相反，在崇尚个性、夸张的欧美国家来说则符合其审美规范。所以服饰形象设计中要充分考虑由地域文化所构成的普遍审美规范（图 3-5）。

（五）和谐统一性

即整体服饰形象设计元素的协调统一，个人服饰形象与环境的统一，个人服饰形象与生活目标的统一，个人服饰形象和诉求

图3-5-a　带有地域特色的服饰形象

图3-5-b　符合中国审美情趣的服饰形象

目标的统一。

在纷繁复杂的环境中，人们所扮演的社会角色不同，所处的社会环境、自然环境不同，服饰形象设计在构造设计对象自身内外协调美的同时，还必须考虑到众多的环境因素和社会因素。例如：从社会学的角度来看，在特定的群体中，服饰形象通常有着三方面的作用：其一，展示社会地位，明确社会角色；其二，展示群体形象特征，加强整体意识；第三，通过提升个人的外在形象，推动整个社会审美意识的进步。受制于这三方面的限制，想必任何具有正常观念的人都不会将自己刻意追求的形象美凌驾于社会群体抑或是伦理道德之上。不难想象在悲伤肃穆的场合中，如果浓妆艳抹举止轻佻会令他人产生强烈的厌恶感，这种不顾虑时空的着装方式既是他人所不容也是道德所不容，这种情况下还有何种形象美而言。因此，服饰形象设计绝不能只是停留在服饰设计元素的协调统一，追求人自身的美感上，而忽略着装者的生活目标、着装诉求目标，没有考虑着装者所处的环境、时间、场所，只有将人物融合于环境之中，才能使人的形象之美和环境之美交相辉映、相得益彰。

三、现代个人服饰形象设计的魅力与价值

古今中外，服饰形象从来都体现着一种社会文化。它不仅单指人的穿衣戴帽，更是指由此而折射出人的教养与品位。穿衣，往往所看重的是服装的实用性，它仅仅将服装穿在身上遮羞蔽体、御寒或者防暑而已，而无需考虑其他。服饰形象设计则大不相同，实际上是一个人基于自身的阅历、修养和审美品位，在对服装搭配技巧、流行时尚、场所场合、自身特点进行综合考虑的基础上，在力所能及的前提下，对服装进行精心的选择、搭配和组合。

个人服饰形象设计是一门系统工程，是一门艺术，也是我们生活中的一项重要环节，它是展示出自己最佳形象的有效途径。在各种正式场合，不注重服饰形象设计者往往会遭人非议，与之相反，注重个人着装的人则会给他人以良好的印象。

（一）良好的服饰形象打造完美的第一印象

形象是一种力量，也是一种竞争资本。心理学研究发现，与一个人初次会面，45秒钟内就能产生第一印象。第一印象又被称为“首因效应”，是指人们初次见面时，对方的服饰、表情、姿态、身材、年龄以及语言等方面对人的印象产生的影响。这是指最先的印象对他人的社会知觉产生较强的影响，也称为第一印象作用，一个人最初留给人的印象是最为深刻的，第一印象是根据对方的外部形象而产生的感觉。尽管有时第一印象并不完全准确，但第一印象总会在决策时，在人的情感因素中起着主导作用。依据社会心理学家的观点，在对人的感知或社会认知中，人格特点或社会性格、民族性格特点的呈现次序对第一印象的形成十分重要。而服饰的文化性决定了它本身就具备这种集中体现诸性格的特点，因此，通过服饰在人体上的立体显示，会使着装形象受众（即社会心理学中的认知者）对着装者产生一个较为清晰的印象。

科学家研究发现，“当你第一次踏进一个房间、一间办公室、一辆公交车，你会拥有一个极短的自由瞬间。此时此刻周围的每个人的注意力都集中在你身上，对于他们你是吸引人还是令人厌恶，是有趣还是枯燥，都取决于这决定性的一瞬间，这一瞬间相当于一千句语言，或者等于一千种机会。”因为首因效应先入为主，服饰覆盖了人体近90%的面积，当我们还没有看清一个人的容貌，来不及揣测对方的心理状态的时候，大面积的服饰形象往往已经给人们重要的提示，因而个人服饰形象在瞬间视觉感知中最为重要。

在社会交往中，人们的服饰在一定程度上反映着一个人的社会地位、身份、职业、收入、爱好、个性、文化素养和审美品位，是一种特殊的“身份证”。依据社会调查的结果，服饰在人与人初次见面时格外引人注意，并因服饰的存在，才使着装者在受众之中留有一个完整的人格形象。由于首因效应本质是一种优先效应。当不同的信息结合在一起的时候，人们总是倾向于重视前面的信息。即使人们同

图3-6 服饰形象打造良好的第一印象

样重视了后面的信息，也会认为后面的信息是非本质的、偶然的，人们习惯于按照前面的信息解释后面的信息，即使后面的信息与前面的信息不一致，也会屈从前面的信息，以形成整体一致的印象，这就是首因效应的作用。一般来说，在知觉陌生人时，服饰形象在首因效应中占有重要位置，如果服饰形象符合受众的审美欣赏与评判标准，就会使受众在以后的长期中都保留对这个人的美好印象；而初次见面时也许是着装者不经意地穿着，构成不好的服饰形象后，就会使他人产生厌恶或鄙夷的心理，从而一直存有恶劣的印象。因此，在日常交往中，我们应利用服饰的首因效应以给人以良好的印象（图3-6）。

人们的服饰一直被视作传递人的思想、情感等文化心理的"非语言信息"。心理学家做过一个试验：分别让一位戴金丝眼镜、身着蓝色中山装的青年学者，一位穿着时尚、整洁的漂亮女郎，一位挎着菜篮子、服饰暗晦的中年妇女，一位穿着怪异的男青年在公路边搭车，结果显示，漂亮女郎、青年学者的搭车成功率很高，中年妇女稍微困难一些，那个男青年就很难搭到车。从这个案例上看，不同的服饰形象代表了不同的人，随之就会有不同的际遇。大家都了解第一印象的重要性，一般人是如何决定一个人的第一印象？依据美国心理学家奥伯特 · 麦拉比安的研究，别人对你的观感取决于"7/38/55"定律。即是7%的谈话内容，38%的肢体动作及语气，55%的外表穿着。可见他人的判断与认识有超过一半以上的比例是由个人的服饰形象造成的。服饰形象是否良好，是让身边的人决定你是否可信的重要条件，也是别人决定如何对待你的首要条件。因为服饰必然在他人心中产生影响并进一步影响到相互关系。

（二）服饰形象是一种符号的语言

服饰在形象设计中具有无声语言的功能。每个人都得穿衣，与赋予人类的知识教养一样，都是在显现人们的心灵思想。数千年来，人类初次的沟通都是通过服装传达的信息。我们在各种场合还未与别人交谈之前，通过对方的穿着，我们已经可以得知他（她）的性别、年龄和社会阶层。甚至可以看出一些更重要的信息（或是错误的信息），例如他（她）的职业、出身、个性、思想见解、品味、兴趣、甚至还有最近的心情。服饰虽然没有语言，但是当人们审视服饰形象时，总是力图通过服饰的符号特征去想象着装者的一切，包括心态与境遇。只不过这其中有基于现实的想象和较为客观的推理，同时也会出现超现实的想象和相对主观的推理。也许我们无法将观察到的结果转换成文字，但是在不知不觉中已经牢记在心中；而对方也会用同样的方法评价自己。因此当我们见面和交谈的那一刻起，已经用一种比语言更古老和更世界性的语言在彼此沟通，那就是服饰。

服饰不是一种没有生命的遮羞布。它不仅是布料、花色和缝线的组合，更是一种社会工具，它向社会中其他的成员传达出信息，服饰形象是一种符号的语言。巴尔扎克在《夏娃的女儿》一书中表示，对女性而言，装扮是"一种内心思想的持续表现，一种语言，一种象征。"今天当符号学成为流行，社会学家告诉我们，服饰也是一种符号的语言，一种非言辞系统的沟通。服饰是符号语言，它就和其他语言一样拥有字汇和文法。服饰的字汇包括各种衣服、发型、装饰、珠宝、化妆品和身体饰物。服饰形象讲求品位，服饰品位是个人品位的物化，成功的物化过程不是随随便便可以完成的，是要靠知识、修养与主观努力一步步实现的。现代心理学家提出了“印象管理”这个概念，“印象管理”指的是控制自我社交过程中留给他人的形象和印象的战略与技巧，简单地说就是控制留给他人的印象，服饰形象是“印象管理”有效的工具和表达物。例如：戴安娜王妃一直是人们心中最优雅高贵的女性，不管她出席何种场合，装扮是休闲还是正式都会给人十足的高雅、端庄的印象。

每个人的服饰形象都深深的影响着自己的生活、学习与工作，对家庭、人际、事业都有举足轻重的影响力。旧时代的女性注重服装的动机较单纯，其目的无非只是想获得他人的赞美，或是增加对异性的吸引力。在讲求男女平等的时代里，女性处处希望与男性平等竞争，那么在面试、约会、谈判、接待、会议等等场合的服饰形象就非常重要。服饰形象是在向他人宣布说：“我是什么个性的人？我是不是有能力？我是不是重视工作？我是否合群？”女性竞争者在服饰形象设计方面必须要更具道德魅力、审美魅力、知识魅力及行为规范的魅力，使服装无形中为协调人际关系、提高工作效率、增加职位升迁的机会，起到良好的作用。

英国社会学家喀莱尔说过：“所有的聪明人，总是先看人的服装，然后再通过服装看到人的内心”。美国社会学家韦伯伦（T.B.Veblen）指出：“衣服是金钱、成功的确切证据，是社会价值的显在指标”。据说，当英国王妃戴安娜得知自己被列为 1983 年“十大衣着最差女性”榜首时，感到十分羞愧和难堪，连英国的许多平民百姓也为她祈祷。这表明：服饰形象作为一种符号早已超越了普通人，服饰不仅具有实用和装饰的功效，而且更重要的是，它有体现人类在信仰上的崇高精神境界的作用和意义。

（三）完美的服饰提升个人形象魅力

我们处在越来越强调个性、平等、自由的社会中，服饰更具有强烈的社会属性和文化属性，明显地打上了社会符号，还以它特有的审美功能创造了形形色色、风格各异的人群和阶层。个人服饰形象设计既是一门技巧，更是一门艺术。站在礼仪的角度上来看，服饰形象设计折射出的人们的教养与品位，它体现着一个人的文化修养，完美的服饰会提升个人形象魅力。

服饰形象有明显的信息暗示功能，从服饰的颜色、式样、档次和搭配上，均可以显示出一个人的性格爱好、文化修养、生活和风俗习惯。在不同场合，穿着得体、适度的人，给人留下良好的印象，而穿着不当，则会降低人的身份，损害自身的形象。我国已故的周恩来总理在服饰形象方面为后人树立了一个得体潇洒的典范。不论在任何条件下，他都衣着整洁合体，姿态端庄，一举一动彬彬有礼，真实地体现着他的个人教养和品位，提升了个人形象魅力。恰如其分的展示个人服饰视觉表达能力，是最有效、最快速的个性魅力传播方式；能提升自身良好的公关、与人沟通的能力，从而放大个人形象魅力。

每一个人的个人形象，都客观地反映了自身的精神风貌与生活态度。有研究表明，讲究衣着打扮的人自尊心和工作责任心较强，而衣着过于随便者多半不修边幅和不拘小节。罗伯特·庞德（Robert Pound）是美国著名的形象设计师，他对服饰形象是否和谐是这样说的：“在你没开口之前，甚至在别人还没开口之前，你该怎样让他们知道你的成功、你的学识和你的成熟呢？你的服装或许能帮助你做到这一点！而一些人看起来似乎没有教养、不健康、不快乐，有许多时候，问题就出在他们的服装上。”他指出，当一个人对自己的服饰形象感觉良好、非常满意时，一般来说，他同时会感到自己充满自信，并会产生一种自我安全感。所以在很大程度上，服装能够改变一个人的形象，能弥补你的缺陷，也能扩大你的缺陷。个人服饰形象真实地体现着个人生活态度与精神风貌。只有充分表达出自己认真、负责、自尊、自信的生活态度，以及热情开朗、豁达大度、朝气蓬勃、奋发进取的精神风貌，形象魅力才会生辉，才会在社会中真正为人所信赖，受人尊重。因此，每一个人都要重视服饰个人形象、规范服饰个人形象、维护服饰个人形象。

（四）个人形象是事业中宝贵的无形资产

个人服饰形象就像人生乐章上的跳跃音符，合着主旋律会给人创意的惊奇和美好的感觉，脱离主旋律的奇异或不适合的符号会打破个人韵律的和谐，给自己的个人成功带来负面影响。服饰是社会人用来传送语言无法传递的信息的一个有力的工具，是文明社会中交流沟通的重要手段。优秀的服装能够增加着装人的成就感，让个人表现的自豪、沉着、优雅、出众。

在社交活动中，个人形象自始至终都会受到交往对象的高度关注，并且在一定程度上影响着社交活动的开展。个人服饰形象客观上展示了其对待交往对象的重视程度。在国际社会里，人们普遍认为，在正式场合，特别是在国际交往中，每一名参与者的个人服饰形象不仅体现了个人的教养和素质，而且与其对交往对象的重视程度直接相关。一个人在涉外交往中如果服饰形象甚佳，就会被视为对其交往对象极度重视；一个人在涉外交往中如果服饰形象欠佳、随意不得体，则会被视为对其交往对象缺乏应有的重视，从而损害到自己的社交形象，影响到事业发展。

良好的个人服饰形象客观地被人们视为一种宝贵的无形资产。现代形象设计和服饰无时无刻地在影响着周围人对美的的评价，以及个人自信心。正如美国形象设计大师罗伯特 · 庞德说的那样；“服装是视觉工具，你能用它达到你的目的，你的整体服饰形象——服装、身体、面部、形态为你打开凯旋的胜利之门，你的出现向世界传递你的权威，可信度，被喜爱度。”良好的个人服饰形象实际上就是一种最为直观可信、最具有说服力的宣传。其功效往往要比“纸上谈兵”强过百倍。例如：美国总统克林顿在服饰形象设计方面非常重视，通过服装形象加强亲和力，表明对相关活动的认可态度。在参加一次儿童集会时克林顿所佩戴的领带，是红白色彩搭配的米奇老鼠领带，这样在小朋友中间，显得格外亲切，服饰形象与当时气氛十分协调。

在当今市场经济竞争十分激烈的情况下，形象力已经日益成为一种核心竞争力。塑造完美的职业形象，不仅能彰显个人的专业实力，也是提升组织整体形象的重要基础。通常每一个人的具体身份都是明确的，其个人形象实际上就是其所属集体形象的有机组成部分。个人形象可以宣传其所在集体的形象，而且还可以直接为集体带来一定的效益。个人形象不容我们每个人忽视，注重个人形象给我们的生活带来无限生机，也能在任何时候给我们提供比别人更大的机会来丰富生活，个人形象问题有着无限大的力量。例如：在1960年美国总统竞选活动中，人们普遍认为约翰 · 肯尼迪（John F. Kennedy）的当选与其妻子杰奎琳 · 肯尼迪（Jacqueline Kennedy）的形象设计功不可没。她以简洁时尚、得体的服饰形象、自由和睦的生活方式表现出富有进取的精神和年轻活力的文化价值观。这种形象很有正面意义，符合美国民众对第一夫人形象的期盼，为大选的胜出起到重要作用。形象力已经成为一种新的生产力资源，成为一种公共的凝聚力、吸引力、感召力、诉求力和竞争力。

形象设计的目的不仅仅为了追求外在的美，而且是为了辅助事业的发展，展示给人们你的力量和成功的潜力。服饰是社会人用来传送语言无法传递的信息的一个有力工具，是文明社会人们交流沟通的重要手段。在美国的一次形象设计调查中，76%的人根据外表判断人，60%的人认为外表和服装反映了一个人的社会地位、职业、收入、教养、品位、发展前途。魅力领导的出众条件之一是他们具有格调的穿着，服饰形象是造就一个魅力领导和成功者不可忽视的关键。成功的服装形象能够增加着装人的成就感，它让着装者表现得自豪、沉着、优雅、出众。例如：美国前总统肯尼迪杰出而又英俊的外表，被当时的《纽约时报》认为“他创造了美国人心目中英俊的形象”，对他的形象评价是：有着“意大利的品位、大不列颠的冷静、美利坚的风格”,“我们的总统有着如此完美的内外结合”。

成功的服饰形象在职场中最大功能是能帮助人们建立自信,帮助穿衣者沉着自如、优雅得体地表现,保持在各种场合下镇定自若的心态。1996年,美国里维斯(Levis)公司为了提高公司利润作了一次统计调查,希望了解消费者穿衣的动机和期望服装带给穿衣者的社会效益。调查发现,60%的人认为穿衣是为了增加自信,是为了“在压力下保持镇静”,而只有6%的人是为了“看起来漂亮”。自信的缺乏是由于对自己的才能和成就不满,或者是由于对自己的外表不满造成。大部分人不具备模特的标准体型,过高、过矮、过胖、过瘦都影响着我们的自信度。精心的服饰形象设计可以扬长避短的衬托形体优势,在心理上消除由于外表不满带来的焦虑。而对于那些对自我成就不满而缺乏自信者,良好的服饰形象可以积极地调整穿衣者的心态,增加穿衣者的社会成就感,服饰有强烈的暗示作用,在心理上提示自己要表现得如同自己的服装一样出色。

(五)服饰形象——个性传达方式

和谐的服饰形象是一种象征,它不仅能显示出穿着者的社会地位,还能表现出个性风格。个性是区别于他人的特性,包括兴趣、态度、思考方式和审美情趣等。个性是每个人所独有的,个人服饰形象设计往往显示出一个人独有的个性特征和审美情趣。

从某种意义上说,服饰所能传达的个人情感与意蕴不是用语言所能替代的。例如:撒切尔夫人爱穿夸张的宽衬肩服装,这样能淋漓尽致地表现出她不可一世、独断专行的性格。老布什总统身穿布鲁克斯史弟牌普通西装,更能体现出他老成持重的特点。中国现代著名的山水画家张大千的服饰形象给人以极突出的印象,穿着中国传统团花图案的长袍(从不穿西装),长须苒苒,手持长的木质手杖,让人看了感觉非常有文人的气质与风度,服饰形象第一眼就给人一种不平凡的中国老艺术家印象。

现代服饰形象设计的魅力所在就是因为它所包含的知识理念是我们要了解自身,提高自身,优化自身的条件,是展示个人魅力价值的基础。有些人之所以出众和迷人,除了修养和气质之外,他们对时尚流行的敏感度,对服饰修饰的控制力,似乎有天然的独特的驾驭能力。其实,主导这种驾驭力的最重要的是个性,而服饰是思想和个性的形象表达。无论流行什么服装,这些人能用自己的思想和个性主导自我的服饰形象风格,他们最擅长的是扬长避短,能够选择出烘托自己体型、气质的服饰和装束。例如:奥巴马夫人米歇尔与前总统夫人劳拉的庄重形象不同,她的服饰形象充满个性魅力,她的着装品位和衣着搭配技巧广受好评,常能把顶级大师设计的服装与普通专卖店服饰巧妙搭配,将传统经典与时尚流行结合。奥巴马夫人带给我们的感觉是自由和乐观,让我们感觉到的是积极向上的健康形象。

第二节　服饰形象设计的建构

一、服饰形象的建构核心

在社会中，一个地域，一个城市，或是一个国家，人们的形象设计水平越高，形象设计知识越普及，说明这个城市或国家的生活水平越高，社会越先进，生活观越成熟，人们将生活所能给予的美好事物都接收下来，并且在不断地有所追求。形象设计既是艺术的体现，也是生活的实际需要，它与我们个人的生活有着密切的关系。

由于服饰形象设计是以人为本，是满足个人服饰诉求目标的设计形式，因此服饰形象构建过程中应该以生活中具体的实践目标为核心。以“个人生活实践目标”为核心的形象设计是指针对某一具体的设计对象，划定具体的时间段，围绕个人的生活、工作，确定一个具体显现和追求的核心目标，在这个核心目标的指引下，依据个人的自身因素与特点，结合社会及自然环境特点进行的一系列的服饰设计（图 3-7）。

在进行服饰形象时，主要针对设计对象自身的因素有四个方面的考虑：

（1）社会因素　地域、人种、民族、地位、职业等；

（2）生理因素　性别、年龄、形体、五官；

（3）心理因素　性格、气质、喜好、个人经历；

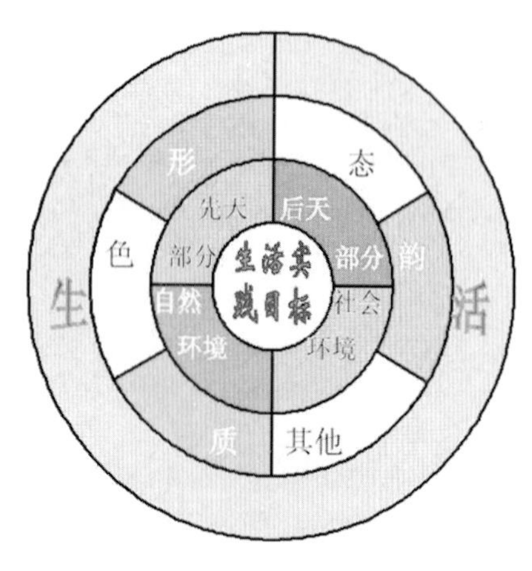

图3-7　服饰形象构建核心

（4）其他因素　文化程度、环境、审美情趣、生活方式等。

从个人需求的角度入手研究形象设计，为了满足个人生活和工作需求服务的设计方法，这区别于纯粹的艺术创作的出发点，同时也强调处理问题的整体性。围绕生活中现实目标进行形象设计符合了现代设计的基本设计理念，将人的社会因素、生理因素、心理因素、审美因素等围绕现实目标融入具体的服饰形象设计之中。

形象设计的实际应用性能是毋庸置疑的。美好的形象装束对于穿着者内心的变化起着重要的作用，也会对人的生活产生影响。当人们自我感觉到形象较差时，自信心就会严重不足，反之，当意识到自身形象受到公众的赞赏时，精神状态及信心无疑会振奋起来，生活中的某些目标也会变得容易实现。当然，美好形象不仅仅单纯指美丽，它包括着气质、风格、艺术品位、文化素养等多方面因素，美好形象给我们自信的力量；同时，为了追求形象完美的内涵，也会促使我们不断地提高自己、充实自己。

（一）核心目标是形象定位的基础

社会是由一定数量的个人组成的整体，个人的行为受其所处社会环境的影响和制约。这就要求个人的服饰行为围绕自身生活实践目标遵循一定的着装原则进行设计。只有围绕个人生活实践目标这个核心才能准确定位、才有利于个人生活的目的，使设计更具实用性，也才能体现服饰形象设计回归生活的原则。

服饰形象设计与生活实践目标的整合就是指服饰装扮行为与个人生活和社会生活相结合，让个人着装行为从盲目、意识不明确的状态中解脱出来，给个人感受服饰美的机会，使服饰形象在工作、社交中发挥作用。服饰形象设计应以个人因素为基础，以生活实践目标为轴心，以造型方法为手段，以为了塑造个人良好整体形象为终极目标，能动地使个人服饰形象在个人社会生活各领域发挥作用。

（二）核心决定设计重点

服饰形象设计要依附服装、饰品、技术等条件，通过具体服饰形象实现某种生活特定的目的，以谋求服饰与人之间更好的协调，最终满足设计对象的生理与心理需求，让现实生活中服饰形象接近个人理想中形象。个人形象设计以生活中的需求目标为引导方向，明确设计的目的，目标决定了设计重点，决定了设计中哪些是重点元素，哪些是辅助元素，决定了在设计中具体运用的元素。这样才能真正准确的把握设计对象的形象取向，避免走错路、走弯路。

在设计中应该了解设计对象目标需求是什么？例如：公务场合是设计对象上班处理公务的场合。办公室是属于正规的场所，在工作岗位上，服装要与团队成员达成和谐，着装应当重点突出“庄重保守”的风格。需要提升个人的办公室形象就以其工作性质为重点展开，在对设计对象的分析中，职业、地位、环境等社会条件就成为主要因素，而个人喜好、审美情趣成为设计中次要考虑因素；在休闲场合，着装应当重点突出“舒适自然”的风格，在对设计对象的分析中个性、审美、喜好等条件成为主要因素，然后根据身材、脸型、个人风格以及出席环境，设计出既具个人风格又符合具体环境的造型，就能给人留下美好的印象；在社交场合，女性的着装应当重点突出“优雅浪漫”的风格，设计对象的审美情趣、生活方式根据目标的不同成为设计的重点考虑因素，设计中个人的肢体语言、表情语、动作语都成为服饰形象有机的组合部分。

（三）服务于生活的设计方向

设计以个人实际生活目标为核心，在此出发点指导下的设计才能更好地服务于生活，更好的体现设计的实用价值。

人们对形象的期望在直观的表述上往往富有强烈的主观色彩，他们表达自己期望的方式也有很多种，有抽象的也有具体的，这种表达是不规则、没有任何界线而言的。人们往往期望通过形象设计来塑造比较完美的自我，也可能会设定一个不切实际高度的理想的形象。而形象设计的个人生活实践目标是一种无法直观的内在力量，它是人们因为某种生活需要而产生的愿望和要求，这种愿望和要求才具有具体方向。

形象设计是服务于人群很具体的工作，常常需要设计者把握住现实和美感的分寸。必须系统地掌握应用心理学、社会行为学、服装学、美学、色彩学；必须不断跟踪世界范围内服饰的设计与创新动态；必须不断地从实际生活中积累实践经验；必须对新的生活方式、人与服饰的关系具有高度的敏感心；对服装的搭配有一种职业的敏感。个人着装风格的形成、技巧的变换，均取决于生活中角色转换的结果。设计师要时刻以很专业的眼光和态度来处理手上的设计案例。色彩、比例、质感、细节……都是修正人体需要的技巧。作为设计师不要做虚拟个人空想的服饰形象，服饰形象设计要帮设计者达成实际生活的角色设计。

二、个人服饰形象定位体系的建构

（一）个人服饰形象定位体系

服饰形象设计的实施首先要进行准确的形象定位，建立形象定位体系（图 3–8），围绕形象定位全面的展开设计。

个人服饰形象，是个人面向社会全方位运用服饰语言表达自我而形成的一个综合印象，它是个人与环境之间关于个人本身信息传达与交流的结果。

服饰形象体现的是个人外观整体服饰视觉信息。它既包括个人身体的外在信息：例如个人的身高、头发的长短或皮肤的颜色以及性别，也包括个人内在信息的传达，例如气质、审美倾向、喜恶和性格；包括个人的社会信息：个人的职业以及个人与其所在的更广泛的社会之间的关系的实际信息。

（二）建构原则

个人服饰形象设计是一项综合的设计，个人身体条件、心理特点、社会生活环境因素等多方面构成

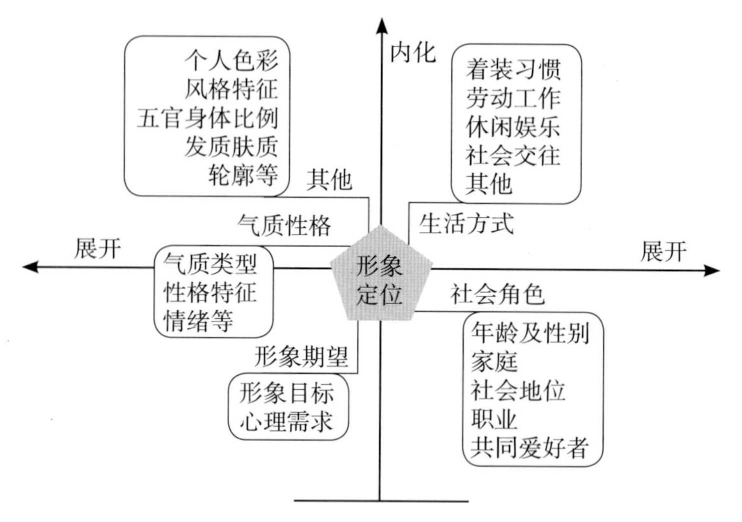

图3-8 形象定位体系

人的立体形象,彼此间相互影响相互制约,不同的人展现出不同的形象。只有切合人的身体条件,才能达到修饰身体的目的;只有符合社会生活形象规范,才能展示个人特有的社会经济地位及生活方式;只有满足人的心理形象期望,才能在设计成果上得到认同。综上所述,完成形象全方位的完整设计,才能实现人对生活目标的满足。

服饰形象设计强调一致性的设计原则,全方位地展示,多视角、多层面地统一,而不管从哪个角度,哪个方面,所得到的信息是一致的,所呈现的效果也必将是一致的,主要包括三个方面。

1. 个人服饰形象的整体和谐统一

个人形象的一致性表现在,个人服饰形象既要合理的展示自我又要适应社会环境(包括个人生活、工作与公众环境等),达到个人的装扮的整体视觉印象的和谐。对于形象设计师来说必须要从整体把握人物个体,在设计活动展开之前,要充分考虑到个人与自我,个人与社会环境的和谐,尤其后者,人毕竟是社会中的人,任何凭空超越自我的臆想都是不现实的,也是不可能的,我行我素的设计可以成为一种风格,但不是个人形象设计的目的,不能做到整体真正的和谐统一。

2. 阶段设计与最终目标的一致性

为了达成设计的最终目的,即个人的生活目标,设计需要分成很多环节与阶段,但是每一个阶段设计的完成都是要与最终的目的达成一致。

设计中的阶段设计可以分成若干部分。包括个人服饰装扮的设计,譬如服装搭配、配饰搭配、妆型设计、发型设计等;也可以包括与服饰形象相关的行为姿态的设计,像身体姿态训练、表情训练等;还可以是其他形式的设计,例如衣橱打理、服装管理等。

阶段设计是服饰形象设计的重要组成部分,最终目标是为个人生活中的目标服务。这个目标可以是面试、约会、聚会、演讲等短期目标;也可以是为了爱情、事业、家庭等长期目标。阶段设计最终就是要服务于这些生活目标的。如果脱离了生活目标的服饰形象设计,在现实生活中就不能取得良好得实际效果。

3. 形象设计的内化过程

人的服饰形象设计的目的则应是为现实工作和生活服务,这一点与企业CI设计有相似之处,贯穿于人生活和工作的每一个环节,为了人长远的发展并伴随人的一生。从这一高度出发的形象设计,绝不是仅仅靠化妆师或服装设计师的能力所能完成的。形象设计是通过对人物个体原有的不完善形象进行改造或重新构建,来达到有利于个体的目的。虽然这种改造或重建的设计创作可以在较短的时间内完成,但设计对象对于新形象的认可、执行方案、达到目标结果以及他人对于新形象的确定认可则有一个较长的过程。

在形象设计这个过程中,必须要面对的就是改变,而且要将这种改变渐渐转化为个人自然的行为,也就是形象设计最终要达到的目的。首先,由于人们在不同的生存领域中所用处理问题的方法和根深蒂固的知识深深影响着人们,习以为常的喜好以身体技术和自我表现方式表现出来。那么在设计刚开始的阶段，设计对象可能会认为自己只是在“演戏”或是在模仿，就像在话剧中扮演一个角色一样。然而，随着“表演”逐渐会变得越来越容易，设计对象就会不由自主地进入这一角色。角色的转变从被动学习型向自我认识、自我激励、自我发展的类型转变。形象设计的过程是要个人用社会认可的方式表现（调节）自己的行动、举止，直至这些方式变成自然而然的生活行为，让一切变成生活中自然的一部分，这样设计才算是真正成功了。

第三节　服饰形象设计的管理与评估

一、服饰形象的管理

（一）服饰形象管理的定义

服饰形象管理就是通过对个人衣饰生活进行有效的计划工作、组织工作及控制工作的诸过程来协调所有服饰资源，以便实现服饰装扮中既定的目标。外观形象管理包含了所有有关个人外观形象的注意、决策与行动过程。形象管理所涵盖的范围除了我们在视觉上为身体所作的努力之外，还包括了我们如何计划及组织这些行为（譬如计划购买及穿着哪些服装，并且从个人或社会角度来评估这些决定所带来的结果）。每个人对自己形象的关心程度不同，但是每天都会进行某种形式的形象管理。

（二）服饰形象管理要素

服饰形象管理主要涉及的内容是如何整合、协调服饰形象设计所需的人、服装、饰品资源，并对相关一系列设计策略与设计活动进行管理，寻求最合适的解决方法，以达成个人的目标和创造出有效的服饰形象。服饰形象管理主要由四个要素组成：形象管理主体（管理者）、服饰形象管理客体（人、服装、饰品）、目的（服饰形象设计的目标）、环境或条件（服饰形象设计的依据）。

图3-9　形象顾问在为顾客诊断

1. 形象管理主体（管理者）

形象管理主体指的是服饰形象的管理者。一般情况下个人形象管理主体就是着装者自己，通过对自己自身生理特征的认知，结合喜好对日常生活中着装行为进行管理。随着形象设计业的兴起，目前，部分有身份、有地位的人士，服饰形象管理主体已经由专业的形象设计师担任，行业内称“个人形象管理顾问”。

“个人形象管理顾问”主要工作是对个人形象装扮进行规律性指导的咨询顾问，给服务客户提供整体个人形象装扮解决方案，帮助人们建立和谐的个人形象，提升品位。个人形象管理顾问是对个人形象管理进行设计与指导的专业设计人员。他们针对个人与生俱来的肤色、发色、瞳孔色等身体色基本特征和人体身材轮廓、量感、动静和比例的总体风格印象，通过专业诊断工具，测试出个人的色彩归属与风格类型，为设计对象找到最合适的服饰颜色、款式、搭配方式和各种场合用色及最佳的妆容装扮等，通过计划、指导、设计方式帮助人们建立和谐的个人形象（图3-9）。

作为形象管理主体的形象设计师或者形象顾问不仅需要掌握服饰、时尚、色彩、礼仪的知识，更多的还要具备成功心理学、社会心理学、哲学、人际沟通交流等等的知识；同时要求设计者要深刻地了解被设计者的知识背景、社会位置、个性特征、个人兴趣、审美能力等等。

2. 服饰形象管理客体（人、服装、饰品）

服饰形象管理客体就是服饰形象管理的内容，主要针对人、服装和饰品的规划。具体涉及个人塑形、衣橱管理和服饰搭配计划。

个人塑形是通过有计划的锻炼、整形等手法对

图3-10 个人衣橱管理是良好服饰形象塑造的基础

设计对象形体、五官等生理因素进行优化，也包括运用服饰元素技法从视觉上为身体所作的努力；个人衣橱管理是根据个人职业特点、身形特征、色彩特征有计划的、有针对性的购买服装单件产品和相关饰品（图3-10）；服饰搭配计划是利用有限的服装单品和饰品，对服装单品进行重组，使之形成多样化的搭配组合，形成多种风格服饰形象，此环节要达到服饰资源利用的高效率和服饰形象目标实现的高效统一。

3. 目标

服饰形象管理是按目标设计并实施的行为，因而管理又与目标形成对应关系。服饰形象管理活动应围绕着个人的目的进行活动。目的是服饰形象管理主体为实现设计对象目标的努力方向，是管理活动要达成的效果。目的是决定服饰穿着行为的先决条件，贯穿于整个管理活动过程中，渗透于设计活动中，也是衡量服饰形象是否合理的标志和尺度。只有确立目标之后，才能为某一具体服饰形象设计选择和运用什么样的服装资源提供依据，才能把服装单品运用美学原理搭配组成一个有机整体。这些依据又过来使设计者和设计对象有了正确的工作方向，并能根据目标来进行有效控制。因此，目的在服饰形象管理行为中处于核心地位。

由于服饰形象设计是根据个人外在、职业、目标、生活环境和内在性格而作出的一种综合设计。因此它力图通过改观外在服饰形象而提升个人内在（如自信、乐观）。服饰形象设计是为现实生活和工作而服务，是为了适应人的社会需要而设计出来的形象。在设计中考虑的不是单一的如何创造出绚丽的夸张造型和强烈的视觉冲击，而是达到一种平衡、修饰及和谐。如何照顾到设计对象生活、工作需要，如何令其服饰视觉形象、服饰装扮下肢体语言更加得体，如何通过外在修饰提升内在才是形象设计之根本。

4. 环境或条件（服饰形象设计的依据）

由于服饰形象设计行为又与实施的环境紧密相连，因而管理还与实现目标的环境呈依赖关系。外观形象管理是一个系统工程，它是依据个人的年龄、职业、气质、性格、体型特点、肤色、脸型、发型等全方位综合起来作为一个整体进行设计，提升形象在具体环境当中的表现力及感染力，有助于实现个人生活目标。形象管理是一项科学的、系统的、全面的、严格的和持续不断的管理工作。个人形象的设计、塑造、传播与管理应该是一个系统工程，绝不是可有可无，或者说不能依赖一次偶发事件来完成。只有进行有效的形象管理，才能实现个人形象魅力的自我实现和超越。

二、服饰形象的评估

服饰形象的评估是综合信息的评价，即服饰外观的特征和实际表现在社会公众中获得的认知和评价。个人向外界传达服饰形象信息的过程也是一个让自己与受众群体感知、评价、接受的过程。这并不是简单的单方向的接受过程，包含了人们对信息的感受、输出和反馈，也是人与环境之间的沟通过程，彼此之间存在着不同方式的相互作用。

个人服饰形象推广是以服务于设计对象的衣饰生活为前提的，一切都围绕着“人”的存在而存在，因此，人为的评价因素就显得尤为重要。关于艺术产品的评价角度很多，方法也很多，通常是复杂的，尤其对于主观性较强的形象概念。当涉及到人类的多种情感，诸如人的喜、厌、偏好及五官的视、听、触、嗅等感官因素，就会出现许多不确定评价因素，还要涉及到人自身的个体差异、心理与生理的差异、经验差异及所处环境、地域、时间等各类社会因素等等，带有很强的主观性。鉴于此，在涉及到人类情感、美感和时代时尚等因素时，可以以定性（如好与坏的定性、美与丑的定性）的方式评价。

（一）过程评价

通过对形象设计诸多方面细则的对照观测，做出判断。确定合理的评价周期，将设计过程分做若干评价阶段，依次测评，记录发展变化的过程。

（二）评价原则

集体性原则，即参与评价的是设计师、设计对象与受众群体，通过对形象设计完成情况的阶段考评，形成完整的、公认的、科学的集体型评价。

（三）评价方法

服饰形象评价系统是以个人及其他群体为评价基础，以人的感官反映、需求目标为评价的参考指标，然后经过综合的测评和统计来决定具体的服饰形象是否能良好。个人形象的评价，可以把它区分为个人自身的评价和印象，以及设计师、社会公众对个人的印象和评价；个人评价是基础，而作为形象主要受众的社会公众，其评价将居主导作用。对于形象的评价，主要是设计方法的实用性和可行性以及设计效果方面的综合评价。

个人形象评价包括设计师、设计对象及其形象受众三方面感受，这是对设计比较高层次的要求。人的形象不像其他艺术品那样只供人欣赏，它毕竟是人物全方位美感的体现。人的形象作为评价的对象，无论是具象的东西还是传达的抽象的意蕴，他们的完美表现在于与评价人群的心理期望取得一致，才有可能得到人们的认同。即使设计者与设计对象是同一人，也应按第三方对待，因为每个人的评价标准和审美态度不同，即使同一人也会有两种心态。作为形象设计的三个评价主体，在审美经验积累情况和程度上的差异，使得他们不一定能够同时对一个形象产生同样的评价感受（图 3-11）。

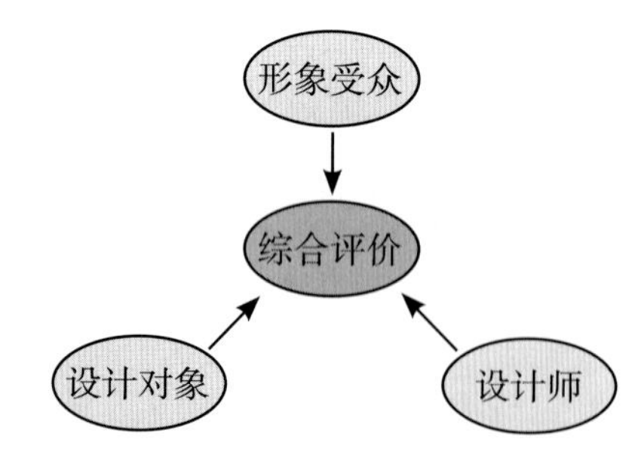

图3-11 服饰的形象评价系统

1. 个人（设计对象）评价

作为形象设计的接受者，也是形象设计的基础原型即设计对象，其评估的情况，直接反映了自我感受和自我接受的程度。

2. 设计师评价

形象设计中设计师不能仅从个人主观的审美趣味与生活方式去设计，要顾及设计对象与其形象受众的感受，同时又不能完全迎合设计对象的观念而失去创作的个性。设计者需将个人对其形象模糊不定的、零碎的形象概念与审美感受、形象期望归纳为较明确、较系统的认识，在此基础上将其形象明确的

	个人评价	设计师评价	受众评价
外观满意度	优秀（ ） 良好（ ） 中等（ ） 差（ ）	优秀（ ） 良好（ ） 中等（ ） 差（ ）	优秀（ ） 良好（ ） 中等（ ） 差（ ）
内外一致度	高（ ） 中（ ） 低（ ）	高（ ） 中（ ） 低（ ）	高（ ） 中（ ） 低（ ）
整体形象提升指数	优秀（ ） 良好（ ） 中等（ ） 差（ ）	优秀（ ） 良好（ ） 中等（ ） 差（ ）	优秀（ ） 良好（ ） 中等（ ） 差（ ）

表现出来。作为设计师应对设计成果进行客观、准确的评定。

3. 受众人群的总体评价

形象设计对象的受众人群包括了亲友、同事、朋友、上级等。评价内容有外观满意度、接受程度等。

4. 综合总结评价

个人形象设计要满足个人和其形象受众两方面的需求与评价标准，符合时代潮流，与时代意识、时代风格同步，并能够激发起人最大限度的认同，达到为生活服务的理想效果。

第四章　现代服饰形象设计对象的分析

形象的本质是一种信息的提炼、整合、释放，形象看得见的是通过各种材质、造型手段表现出来的富有感染力的生动画面，即“形”的部分；而看不见的是经过高度概括、沉淀、贮存下来的有价值、有生命内涵的信息，即“象”的那一部分。个人的形象一般被分为内在形象和外在形象两个方面，对于设计而言，设计对象的形象分析要显现出易操作、准确区分的特性。

个人现代服饰形象设计应该在个人基础条件上定位、设计出被设计者和设计对象以及公众所接受认可的服饰形象。服饰形象设计是以人为本，力求完美人的外貌、形体、心态、情绪。它更直接地追求和塑造人的美，因此，设计对象的自身因素，例如：性别、年龄、形体、五官、色彩、气质等均成为设计的基础，对设计对象准确、客观地观测与评定将直接影响到个人服饰形象设计的准确定位。

形象设计中个人形象的诊断分析应该从三个方面着手，即“型”、“色”、“韵”。“型”是人们能直接可感官设计对象自身的外形轮廓特征，包括身形、脸形、五官的形态；“色”是人们能直接感官的设计对象自身的色彩特征，包括皮肤的颜色、头发的颜色、眼睛的颜色等；“韵”是个人的性格、气质、知识水平、修养、审美情趣共同形成的表现在设计对象身上的一种神韵，设计分析主要包括：性格、气质、个人风格等（图 4-1）。

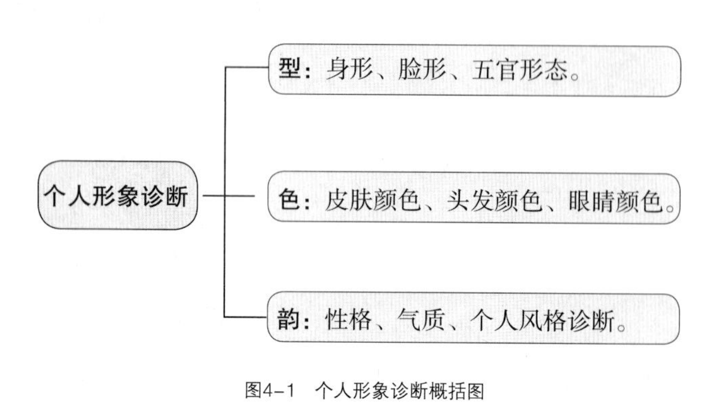

图4-1　个人形象诊断概括图

第一节　身形观测及原型分析

定向观测和原型分析是在设计前对设计对象的身形及五官进行的客观分析工作，即对设计对象的“形”进行分析和判断。个人的身形特征和容貌五官是服饰形象设计的生理基础，形象设计是建立在个人基本要素设计的基础上，因此它是服饰形象的载体，包括个人的体型、脸形、五官、皮肤等等。一般来说，良好的身体素质和长相会给人以美感，使人心情愉悦，对个人的服饰形象的塑造也起着提升作用；而身材长相有缺陷的人则通过分析评测对其正确认识，运用修饰手法可以达到弥补掩盖形体与长相的弱点和缺陷的目的。

爱美之心，人皆有之。社会需要美，人类更需要美。在进行分析之前，我们应该对公认标准美的人体有一个认识，以其作为衡量标准。

一、人体形体美的认识

（一）形体美与个人形象

整体形象中的形体，不仅是构成个人形象的要素之一，而且其本身就是一门学问。人体美是人们追求的目标之一，不朽的传世之作“维纳斯”、“大卫”、“掷铁饼者”等都留给人们极深的印象，其根本原因是这些作品体现了人体美。自然界至高无上的美莫过于人体，人体美是自然界最杰出的典范，是任何事物都无可替代的。人类自然形体美是人类生理形态呈现的美，属于自然美、形式美的范畴。

形体美是美学中最普遍、也是最难表现的观念。从古到今，人类对形体美的评判均没有统一标准，只不过是一种在历史背景下的文化渲染和流行趋势。

对于形体美的表现方法，有雕刻、绘画、文学等，然而不同时期表现出不同的内容。

早在古希腊时期，人们对于形体的审美意识已经非常强烈，"在他们眼中，理想人物不是善于思考的头脑或感觉敏锐的心灵，而是血统好、发育好，比例匀称，身手矫健，擅长各种运动的裸体。"为实现这种审美意识，他们严格优生制度、普遍开展全民体育运动，实行严格的军事训练，力求使男性身材魁梧，达到标准的健美身形（图4-2）。

在中国不同时期人们对于人体自然美的认知也不尽相同。例如：《诗经》中对于标准形体女子的形容占用了大量篇幅。《诗经》中美女庄姜的美是这样描述的，"硕人其颀，衣锦褧衣"；"硕人敖敖，说于农郊；"可见她不是娇小玲珑，也不是瘦弱小巧，而是健伟丰满。战国时楚人宋玉在《登徒子好色赋》中对女性的形体美做了这样的描述："天下之佳人，莫若楚国；楚国之丽者，莫若臣里；臣里之美者，莫若臣东家之子。东家之子，增之一分则太长，减之一分则太短，着粉则太白，施朱则太赤。"东家之子的美，充分体现了我国古代对女子的审美理想，这"增之一分则太长，减之一分则太短"表明了人体的和谐之美，反映了人体最理想的美的比例。我国历史上四大美人之一的唐朝杨贵妃以体态丰韵、圆润而著称，"环肥"之美是赞颂她身体丰满的健美；而在《红楼梦》中林妹妹的病态形体也曾给追随者以美的感染。

在现代社会，T形表演舞台上女模特们以消瘦、骨感作为美的形体表现；在西方健美锦标赛中则以肌肉发达程度甚至是超常的畸形程度作为形体美的表现；而日本相扑运动员的体形被本国人视为形体美的表现，这就说明形体美没有绝对的最美，只有相对的最美，在不同地域、不同时期每个人对美的审视和欣赏认识是有区别的。

从古至今，虽然受地理环境、社会制度等条件的制约，对人体体型的认识有很大差异性，但体型美却一直受到人们的欣赏与推崇，人们对美的追求也一直赋予极大的热忱。在现代社会，个人的美是形体和气质的结合，和谐是对美的一个基本要求，只要在视野中比例协调而透出气质的形体就是健康而美丽的。由于时代、民族、社会形态的不同，人们的审美习惯、情趣、标准也有一定的差异。然而人体美的实质——比例与和谐，却是亘古不变的。举世闻名的古希腊断臂维纳斯（Venus）的造型是美的极致，美的女神（图4-3）。维纳斯雕像的优美造型之所以得到世人公认是与

图4-2　古希腊雕塑表现出男子健美的身形

图4-3　维纳斯雕像形体的和谐比例

和谐的比例分不开的。其严格的比例、和谐的艺术性蕴藏着极为丰富的美学价值，尤其是其S形曲线，"美蕴藏于'S'形曲线之中"（图4–3）。

一个人的形象魅力离不开健康的形体美，形体美主要指人体的外形美。表现为发育匀称、骨骼坚强、肌肉发达、比例和谐、肤色健康等。这种和谐统一的美，从几何学上来讲，主要来自于比例结构的合理，是指各部分要达到恰当均衡的比例关系。如果人体骨骼发育正常，身体各个部位之间的对称和比例适当，曲线匀称，姿势均衡便会取得良好的视觉效果。人的体形取得线条美的感官效果，并不在于单薄瘦削，盈盈孱弱，而是动感有活力和匀称线条的健康美。即做到轮廓流畅、鲜明、简洁、线条起伏、对比起伏恰到好处，并具有性别特征。女子曲线纤细连贯、平滑流畅，要显示出柔润之美；男子肌肉线条分明，棱角分明，显现出阳刚之美。

但是我们必须懂得真正具有持久魅力的美，是人的外在美与精神美结合的整体形象美。正确的观念是，既要看到形体美在形象构成中的重要作用，又不要偏重到不适当的程度。美的形象是每个人的视野感觉和心里感受，在形象设计中外在形象的塑造是多变而丰富的，而精神的塑造是需要一生的努力，有着延续性，随着生命延续在发展，形象最能打动人心的不是漂亮的外观，而是人格魅力与外表统一背后的真实、自信与完美。

（二）形体美的表现

"凡是美的都是和谐的和比例合度的，凡是和谐的和比例合度的就是美的"。人体美首先要求体形的匀称和谐，即部分与部分、部分与整体之间比例对称合度，协调适中。同时要求人体骨骼发育正常，呈匀称感，肌骨有力，姿势端正，举止大方。在评判形体美的标准时，主要从以下几个方面考虑：

1. 骨骼发育正常，肌肉生长匀称

优美的形体要求骨骼发育正常，身体线条匀称。如果骨骼异常，将直接影响到身体的外观形态。脊柱应该正视垂直，侧看曲度正常，脊柱无异常弯曲（如驼背、拱背），双腿挺直，腿型优美、粗细均匀，中线笔直，小腿富于力度。站立时挺拔、稳健，头、颈、躯干和脚的纵轴在同一垂直线上；肩稍宽，头、躯干、四肢的比例以及头、颈、胸的连接适度；外形还应有匀称、协调、平衡的肌肉，形体轮廓清晰，线条起伏流畅。过胖过瘦或肩、臀、胸部细小无力及由于某种原因造成的身体某部分肌肉的过于瘦弱或过于发达，都不能称为形体美。

标准的形体体重与身高有一定比例关系。体重和身高的协调是形体美的基础，人体若过瘦，会显得病态和干瘪；过胖则影响其整体美感。虽然历史上也出现过胖人为美的审美标准，也出现过以削瘦、干练为时尚的审美倾向，但是无论如何也不能失去人体的匀称美，它是以体重和身高协调匀称为基础的。

我们可用这个公式来计算：

身高（厘米）–112=体重（公斤），再给予10%的波动率。例如：身高为165厘米的女性，体重则应为165–112=53公斤，再给予约上下5%的波动率，则体重约在48~58公斤之间。

2. 人体组合的匀称

人体组合主要指头、躯干、四肢间的组合，比例协调是人体组合匀称的关键，形体完美的人体组合主要体现于以下几方面：

（1）身体比例符合黄金比例分割

经过大量研究测量，人们发现女性形体本身所存在的美就是和谐与比例，而黄金分割律则是美的最高形式和规律。正如德国数学家阿道夫 · 蔡辛（Adolf Zeising）早在19世纪已断言的："凡符合黄金分割律的总是最美的形体"。由图4–4可知，人体中的黄金分割点很多，诸如喉结点、脐点、膝点、肘窝点与乳头点等，而躯干部分最重要的黄金点无疑是腰部的脐点（头顶至足底之间的分割点）与胸部的乳头点（乳头垂线上锁骨至腹股沟的分割点）以及不能忽视的躯干轮廓宽与高所存在的黄金矩形，即以两肩峰点为宽，以锁骨上缘到耻骨为宽的矩形，其中宽与长的比值等于或近似0.618的长方形。

举世闻名的维纳斯的造型被公认为美的极致，

美的女神。如果进行测量的话，以肚脐为界，其上下半身之比为0.618；头顶至咽喉与咽喉至肚脐之比也是0.618；而两乳点分别与锁骨中间凹陷处相连所成的正三角形，也被誉为黄金三角点。全身高度应为七个头长以上，上下身比例要求是下身长于上身，上、下身比例以肚脐为界，上下身比例应为5∶8，符合“黄金分割”定律，腰节短，臀位高，臀峰位于身高的二分之一处。由此可见，黄金分割比率0.618这一神奇的“饱含美学因子”的人体美学参数是评价人体形态美的重要依据，虽然由于各种因素的影响，十全十美的“标准人”是不存在的，但只要在某个人身上接近黄金分割律的因素越多，这个人的形体就显得越美。

（2）身体各部位形态优美

头形：头部外型端正，与身体比例适中。娇小的头型会显现出拉长的身材比例，使其显得修长。女性脸型以鹅蛋脸为美；男性以长方脸为美。正方脸与圆脸都会使人感到头大，与修长的身材不和谐。五官应端正，鼻梁挺直，唇形圆润分明，目光明亮，五官应有明显的个性特征和独特魅力。

颈部：女性颈部的美以两侧对称、比例适中、血管不显露、平坦、润滑、富有弹性、线条优美，颈部长而挺拔，长度应在1/3头长以上，女青年理想的颈围是31~33cm。男性颈部的粗细与头部大小和肩宽相和谐，两侧对称、比例适中、颈部斜方肌结实、有线条感。

肩部：女性两肩对称，与脖颈衔接拐角处圆润、丰满，不上耸或下塌，肩部锁骨窝略显丰盈，肩部肌肉丰而不腴，满而不余，有量度，有质感，有弹性，不宜有明显的棱角，以突出其优美的曲线。男子的肩膀宽阔，可显示雄壮威武的气概。

胸部：女性两侧乳房大小、形状、位置均对称一致，丰满、柔韧而富有弹性。两乳间距离16~20cm。乳房基底面直径在10~12cm，从基底面至乳头的高度为5~6cm。形状挺拔，呈半球形，丰满挺拔而又富有弹性，大小适中，乳头与胸骨切迹成一个等边三角形。男性胸大肌应锻炼的较为发达，以显阳刚之气。

背部：女性后背美的标准一般是指背部宽窄适中，与臀部的比例适当，肌肉丰满、腰部起伏、弯曲明显，脊柱沟比较明显、肩下骨不太突出。男性背阔肌应呈鲜明的线条，上身呈现V形而显得挺拔有力（图4-5）。

图4-5　男性健美的身形

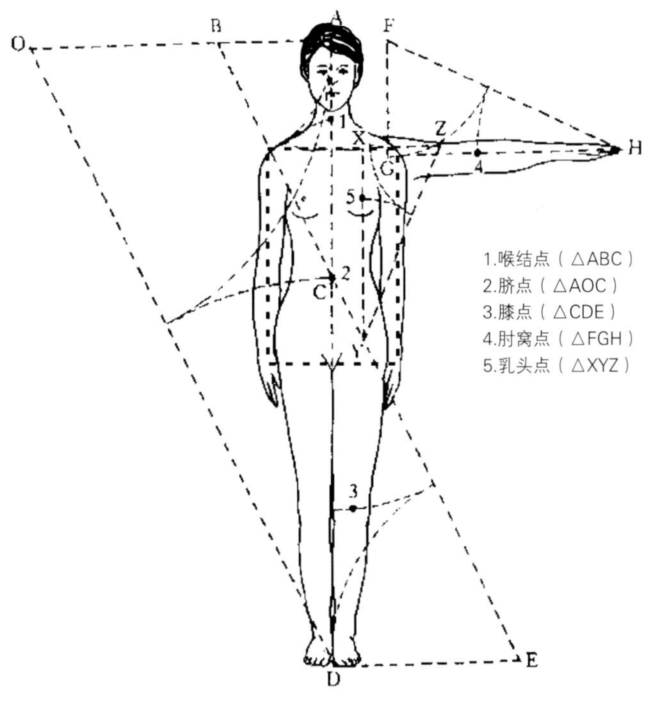

图4-4　黄金分割率在人体上的体现

腰腹部：女性腰部应该上下呈圆滑的曲线，腹部扁平不突出，没有多余脂肪积累，腹肌应紧而平实。男性腰腹部应具有发达的腹肌和很少的脂肪，腹部用力时可以清楚地看到有8块对称的肌肉凸起，显得强劲而健美。

臀部：女性健美的臀部应该圆滑、丰泽、富有弹性而且上翘，曲线柔和流畅，皮下无过多的脂肪。臀围是在体前耻骨平行于臀部最丰满部位的尺寸，臀围应该较胸围大4cm，并且丰润圆翘、球形上收。

腿部：大腿修长而线条柔和，小腿腓部稍突出。腿部的健美以适当的肌肉为基础，大小腿比例要求小腿与大腿比例接近相等。骨骼正直、外形圆润，无松弛肌肉和皮肤，粗细适当，膝盖外形圆润。腿部的健美靠流畅的肌肉线条的衬托，如果肌肉线条不流畅，纤细则缺乏力度，脂肪多则缺乏美感，唯有肌肉线条起伏流畅，才显得结实而健美。

手臂：女性手臂应圆润、纤细、细腻、洁白、柔软；男性手臂则肌肉线条起伏明显、刚健、强壮有力。臂的合理长度和围径是其形态美的基础，一般认为，标准的上肢应为三个头长，其中前臂为一个头长，上臂为三分之四个头长，手为三分之二个头长。

3. 人体的性感美

（1）女性的性感美

① 外形的俊美

女性外形轮廓线条应具备圆润感和流畅感，但不缺乏健美的力度，外形轮廓是一种流线型的美。脸部、颈部、肩部、臀部、腿部的线条都应流畅、平和，肌肉起伏与男性相比较柔和，无硬朗分明的块状肌肉。拥有魔鬼身材的名模坎贝尔身高1.75米。她的胸围是腰围的1.4倍，即腰围约是胸围的72%，坎贝尔的腿长为上身长度的1.4倍，她的大腿长度占身长的29.7%、小腿长度占身长的19.5%。与普通女性相比，坎贝尔的整体线条流畅，更显纤长秀丽。

② 肤色的健美

无论人体肤色是哪种类型，都应具备肤色的健美、滋润、光滑和富有弹性的条件，肌肤上有大块色斑沉淀或肌肤缺少弹性对于一个女性来说都是致命的弱点，所以通过一些美容手段、日光浴和体育锻炼来调整皮肤的色泽、弹性是很必要的。

③ 体态的优美

女性的体态是衡量其是否具备形体美一个很重要的因素。一个女性若具备了应有的身高、三围、体重，但由于她的体态给人的视觉效果不理想，同样影响整体形态。体态实际上就是人体各部分组合产生的一种动态综合效果，是身体各部分的配合而呈现出来的外部形态的美，具有造型性因素。姿态动作美基于体型美，它比体型美有更深刻的意义。人体的姿态、动作、行为大多是后天形成的，正确优美的动作姿态，可以通过形体练习培养其正确的动作姿态，做到坐要端正，站要直、走要自然，各种动作舒展大方。

④ 曲线的柔美

曲线美是衡量现代女性形体美的重要标志，而女性的胸、腰、臀的围度，即通常意义上的“三围”，又是构成曲线美的核心因素。女性的曲线美主要体现在三围的比例协调上，即胸围、腰围、臀围的比例，这三项围度及其比例关系，是女性人体美的重要指标之一。

在现代女性体形美的标准上，国际审美委员会也多次调整对女性胸、腰、臀的围度美的标准，并规定了具体数学标准，即胸围等于臀围、腰围小于胸围25cm、腹围均略大于腰围而小于臀围，胸围、腰围、臀围基本符合3∶2∶3的比例。胸围的长度接近臀围，而腰围则与两者相差甚大，也因此而形成了女性凹凸有致的优美迷人的身段。一个身高为1.65米的女性，胸围在90厘米左右，腰围在60厘米左右，臀围在90厘米左右时，女性的身材最美。腰围越小，就越能显示出胸部的丰满，越能符合女性体型曲线美的特征。

从美学视角来欣赏人体，女性躯干部的胸、腰、臀围所构成的“S”形曲线，常能够反映出女性婀娜多姿的优美体型，能够真正体现现代人体典型的曲线美，当然也符合目前大众审美的视点（图4-6）。在女性躯干部分，

图4-6　女性“S”形曲线美的表现

丰满的双乳形成较大的胸围、宽大的骨盆和浑圆的臀部形成较大的臀围以及娇细的腰肢形成较小的腰围，这三者共同构成了女性躯干特有的三围哑铃状的曲线美；缩细的颈部、高耸的胸脯、娇细的腰肢、稍膨隆的下腹和微凹陷的腹股沟与耻区，又在前部构成了女性躯干特有的首尾相连的颈胸——腰——腹双S形的曲线美，这就奠定了躯干曲线美的主要轮廓基础。假设在人体侧面沿前轮廓画一条线，曲线最高点在胸部乳头，沿背面画一条曲线，最高点应在臀部。

随着技术的发展和审美观念的变化，人的躯体可以通过有意识的塑造而改变，或多或少地克服不利因素，调动积极因素，通过对人体形体的“二次塑造”最终塑造出胸、腰、臀围趋于理想围度及比例关系的较完美体型已成为现实。女性通过利用补正内衣、外服装使自身形体的视觉效果较接近理想化，从而实现其个人整体形象的完美塑造。

（2）男性的性感美

① 身材高大、挺拔

有关专家也提出一套男性身材的理想标准：身高不低于1.82米，腿长应该与上身长度相当。专家解释说，腿长与上身长度比例为1使男性看上去更强健，男性高大、挺拔的身形会增添男性魅力。

② 肌肉发达、健壮有力

形体美仅有一副匀称而协调的骨架还不能显示出它的优美，还需要有发达、健壮的肌肉。发达的颈肌及胸锁乳突肌，能使人的颈部挺直，强壮有力；发达的胸大肌（含胸小肌）使人的胸部变得坚实、健美；发达的肱二头肌和肱三头肌，使人的上肢线条鲜明、粗壮有力；发达的三角肌，能使肩膀变得宽阔起来，再加上发达的背阔肌，就会使人体呈美丽的“V”字形。骶棘肌是脊柱两侧的最长肌肉，它的发达，能固定脊柱，使人的上体挺直；发达的腹肌有利于缩小人的腰围；发达的臀肌和有力的下肢肌（股四头肌、股二头肌、小腿三头肌）能固定人的下肢，支持全身，构成健美的曲线（图4-7）。

③ 容貌轮廓清晰、英俊

男性脸部线条应分明，能衬托男性勇敢、刚毅与果断。

④ 比例协调、匀称

在人类学家、艺术家和体育家的眼里，骨骼发育正常，身体各部分之间比例适宜匀称，肌肉发达和健壮的体魄是男性美的重要因素。正常的脊柱弯屈度形成端庄的上体姿势，加上一个前后较扁的圆锥形的胸廓，大小适中而扁平的骨盆以及长短比例适中的上下肢骨，就构成一副匀称而协调的身材雏形。

二、设计对象身形观测及分析

（一）女性形体镜前观测与剖析

人的形体有很强的地域性，不同地域的人形体会大不相同，而相同地域的人形体大致相同，了解地区人体特点，会使你比较客观的看待自己的形体，不必强求某一种形体，而只要能展现出

图4-7　发达的肌肉彰显男性性感美

自己形体的优点。

“懂得塑造美的人就是善于观察的人。”那么如何了解体型呢？建议每个女性在镜前做一次全面细致的观察与分析，并进行详细地记录。这样使自己更加了解自身体型的特征，不仅可以科学的制定合理的锻炼计划，同时扬长避短的选择服装搭配，达到人与服装和谐美的最终目的。

1. 女性人体体型整体观测

爱美与追求美是人类的天性，必须本着科学的态度，正确认识身体结构的标准，了解体型的分类情况。人的身体是一个立体结构，在进行观测时应该全方位立体观察，除了从正面观察之外，还要从侧面角度和局部进行观察，力图正确把握人体体型特征。

体型是身体类型的简称，是人体的外形特征与体格类型的总称。虽然每一个人的基本形态结构都相同，但由于种族、遗传、环境、职业、年龄、营养和生活习惯的不同，每个人的高矮、胖瘦、健康状况和器官形态、位置也略有差异，这些不同特征在人体上的综合表现称为体型，即身体类型。

体型的三要素包括：骨骼、肌肉、皮下脂肪。其中骨骼决定了人的高矮和基本形态，肌肉和皮肤决定了人的胖瘦。在体型三要素的作用之下，人的形体特征变化很大，形成各种各样的体型。人体从侧面观测共分六种（图4–8）：

（1）标准体

标准体的体轴位于身体正中心，垂直于腰线。标准体给人以健康向上、端正、肢体舒展之感。

（2）后倾体

后倾体背部弯曲，腹部较为突出，脖子向前倾斜，身体形成S形。这种体态给人病态、不舒展之感，需要进行科学的形体训练进行调整。

（3）反体

此种体态胸腔向前挺，臀部肌肉收紧，臀部线条突出，腹部平坦，体轴垂直于腰线。给人以挺拔、精神、活泼积极之感。

（4）扁平体

从侧面观测，身体较为单薄，胸部、臀部相对扁平，女性特征不明显，常见于体高细瘦者和未发育完全的少女。

（5）肥胖体

肥胖体体态臃肿，腰腹部和臀部脂肪堆积较厚，或形成上身肥胖的苹果形，或形成上小下大的梨形体型，或形成上下都肥胖的桶形。此种体态严重影响形象的美观，肢体缺乏流畅优美之感。

（6）丰满体

丰满体也叫厚体，属于性感的欧美体形。表现为女性胸部丰满而坚挺，腰部线条平滑纤细，臀部较为上翘，富有女性曲线美。

2. 女性人体体型局部观测

（1）胸部观测

女性乳房一直被人们认为是女性特有的美的象征，乳房是集哺乳功能，性感功能及特有的女性美象征为一体的器官。女性的胸部外观轮廓是构成女性曲线美的主要标志，女性的曲线美是世界上最美的事物。而人体的曲线最重要的是三围，三围中第一围便是“胸围”。在现代社会里，女性乳房“美”的功能已渐渐成为女性健康标准的必要条件之一，丰满而富有弹性的乳房，能显示女性性感的魅力。拥有美丽的胸部，是每个女性梦寐以求的，每一个女性都希望有一对丰满而富有弹性的乳房，使之构成女性特有的

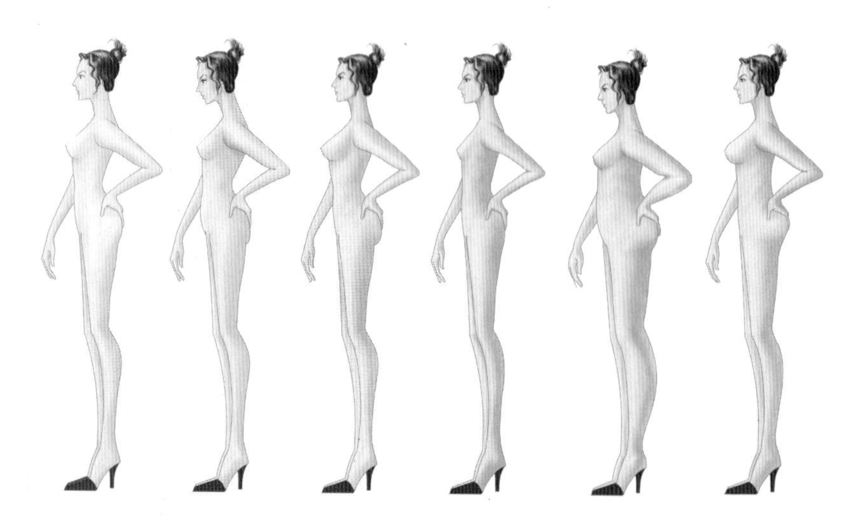

图4–8　人体侧面形态

流畅、圆润、优美的曲线美。古希腊艺术家雕刻的裸体女性和文艺复兴时期欧洲画家创作的美丽女神中，都突出完美的乳房。作为现代女性应对自身乳房加深了解认识，懂得乳房美的重要性，正确判断自己胸部形态，以便科学保护和维持乳房美的形态。

A 正面曲线

乳房正面的形态美应表现为：丰满、匀称、柔韧而富有弹性；乳房位置较高，在第二至第六肋间，乳头位于第四肋间；目前可以确定的乳房最理想的乳点高度是位于肩端点高度与肘关节高度之中点，乳点间距一般约为17~18cm；最理想的间距是以锁骨为基准左右胸点能连成正三角形；乳轴（由基底面到乳头的高度）为5~6cm；形状挺拔，呈半球形，丰满挺拔而富有弹性，大小适中（与女性自己的身材成比例）；乳头状如桑葚，乳晕大小适中，晕直径约为4~5cm，其颜色与乳头的颜色一致；乳房的皮肤润泽有弹性，颜色与全身的肤色相同。

观察乳房底面积及乳点的距离，底面积大致有丰满型、标准型、瘦小型三种（图4–9）。

① 丰满型：乳房底面积较大，乳房基底面直径大致约12cm以上，乳房外轮廓线条饱满圆润，正面看外侧轮廓线明显超出胸部轮廓线较多。大多数西欧女性都拥有此种胸型。

② 标准型：乳房基底面直径为10~12cm，乳房外轮廓线条流畅，正面看外侧轮廓线成自然的弧线型与胸部轮廓线相接。

③ 瘦小型：乳房基底面直径小于10cm，乳房外轮廓较为扁平，正面看外侧轮廓线在胸部轮廓线内侧。

B 侧面曲线

女性健美的胸部应该是胸脯隆起，乳房丰满而不下垂，侧面观察有明显曲线（图4–10）。划分乳房的类型主要由乳房所含的脂肪量的多少来决定，也是产生形态类别差的主要因素。根据乳房的前突度及乳房与胸壁之间的位置关系，可将乳房归结为5种类型。

① 碟型：乳轴度为2~3cm，小于乳房基底直径的1/2。乳房前突的长度小于乳房基部的半径，与胸壁之间构成直角。胸围环差约12cm（胸围环差为过乳头胸围减去乳房下皱襞即乳房下缘和躯干表面相交处胸围），属较为平坦的乳房。只稍稍隆起，侧面看像一只倒扣的盘子，看上去不够丰满，不够理想乳房美的标准，青春发育初期女青年多此种类型。

② 半球型：乳轴高度为3~5cm，约为乳房基底直径的1/2。乳房前突的长度等于乳房基部的半径，与胸壁之间构成直角。胸围环差约14cm，乳体隆起明显，其形态像莲蓬，乳房浑圆、丰满，挺拔，柔软且富于弹性，是最美、最理想的乳房形态。

③ 圆锥型：乳房前突的长度大于乳房基底部周围半径，乳轴与胸壁之间构成直角。乳轴高度在6cm以上，大于乳房基底直径的1/2，胸围环差约16cm，乳峰前突明显，整体挺拔，乳房张力大，弹性好，呈圆锥状，无论身着何种服装，都能显示出它的丰腴感。上胸围与下胸围差值大于15cm。比半球型丰满且立体感强，西方女性大多属这种乳型。

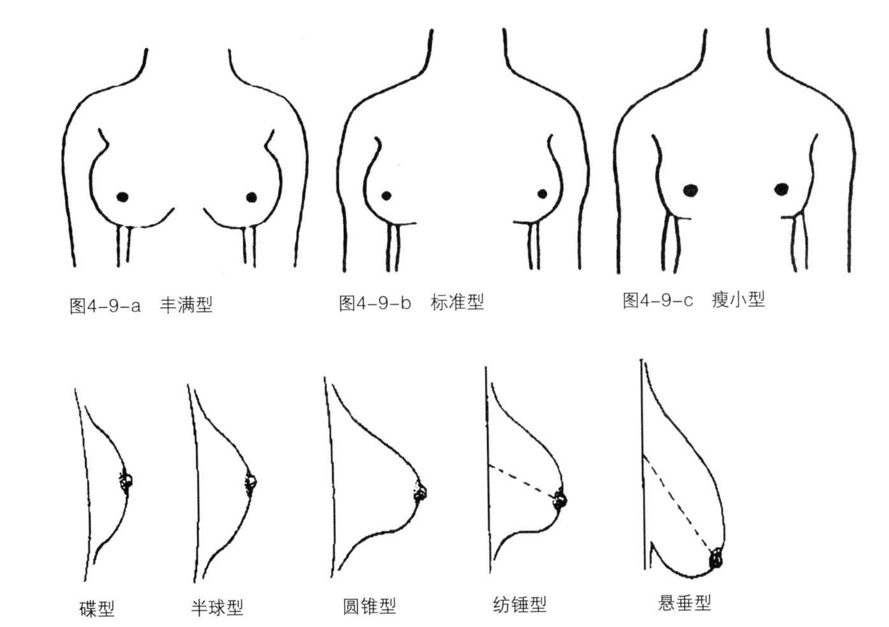

图4–9–a 丰满型　图4–9–b 标准型　图4–9–c 瘦小型

图4–10 乳房的不同类型

④ 纺锤型：乳房中轴线长度等于或大于乳房基部半径，乳房中轴线稍向下倾斜，与胸壁之夹角一般大于45℃。底面积不大，但很突出，型似纺锤。乳房受重力作用，略向下倾斜。如果乳房张力、弹力相对较差则易形成下垂，应多注意，当下颌尖端到乳头距离大于头长时，就属下垂纺锤型。

⑤ 悬垂型：乳房中轴线长度明显大于乳房基部半径，乳房中轴线显著下斜，乳点在下胸围线之下，与胸壁之夹角小或等于45℃。乳房下部皮肤最低点低于乳房下缘，皮肤松弛，弹性小。乳轴显著向下，松软且弹性较差。这一种乳形多出现在中老年女性和哺乳期的女性。

（2）腹腰部观测

腰腹部处在身体最中央，是特别引人注目的部位。从人体健美出发，真正健美腹部应由细而有力的腰和线条明显的腹肌构成。腰部由脊柱腰段和软组织构成，对于腰部美来说，其软组织中又以皮下脂肪最为重要。因为在腰部除了脊柱就没有别的骨骼限制，所以对于人体来说，不论是静态还是动态曲线美，脊柱腰段弯曲度的任何变化都会影响整个人体美的表达。女性的腰部从正面看明显比胯部窄，形成胸大腰细胯部大。而从侧面看后腰与臀部又形成明显的曲线。腰部圆滑地连接着胸背部和臀部，从侧面观察人体，它是人体躯干的最凹陷部位，使得整个躯干呈哑铃型。女性的腰腹按照审美观点应当是女性三围当中最细的一围，腰部的围度作为构成人体曲线美的三围之一，也是直接关系女性形体美感与否的因素之一。

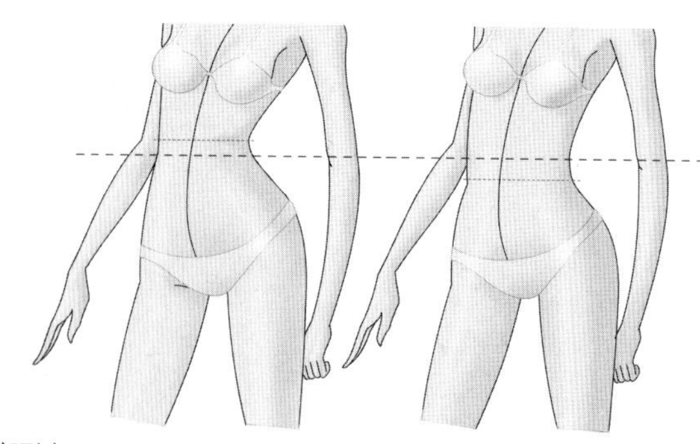

图4-12　人体腰部形态　　1.高腰　　2.低腰

A 腰部观测

根据腰部和腹前外侧部皮下脂肪含量的多少，腰部有直腰身和细蜂腰两种类型。直腰身是指胸围、腰围、臀围差别不大，由于腰腹堆积脂肪过多导致腰围曲线的消失，或由于人体胸腔骨较宽而髋骨较窄，由骨骼直接决定了直腰身。细蜂腰则与直腰身相反，胸围、腰围、臀围差别较大，“S” 曲线明显。什么样的腰身才算标准呢？世界小姐选美的标准中，女性参赛者的平均尺寸为胸围91、腰围61、臀围91。即使不与其比较，但腰部仍比胸部或臀部更易受人注目。

腰部应该上下呈圆滑的曲线，上接肩部和胸部，下延丰满隆起的臀部的优美曲线。躯体之所以美，是因为上腰身部有凹点，下腰又柔和的向臀部扩张，正是这种变化，使人的曲线有了美感(图4-11)。

① 腰的粗细：腰部的曲线要与胸部、臀部乃至整个形体的曲线相协调才美，腰围约为臀围的三分之二。

② 腰的位置：标准的腰位应与肘部平齐；腰围在肘关节以上为高腰；腰围在肘关节以下的为低腰(图4-12)。

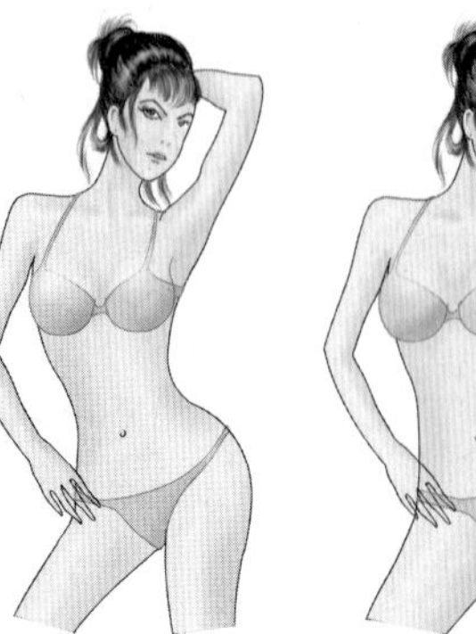

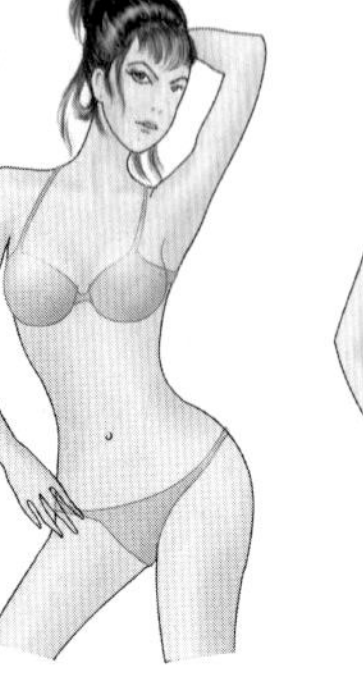

1.标准形腰
比例均称

2.X形腰
腰部细瘦，臀部丰满上翘，形成特别明显的曲线美

3.梨形腰
腰位较高，臀部肥厚且长，臀围超出胸围许多

4.直筒形腰
腰部曲线不明显，甚至没有曲线，呈上下一致的H形，臀部干瘦收缩脂肪较少

图4-11　女性腰部形态分类

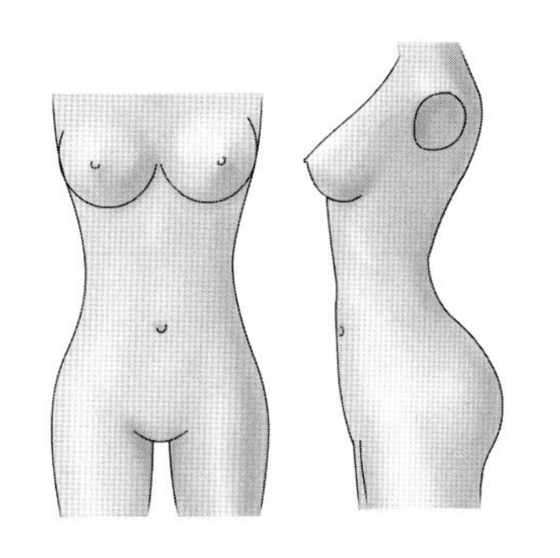

（a）标准型

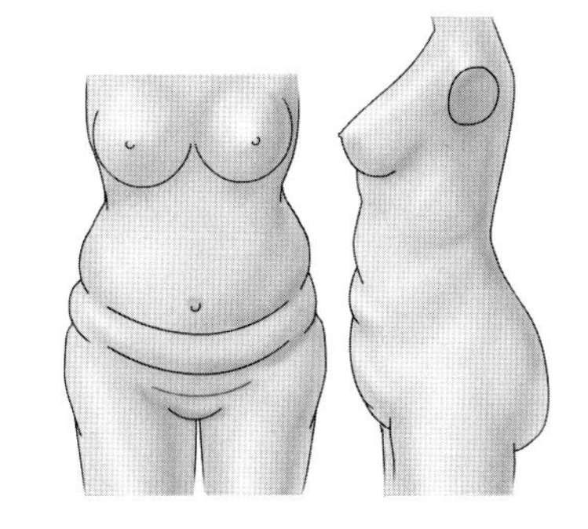

（b）三层腹

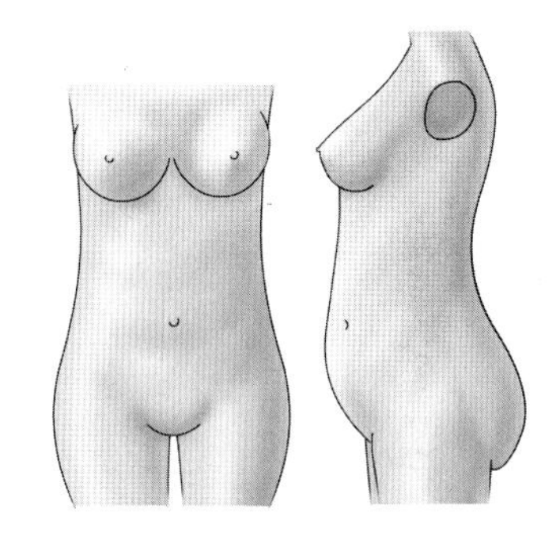

（c）胖腹形

图4-13　人体腹部形态

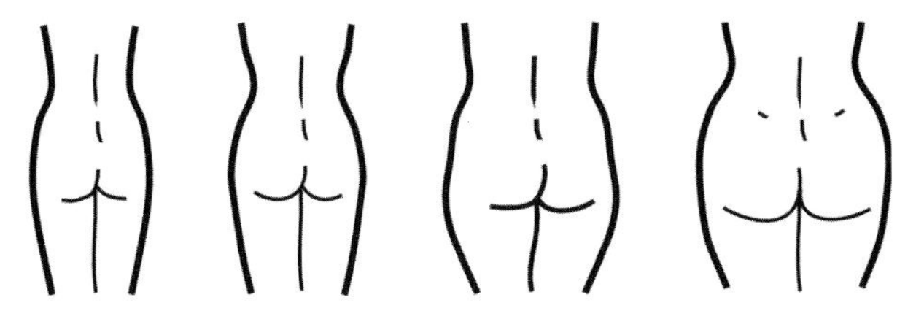

图4-14　人体臀部形态

B 腹部观测

成年人的体型变化，往往从腰腹部增大开始，肥胖体型的特征也首先表现在腰腹部脂肪堆积上。腹部是年龄稍大的女性，特别是生育过的女性最易变形的部位，其实要想保持好身材，就要不断地加强形体锻炼，也可借助内衣做适当调整。从镜子中观测腹部时，应保持自然状态，不要刻意收腹或挺腹。从侧面来看大致分为：标准型、三层腹型、胖腹型（图 4-13）。

① 标准型：从正面看，肚脐两边应有两个对称的凹陷，与肚脐凹陷共同将腹部分成两个部分，皮下脂肪适中。从侧面看，腹部较为平坦紧实，没有多余的赘肉，无肌肉松弛现象，与乳房的前突部分和臀部的后突部分对称，形成“S”形。

② 三层腹：脂肪堆积沉积在下腹部和肚脐周围形成悬垂形腹壁；从侧面看皮下脂肪淤积而形成多层结构，在肚脐周围有过多的皮肤和皱纹。

③ 胖腹型：腹壁较膨胀、皮下组织的厚度不尽相同，由习惯形成的圆球形腹壁。

C 臀部观测

臀部是腰与腿的结合部，其骨架是由两个髋骨和骶骨组成的骨盆，外面附着有肥厚宽大的臀大肌、臀中肌和臀小肌以及相对体积较小的梨状肌。臀部皮肤较厚，浅筋膜发达，形成软垫，为富有纤维的脂肪组织。当人体坐位时，整个躯干的重量即压在这部分的“脂肪垫”上。臀部的形态向后倾，其上缘为髂嵴，下界为臀沟。

臀部——是连接上肢与下肢的枢纽，主要由臀大肌、臀中肌、臀小肌及脂肪组成。它不仅具有维持人体直立、固定盆骨的作用，还是体现女性形体美的重要部位。臀部在女性人体美当中由于其性感特点突出而占有重要地位。许多服装设计、舞蹈动作、健美表演、艺术创作等都有意地夸大臀部，以强调女性的曲线和性感魅力。东方人的四肢长度本来就稍短一些，臀部相对松垂，这就越显得腿短。所以，要想塑造出漂亮的形体，臀部的围度和形态是非常重要的。

A 正面观测（图 4-14）

① 直筒形：臀部的观测为直筒型多为十三四岁少女，此型表现为臀部脂肪过少，曲线凸凹弧线度不大，肌肉不发达。

② 蛋形：曲线玲珑，臀底线流畅，臀围明显比腰围大。从侧面看臀部与腰部、腿部的连接处曲线明显弯曲。从背面看臀部成两个完善的圆形，臀部向后突起而无下垂，皮肤光滑坚韧富有弹性，整个臀部脂肪分布均匀、适中，尽显圆润、丰泽与曲线柔和流畅。

③ 三角形：多发生在运动员身上，下半身肌肉发达，臀容易与大腿一样粗，脂肪沉积集中向髂骨嵴部，使腰显得粗大；脂肪沉着集中于大转子附近，故被称为大转子部脂肪异常堆积；臀裂两端有较多脂肪堆积，臀部向后伸展。

④ 苹果形：臀部的脂肪在腰部分布很多，臀部周

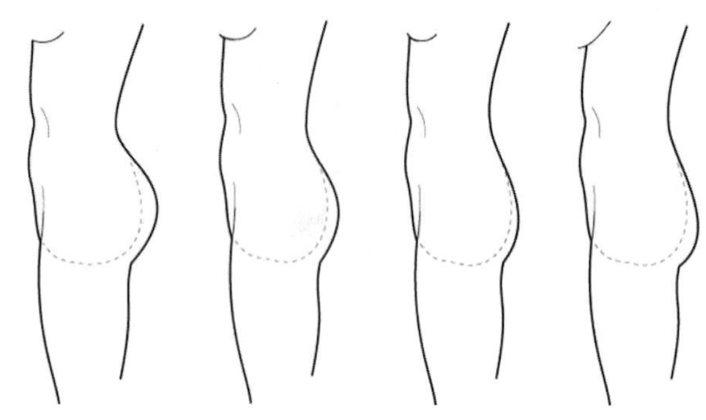

图4-15　女性臀部不同形态

围的脂肪向大转子部位堆积，使腰和臀的曲线变小、变直、成桶状，在四十多岁女性中，50% 由于腰容易堆积脂肪而使臀部呈现苹果型脂肪下垂，显得臃肿。

B 侧面观测

臀部是人体背面审美的焦点，也是展示女性魅力最生动、最丰满的部位，它和胸部、腰部一样是构成女性曲线美的重要部位。根据臀部的形态、体积和皮肤的弹性，可将女性臀部概括为 4 种类型(图 4-15)。

① 尖翘形：上部较丰满，臀部向后翘，腰臀曲线加大。臀部宽大、浑圆、富有弹性，由于这种臀型加大了脊柱的生理弯曲，向后上微显上翘，丰满性感，属美臀型。

② 标准型：整个臀部脂肪分布均匀、适中，线条平顺，除不向后上翘以外，其他与上翘型基本相似，腰部与臀部的曲线适中。

③ 下垂型：从侧面看臀部下垂，盆骨的外扩使得肌肉向下沉，盆骨横向发展，松垮的肉堆在臀部下半部造成臀部下垂的现象。由于臀部含大量脂肪，皮肤松弛，使臀部软组织下垂，因而在视觉感官上显得臃肿，这种类型常见于肥胖女性。

④ 扁平型：从侧面看较为扁平，臀部无顶点，凹陷下去，让人几乎看不到臀部，臀部脂肪过少，不丰满圆润。由于臀部脂肪少，肌肉亦不发达，臀部与腰的曲线显得平直，因而给人一种身体瘦弱之感，同时也使女性形体的曲线美逊色不少。

从人体美学角度看，女性臀部以上翘型或标准型为理想美，臀部的浑圆形状和臀部弧线的圆滑度且富有弹性是女性具有迷人魅力的象征之一，这也显示出强有力的生命活力，给人以充满希望之感。

（二）体形类型

1. 女性的体型分类

所有女性都有体形上的优点和缺点，应对自己体形做客观分析与判断。聪明的着装将增强体形优势并使劣势降低到最低，体形分析是根据肩、胸、腰、臀的宽窄比例来确定(图 4-16)。

（1）标准型　该形是理想体型，身体各部位匀称而平衡，肩部与臀部比例匀称，腰部曲线恰到好处，由于三围曲线优美流畅，此体型显著特点是三围之间比例恰当，胸围与臀围尺寸大致相等。

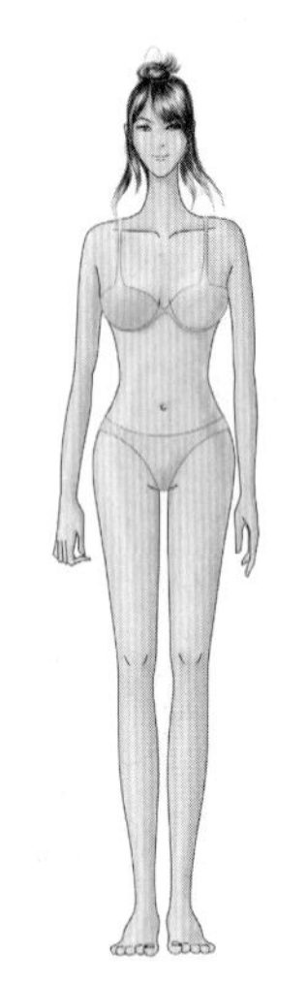

1. 标准型

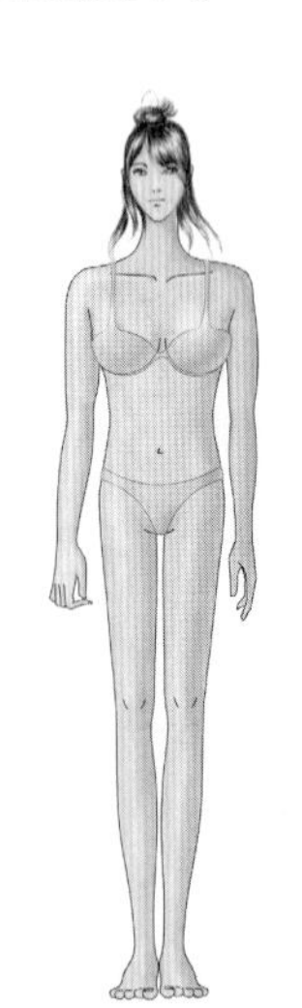

2. 倒三角形体型

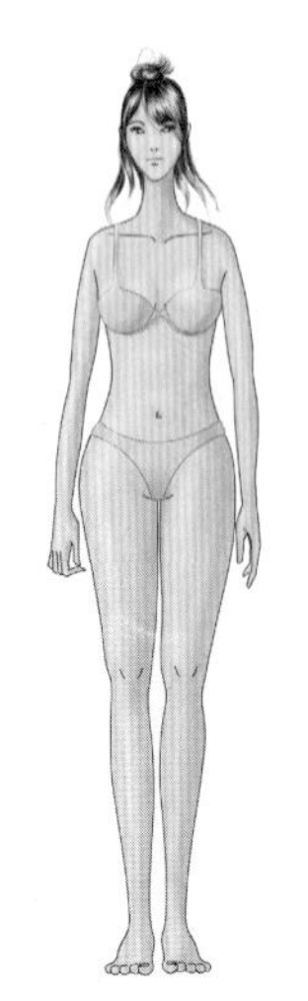

3. 梨形体型

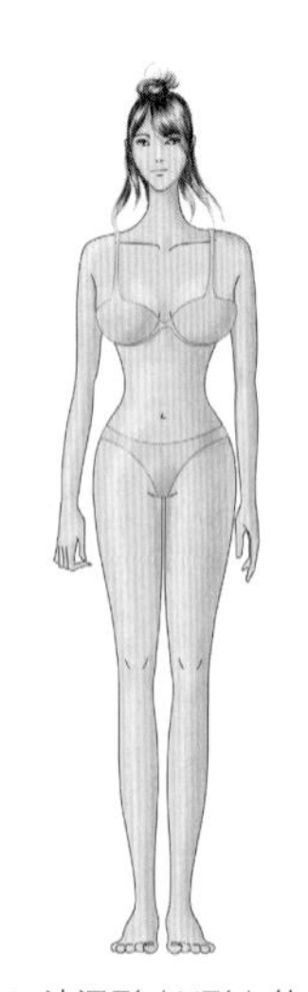

4. 沙漏形（X形）体型

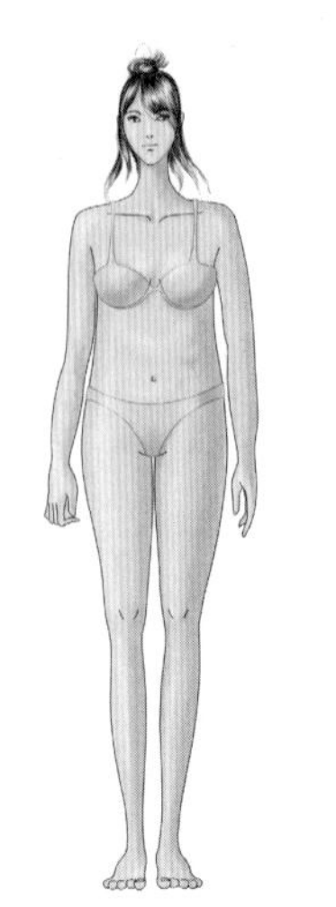

5. O形体型

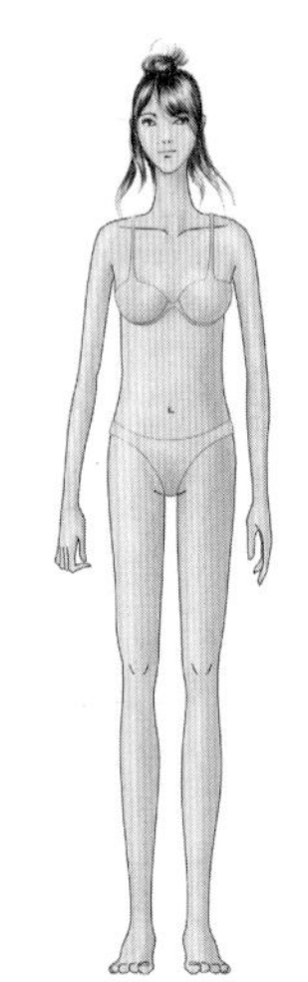

6. 矩形体型

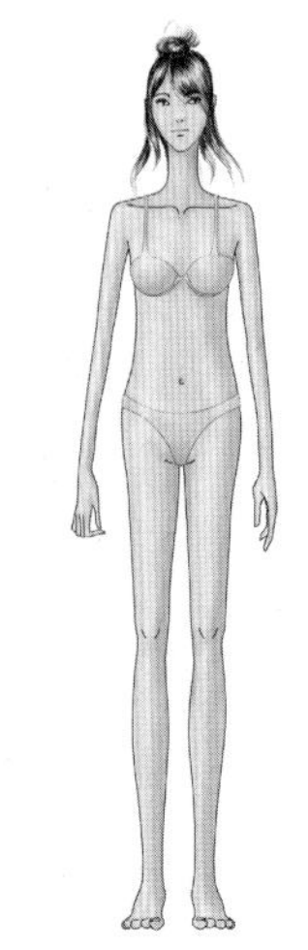

7. I形体型

图4-16　女性正面体形分类

（2）倒三角形体型　肩部较宽，胸部丰满，背部较宽厚，腰部和臀部较窄，腿部纤细，形成上宽下窄的形态。

（3）梨形体型　胸部比臀部窄，肩部比臀部窄，臀部较丰满、胯部宽厚，且臀部下垂，肩和腰都比较窄细，胯部和臀部却相对宽大，纤细的四肢，但身体的中段——腰腹至臀部却相对浑圆，腰部线条较宽而不明显。

（4）沙漏形（X型）体型　身材曲线在上半身和臀部起伏很大，腰部显得非常纤细，是典型的玛丽莲·梦露（Marilyn Monroe）S体型。这种体型非常有女人味，上身丰满腰部纤细，与胸臀尺寸差较大，臀部较宽，背部较宽，大腿丰满。

（5）O型体型　肩部较宽，上身瘦小，胸部下垂，腰部较粗，没有明显的腰部线条，臀部、腹部突出，但下半身尤其从臀部开始变得粗大，小腿部纤细。

（6）矩形体型　全身曲线感相对起伏不大，缺乏曲线，没有明显的腰部曲线，轮廓直上直下，腰部、臀部尺寸相差很小，形体线条缺少女性柔美曲线，较为男性化。

（7）I型体型　非常苗条瘦长，肩部、腰部和臀部都较窄，轮廓瘦直，一般表现为身材瘦削、细长单薄；全身曲线感相对起伏不大，肌肉平实、全身脂肪沉着少，一般在0.5cm以下；胸臀部位萎瘪不丰满，缺少曲线、圆润感，非常苗条瘦长。

2. 男性体型的分类

理想的男性形体，无论古今中外，都认为应该表现出雄劲、健壮、刚强、有力、高大、伟岸之美。在现实生活中男性体形受到遗传、饮食、生活习惯的影响。常见的表现为标准型、倒三角型、三角型、矩形、瘦体型、O型六种体形特征（图4-17）。

（1）标准型　该体型是理想体型，肩部较宽、胸部肌肉结实、四肢纤细且充满肌肉和力量感，臀部曲线清晰。这种体型的胸围和腰围相差是18cm。该体型给人一种健康美。

（2）倒三角体型　该体型肩部最宽，胸部肌肉发达，腰部纤细、臀部窄小，整体体型形成上宽下窄的轮廓。通常这种体型的胸围和腰围相差18cm以上，这种体型充满男性魅力和健康美，男性可通过锻炼来塑形。

（3）三角体型　该体型肩部较窄且自然下垂，臀部、腹部突出并堆积较多脂肪，有时胸围和腰围相差不多。整体体型线条上窄下宽，该体型给人一种敦厚老成的印象。

（4）矩形体型　该体型的肩部不是特别宽，胸部和臀部成直线，整体体型呈现一种矩形的线

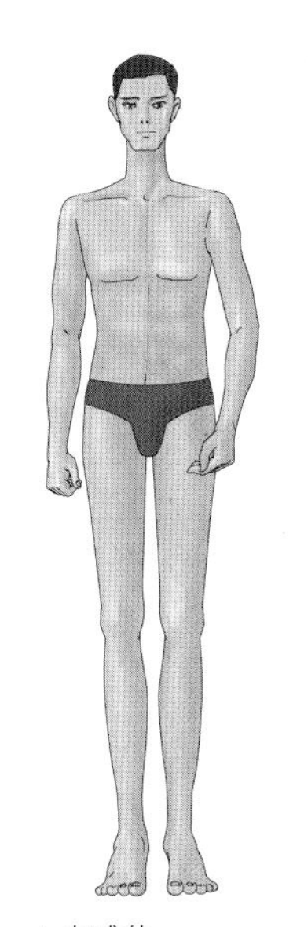
1. 标准体

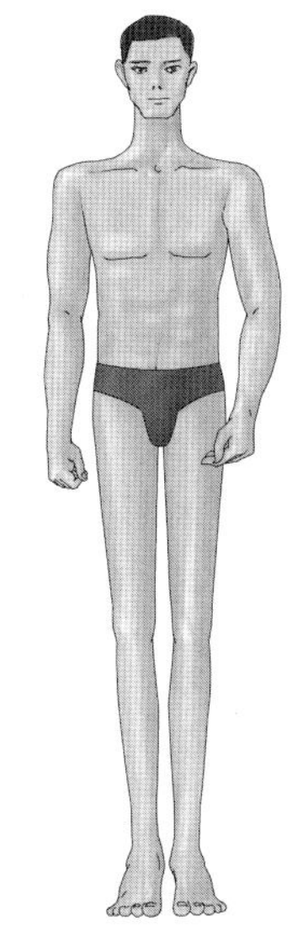
2. 倒三角型

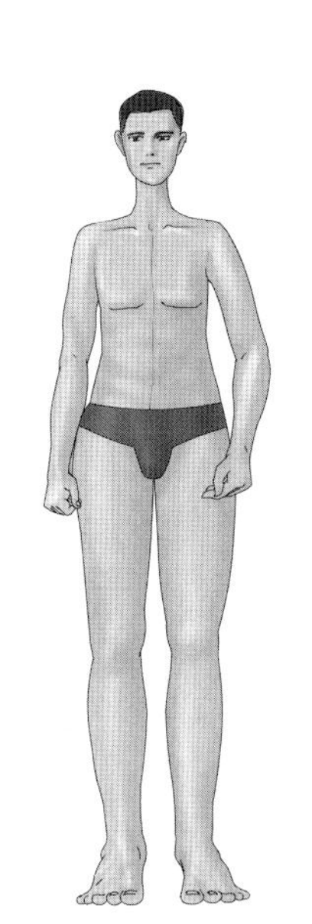
3. 三角形

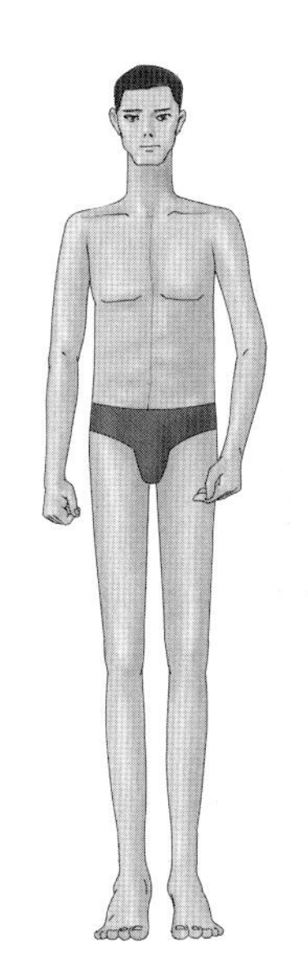
4. 矩形

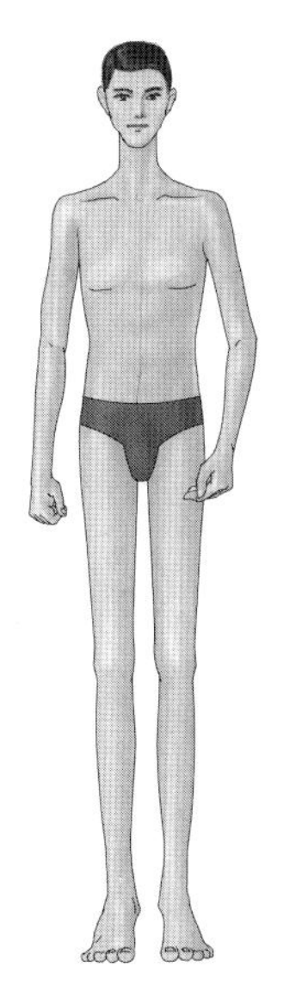
5. 瘦体型

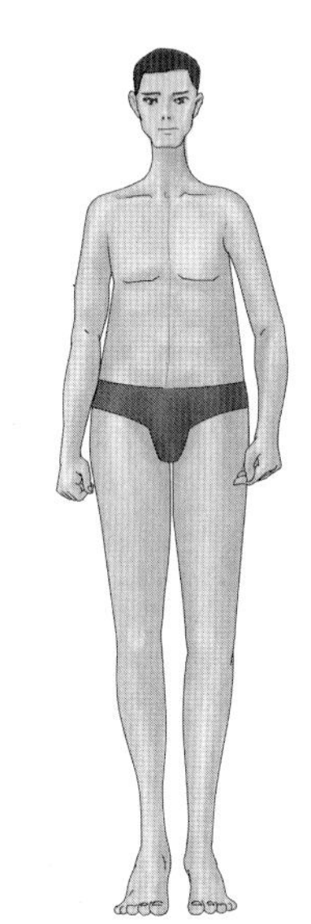
6. O形

图4-17　男性正面体形分类

条感。一般胸围和腰围相差 15cm 左右。该体型给人一种智慧和现代感。

（5）瘦体型　该体型的人身材比较消瘦，肩部单薄并且背部略微弯曲，四肢纤细，很少有脂肪堆积，肌肉平实。整体体型线条清晰，看上去让人缺乏一种安全感。

（6）O 型体型　该体型的人身材较圆，肩部自然下垂，颈部较短。腰围和臀围几乎相等，过于肥胖时，其腰围可能比臀围更大，整体体型形成一种圆形曲线轮廓。该体型给人的印象较为笨重。

三、面部原型分析

面部评测分析是相对的，而不是绝对的，判断一个人美与否也只有相对的标准。比如，传统的面部三庭五眼比例的标准，已不是现代大众唯一的审美口味。面部评测分析对于个人风格倾向的判断和服饰的选择提供依据，在进行个人服饰形象设计时，我们是根据个人的五官特点完善修饰，重要的是追求整体色彩风格的统一、自然和谐。

图4-18　椭圆形脸

图4-19　甲字形脸

图4-20　由字形脸

图4-21　圆形脸

图4-22　方形脸

图4-23　长方形脸

图4-24　申字形脸

（一）脸型特征

生活中没有两张脸是完全一模一样的，就是孪生姐妹也可以找出脸上细微的差别。了解设计对象的脸型特征，可以帮助设计者更加有效的利用服饰、化妆等手段进行修饰。那么，如何判断每个人是属于哪种脸型呢？

首先，观察整个脸型其脸部的骨骼结构，查看发际线、前额、腮部及颧骨，分析出个人的脸部特征，然后跟以下几种脸型进行对比，看属于哪种脸型或比较接近哪种脸型。有些人的脸型是两种或多种脸型的混合体，可根据较为接近的一种进行整体装扮修饰。

1. 椭圆形脸　（俗称“鸭蛋脸”）是标准脸型，其特征是脸长与宽之比约为 4 ∶ 3，额角、下巴转折线条流畅，脸部整体线条圆滑，给人以温柔、贤淑的感觉。椭圆形脸比例适中，为最佳脸型，在化妆的时候，多以椭圆形脸为标准修饰脸型（图 4–18）。

2. 甲字形脸　（也称为瓜子脸、倒三角形脸）甲字形脸型特点是上宽下窄，额骨、颞骨较宽，颌骨较窄，下巴比较尖，给人以纯洁、秀气的感觉（图 4–19）。

3. 由字形脸　（也称为梨形脸、三角形脸）主要特点是上窄下宽，额骨、颞骨较窄，颧骨、颌骨较宽，常见于肥胖的人。由字形脸给人以富态、稳重、威严的印象（图 4–20）。

4. 圆形脸　（也称娃娃脸、团字形脸）圆形脸的人脸长与宽几乎相等，额角、下颌转折线条圆润。由于面颊圆，因而一般看上去比实际年龄小。圆形脸给人以可爱、开朗、活泼、平易近人的感觉（图 4–21）。

5. 方形脸　（也称国字形脸）方形脸的特征是面部呈直线条，宽度与长度相近，额头颌骨呈框架结构。由于脸部线条平直、有力，往往给人以坚毅、刚强、干练的印象。男性是方形脸显得刚毅、有力，如果女性是方形脸型则缺乏女性的柔美（图 4–22）。

6. 长方形脸　（也称为目字形脸）长方形脸是长脸和方形脸的一种混合脸型。它不仅脸长且额角和腮部都比较宽，这种脸型给人以正直、严肃的感觉，同时由于棱角过于分明，也缺乏女性的柔美(图 4–23)。

7. 申字形脸 (也称为菱形脸、钻石脸)菱形脸是这七种脸型中最具有立体感的一种。其特点是额头狭小，两腮消瘦，颧骨较高，下巴比较尖。这种脸型会给人留下精明、成熟的印象(图 4–24)。

(二)眼睛特征

眼睛是一个人与外界交流最快、最直接的器官，中国词汇丰富多彩，单单对眼睛的描述就有多种形容方法，如美目、俊目、秀目、朗目等。眼睛的形状和神情会给人不同的视觉感受，对于直观印象和风格定位起着重要作用。

常见眼睛形状有以下几种：

1. 杏仁眼

杏仁眼的特征为眼睛眼裂呈圆形，眼珠大而黑，常被形容为“水汪汪”的眼睛。被认为轮廓完美的杏仁眼，其线条轮廓有节奏感，外眼角朝上，内眼角朝下，眼睛两段的走向明显相反，使人显的机灵活泼，但给人一种不成熟和幼稚的感觉(图 4–25)。

2. 丹凤眼

这种眼形在中国传统上被认为是最女性化、最漂亮的形状。它形状细长，眼裂向上、向外倾斜，外眼角上挑，多为单眼皮或内双，给人以妩媚、俏丽、传情之感(图 4–26)。

3. 欧式眼(又称深陷眼)

欧式眼的特征为眼睛形状像西方人的眼型，眼睑深陷、立体感强，眉弓突出。其优点是会显得整洁舒展，使人感觉棱角分明；缺点是年轻时像“大人相”，年老时显得憔悴(图 4–27)。

4. 鱼形眼

鱼形眼的特征为眼睛前端和中部呈圆形，眼睛后端呈鱼尾形，显得精明、可爱、机灵(图 4–28)。

5. 月牙眼

月牙眼的特征为眼睛细长，自有一份温和细腻，却缺少大眼睛的灵活精神(图 4–29)。

6. 兔形眼

兔形眼的特征为眼睛上眼弧度与下眼弧度对称，呈半弧形，上眼睑没有皱折，眼睑平坦，缺乏层次。其优点是显得温和、和蔼可亲，给人乖巧、温顺的感觉；缺点是平淡，特征不明显(图 4–30)。

7. 厚凸眼

厚凸眼的特征为眼睑肥厚，骨骼结构不突出，上眼皮的脂肪层较厚或眼皮内含水分较多，使眼球露出体表的弧线不明显，外观有平坦浮肿的感觉，使人显的浮肿松懈，没有精神(图 4–31)。

8. 倒挂眼

倒挂眼的特征为眼型内眼角高、外眼角低，使人显的沉稳、成熟和气，同时也有忧郁、衰老和缺少活力，让人感觉有凄苦之相(图 4–32)。

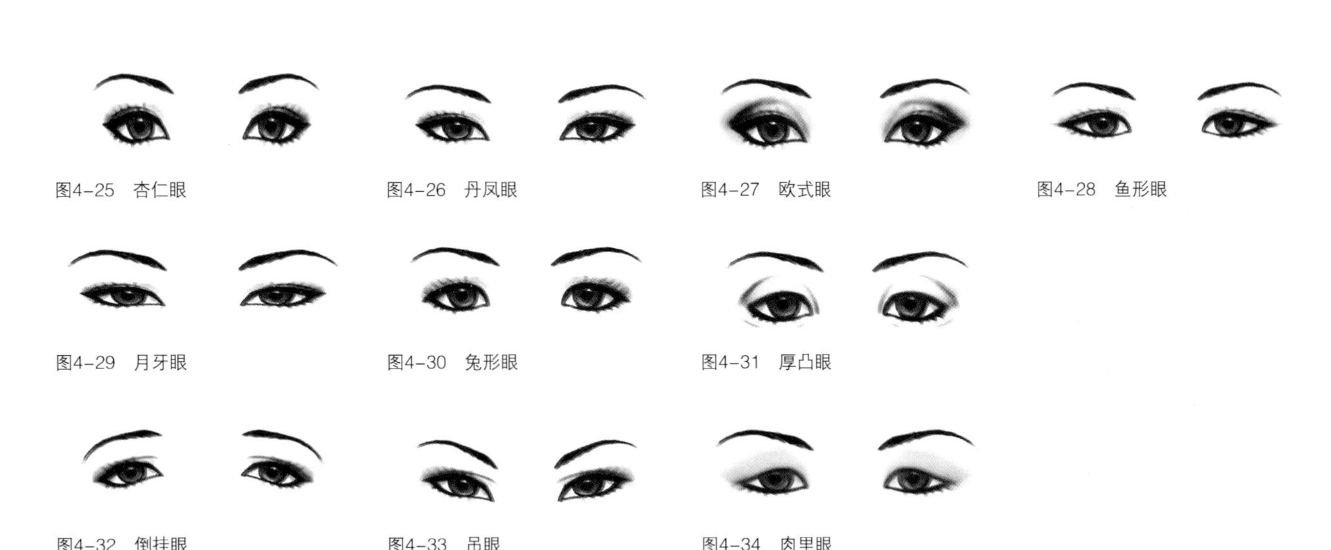

图4–25 杏仁眼　图4–26 丹凤眼　图4–27 欧式眼　图4–28 鱼形眼

图4–29 月牙眼　图4–30 兔形眼　图4–31 厚凸眼

图4–32 倒挂眼　图4–33 吊眼　图4–34 肉里眼

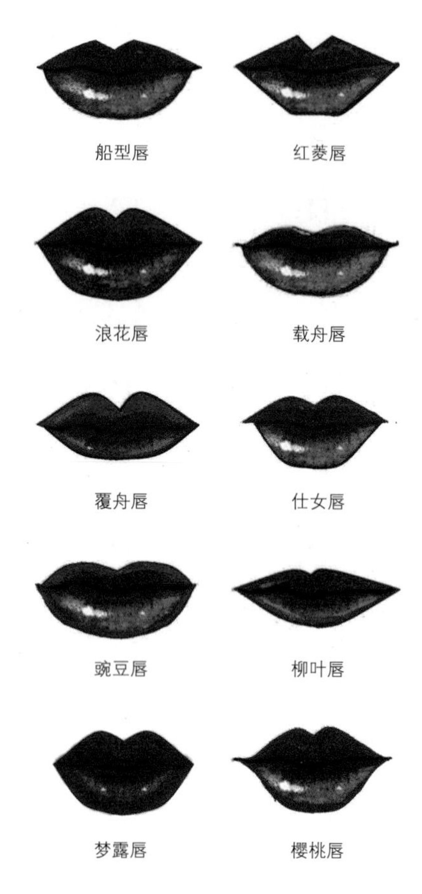

图4-35 嘴唇类型

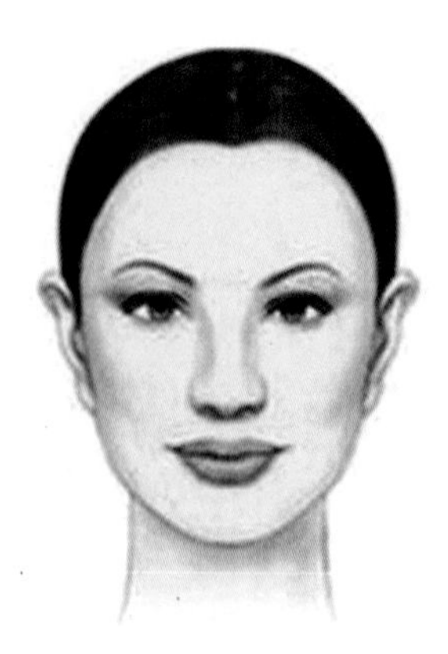

图4-36 五官醒目给人以个性鲜明之感

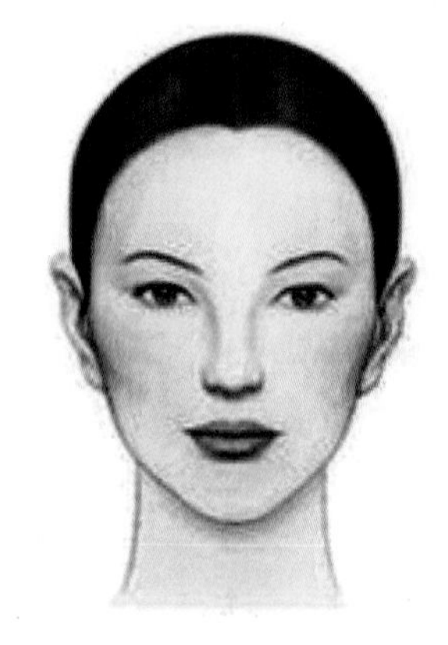

图4-37 五官适中给人以古典端庄之感

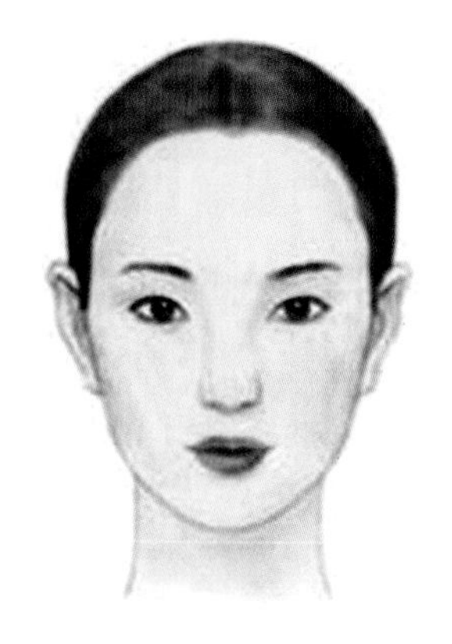

图4-38 五官娇小给人可爱、乖巧之感

9. 吊眼

吊眼的特征为眼角上翘，眼形细长，眼尾斜往上延伸向太阳穴部位，眼皮呈内双，黑睛内藏不外露。其优点是显得灵敏机智、目光锐利；缺点是由于外眼角过高，使眼尾上扬，显的不够温和，严厉甚至冷漠（图 4-33）。

10. 肉里眼（小眼睛）

肉里眼的特征为两眼较小、眼睛弧度呈三角形、眼睑脂肪层较厚。由于黑眼珠外露少，人显的无精打采，松懈迟钝（图 4-34）。

（三）唇形特点

嘴唇作为暴露的纤巧部位之一，它的形态直接影响到人的面部美感，玛丽莲 · 梦露的迷人嘴唇使她成为世界级性感女星；达 · 芬奇著名的肖像画中，蒙娜丽莎的微笑永恒地挂在唇边。东方传统美学认为，樱桃小嘴会使人显得秀丽、高雅。如果上唇较下唇稍薄而又微微翘起，嘴角微微上翘，常会使人感觉到微笑的轻巧美。

嘴唇的形态因种族、年龄、性别及遗传而异，东方人属于蒙古人种，与欧美白人及非洲黑人的嘴唇形态差异很大，一般来说，面下部可分为上唇、下唇、下颌三个部分，三者高度之比为 1 : 1 : 1。上唇是指上唇缘到鼻底，下唇为下唇上缘到下唇与下颌凹陷（颏唇沟），其余部分为下颌。

美学专家认为唇是人脸上最性感的部位，它的状况和纹理决定了嘴唇的形状和魅力。按照嘴唇的形态特征对嘴唇进行分类可分为以下几种：船形唇、樱桃唇、红菱唇、浪花唇、载舟唇、覆舟唇、仕女唇、豌豆唇、柳叶唇、梦露唇等等（图 4-35）。

（四）脸部综合印象

脸部综合印象是面部五官给人所形成的综合感官印象。鼻子位于脸部的中央，它是三庭五眼的重要标志，它的大小、高低须和面部相协调。在进行观测时最好是静面状态，并且光线较好的时候进行，观察五官相对面部给人的感觉（图 4-36）。五官偏大、醒目突出者给人以个性鲜明、张扬之感；五官匀称、比例适中者给人以古典、亲和之感（图 4-37）；五官较小，精致者给人以俏丽、可爱、乖巧之感（图 4-38）。

第二节　设计对象色彩分析及评定

一、人体固有色分析（发色、肤色、瞳孔色）

“人体固有色彩属性”对于服装的色彩搭配很重要，不同“人体固有色彩属性”的人，所适合的服装颜色也不相同。如果穿着与自己“色彩属性”相符的服装颜色，将会发挥奇迹般的功力——使人的气色丰润，脸上的皱纹、黑眼眶、斑点都会隐没在焕发的光彩里，几乎感觉不到它们的存在。反之，如果穿着服饰的色彩无法与你契合，所造成的效果就是肌肤黯然失色，脸色变黄、变灰、显脏、显老。

人们买衣服，都可能自觉不自觉地选择自己偏爱的颜色，如果每个人都能从自己偏爱的颜色中去充分发挥，向邻近的颜色延伸，那就会形成一个完整的和自身肤色相协调的色彩系列，利用这一系列色彩来搭配自己的服装，再顾及自己的性格、体型，最后必然会达到理想的穿着效果。

每个人自然体色是由皮肤、眼睛、头发的颜色组成的，世界上几乎每个人的肤色、发色、眼睛的颜色都不相同，肤色、发色、眼睛的颜色中存在的变化与组合色彩分析是指对个人的眼睛、头发、皮肤等天生色彩进行细致分析。

（一）皮肤的色彩分析

皮肤被覆于人体的表面，是人体的第一道防线，具有十分重要的功能。皮肤除了可以保护机体，抵御外界侵害外，还有感受刺激、吸收、分泌、调节体温、维持水盐代谢、修复及排泄废物等功能。对保障人体的健康起着重要作用。肤色在形象设计中直接影响服饰色彩系统，不同的肤色和个人其他身体条件相结合，往往反映出不同的情感特质。

不同的皮肤颜色是因为皮肤内黑色素的数量及分布情况不同所致。黑色素是蛋白质衍生物，呈褐色或黑色，是由黑色素细胞产生的。由于黑色素的数量、大小、类型及分布情况不同，从而决定了不同的肤色。黄种人皮肤内的黑色素主要分布在表皮基底层，棘层内较少；黑种人则在基底层、棘层及颗粒层都有大量黑色素存在；白种人皮肤内黑色素分布情况与黄种人相同，只是黑色素的数量比黄种人少。世界上人的肤色大致分为白色、黄色、棕色和黑色四种。

中国人是黄种人，黄种人的肤色整体来讲是以橙色为中心的色相，颜色有与生俱来的，也有人工附着的。人体体内与生俱来就有着决定我们是什么颜色的色素。它们分别是：

核黄素——呈现黄色

血色素——呈现红色

黑色素——呈现茶色

核黄素和血色素决定了肤色的冷暖，而肤色的深浅明暗是黑色素在发生作用。我们的眼珠色、毛发色等身体色特征也都是因为体内的这三种色素的组合而呈现出来的结果，这三种色素的比例因受基因的影响使我们无法选择自己的人种和天生的肤色。但由于遗传基因的不同，个人爱好的不同，生活环境或生活条件的不同，以及工作环境或工作条件的不同，都可能导致肤色的不同。

1. 皮肤色彩冷暖基调

身体色特征区分为两大基调——冷色调和暖色调。以黄为底调的人为暖色调人，以蓝为底调的人为冷色调人。当然，也有少部分人的身体色特征在冷暖调区别上不明显，属于混合型的人。冷色调人的皮肤透着粉红、蓝青、暗紫红或灰褐色的底色调；暖色调人的皮肤透着象牙白、金黄、褐色或金褐色的底色调。生活中很难通过化妆改变皮肤的冷暖，除非在舞台及特殊的光线下。整体地观察一个人的形象，肤色只是整个形象的一块颜色，这块颜色通过五官能够反射出内心的生动情感。

2. 皮肤的色相基调及深浅色调

皮肤的基调是从皮肤的色相所体现出的相对的

表 4-1 皮肤色调

皮肤基调	色相				
浅色调	象牙白色调(暖色)	珍珠白色调(暖色)	瓷白色调(冷色)	粉白色调(冷色)	其他
中度偏浅色调	浅黄色调(暖色)	米白调(暖色)	浅米色调(冷色)	桃粉色调(冷色)	
中度偏深色调	金铜色调(暖色)	杏色调(暖色)	深米色调(冷色)	玫瑰米色调(冷色)	
深色调	古铜色调(暖色)	棕色调(暖色)	深橄榄色调(冷色)	玫瑰棕色调(冷色)	

视觉色调感。人们评论一个人的肤色常常说这个人的肤色黄,那个人的肤色黑,这个人的肤色白,肤色从色相及深浅上可分为四类:浅色调类、中度偏浅类、中度偏深类、深色调(图 4-39、表 4-1)。

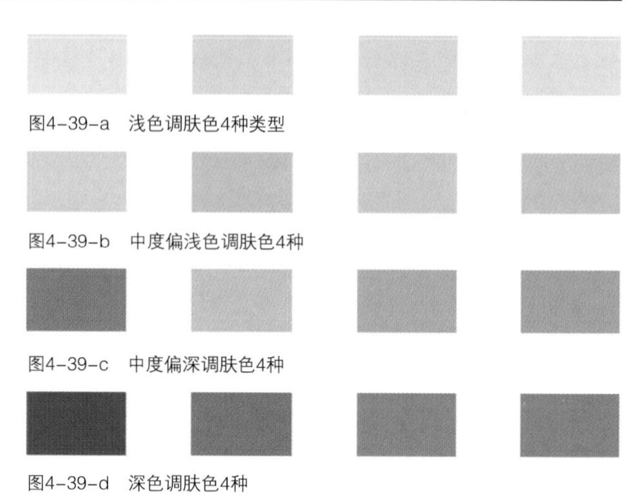

图4-39-a 浅色调肤色4种类型

图4-39-b 中度偏浅色调肤色4种

图4-39-c 中度偏深调肤色4种

图4-39-d 深色调肤色4种

(二)头发的色彩分析

据研究,头发的颜色由头发内部含有的色素种类不同而存在着差异。头发中含有三种色素,它们分别是优黑色素、红黑色素和嗜黑色素。这三种色素的颜色是不同的。

由于头发中所含上述色素的比例不同,也就会存在不同颜色的头发了。由于种族不同,我们人类的头发就有黑色、黄色、红色和棕褐色之分。大体上看,黄种人的头发是黑色的;而白种人的头发是金黄色的。

形成头发颜色差异的根本原因是在于人类的进化和遗传因素,这与肤色不同的道理是一样的。西方人多生活在日光稀少的寒带地区,紫外线较少,皮肤和毛发内黑色素含量较少,久而久之便形成了金

图4-40 常见头发的颜色

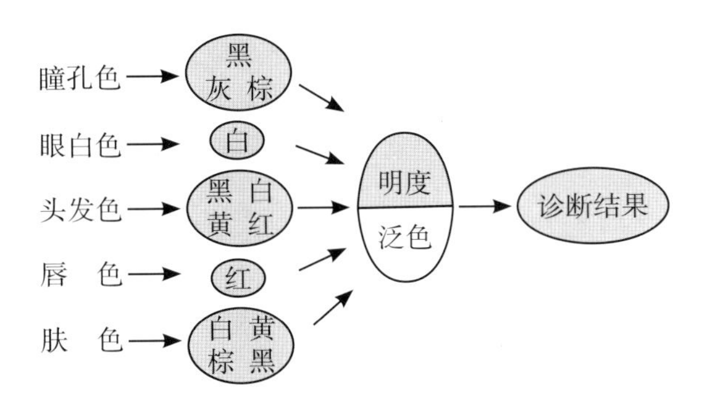

图4-41　个人色彩诊断步骤说明

黄色的头发。黄种人长期生活在阳光充足的热带和亚热带地区，较强的紫外线照射使皮肤及毛发中黑色素含量增多，以对自身进行保护。这样，一代一代地遗传下来，头发就演变成黑色的了。这是人类进化、适应自然的结果。以东方人而言，头发的颜色主要为黑色，由于发色与时装一样，受到流行时尚的影响，总是在前卫和复古、繁复与简约之间轮回，因而头发的颜色出现丰富多变的现象。

常见头发颜色有：蓝黑色、黑色、柔黑色、冷灰色、金黄色、浅金色、亚麻金色、金棕色、褐色、深褐色、亚麻色、栗褐色、栗色、褐黑色、灰褐色、金酒红色、黑白夹杂和各色时尚彩发（图4-40）。

二、个人色彩评定

个人整体服饰形象设计中色彩的选定十分重要。服装的颜色和人的肤色、发色、眼睛的颜色关系十分密切，但问题是如何从中找到一个简单的配色方法，以解决日常的着装问题。

笔者参考美国个人形象设计专业色彩选择表，根据肤色、发色、瞳孔色等身体色的基本特征归纳总结了个人色彩归属，结合设计对象进行色彩诊断（图4-41），作为设计方案的参考依据。

（一）深色人特征（图4-42）

发色：蓝黑色、黑色、褐黑色、柔黑色。

眼珠：黑色、褐黑色、红褐色。

肤色：深橄榄色、古铜色、棕色、玫瑰棕色。

整体印象：肤色、发色颜色深，整体色彩较重，明度差异很小，对比度中等，整体感觉沉稳。

（二）浅色人特征（图4-43）

发色：亚麻金色、金棕色、褐色、亚麻色、栗褐色、栗色、金黄色、浅金色。

眼珠：红褐色、褐黑色、黑色、灰黑色、金褐色。

肤色：象牙白、珍珠白色、粉白色、瓷白色。

整体印象：肤色洁白、干净，发色较浅，整体色彩清浅、明亮，整体感觉是轻快、清纯、充满朝气的。

（三）暖色人特征（图4-44）

发色：深褐色、栗褐色、金棕色、褐色、亚麻色、栗褐色、栗色、金黄色。

眼珠：暖褐色、褐黑色、深褐色。

肤色：杏色、金铜色、浅黄色、米白色、古铜色、棕色、有雀斑。

图4-42　深色人

图4-43　浅色人

图4-44　暖色人

图4-45　冷色人

整体印象：往往有小麦色、橘色肤色，头发颜色色彩偏黄色调，整体色调偏暖，给人以健康、沉稳之感，散发着温暖的气息。

（四）冷色人特征（图 4-45）

发色：黑色、蓝黑色、柔和色、褐黑色、灰褐色、深褐色、黑白夹杂。

眼珠：黑色、灰褐色、玫瑰褐色。

肤色：桃粉红色、玫瑰米色、浅米色、深米色。

整体印象：肤色往往呈现冷色调的红色，肤色深度大体上为中间色；发色呈现柔和冷色调的人偏多，给人感觉有些冷漠。但整体可表现出温柔、矜持、高贵的女性形象。

（五）亮色人特征（图 4-46）

发色：蓝黑色、黑色、褐黑色、柔黑色。

眼珠：黑色、褐黑色。

肤色：象牙白色、珍珠白色、瓷白色、粉白色。

整体印象：乳白色的皮肤和乌黑的头发，明度差异大，色彩对比强烈。给人感觉色彩鲜明、强烈，这类人拥有清澈、现代、都市感强的形象，像白雪公主一样引人瞩目。

（六）浊色人特征（图 4-47）

发色：褐色、栗色、栗褐色、灰褐色、灰黑色、亚麻色、黑白相间。

眼珠：褐色、玫瑰褐色、浅褐色、褐黑色、黄玉色。

肤色：杏色、深米色、玫瑰米色、金铜色、浅米色、浅黄色。

整体印象：外观色彩对比度弱，显得暗淡无光，感觉没有任何色彩、灰蒙蒙的感觉、脸上往往有雀斑。整体感觉中庸、亲切、自然。

色彩的心理学是相对的，人们随着年龄的变化、生活环境的变化都不自觉的会选用不同的色调。关于色彩的诊断也只是用来参考，而不是决定因素。人的眼睛可以识别的一千多种颜色，无数种明暗度及深浅度不可能以列表总结的方法一一都列出来。所以，对于色彩的选择应富于创造性和想象力，不同的搭配方式会打破色彩原本的视觉冲击力。

图4-46　亮色人

图4-47　浊色人

第三节　气质、性格倾向与个人风格分析及评定

服饰形象设计的重要创作要求之一是内外和谐，即衣饰与人的体态特征、形象特点相吻合，衣饰与人的气质、内涵相一致。人的气质、性格决定其审美倾向，并会产生相应模式化的服饰形象特征。例如：对于性格外向、崇尚自我的人，大多都喜欢着装上舒适随意，并对服装有着强烈的关心、装饰倾向浓重等特点。因此，研究人的气质类型、性格及相应的扮美心理对于具体的服饰形象、风格属性定位有着重要的意义。

一、个人的气质性格倾向分析

（一）气质的分类及特征

日常生活中，个人的心理活动和行为都有自己的独特风格。有的人情绪易于激动，喜怒形于色，而有的人总是心平气和，不动声色；有的人行动快而敏捷，而有的人则慢而迟钝；有的人兴趣广泛易于变化，而有的人却可专注于某事坚持不懈……所有这些各具特色的表现均与一个人的气质有关。但究竟什么才是气质？这似乎是一个非常模糊的概念。据《辞海》解释，传统汉语中的“气质”，或指人的生理、心理等的素质，或指诗文中一种清峻慷慨的风格；而作为心理学术语，又可表示人的心理特征之一，主要表现在情绪体验的快慢、强弱、表现的隐显以及动作的灵敏或迟钝方面。气质是指人相对稳定的个性特点，风格和气度，是人的心理行为所表现出来的动力特征。通俗地说，人所具有的气质，就是平常人们所说的脾气或秉性。为了更明确地了解气质的概念，众多的心理学、哲学家对气质进行了分类，提出形式多样的气质学说，其中著名的有中国古代的太阳、少阳、太阴、少阴和阴阳平和五型说；古希腊的胆汁质、多血质、黏液质和抑郁质四型说，以及巴普洛夫兴奋型、活泼型、安静型和弱型四型说。

以最具代表性的气质学说——古希腊的四型说为例，该理论认为人的生理循环中包含有四种体液，即血液、黏液、黄胆汁、黑胆汁，这四种体液形成了人体的性质，而机体的状态又决定于四种体液的组合方式，并且根据某种体液所占优势的结果将人的气质划分为四种：以血液占优势的称为多血质；以黏液占优势的称为黏液质；以黄胆汁占优势的称为胆汁质；以黑胆汁占优势的称为抑郁质。这四种基本的气质类型在行为模式、思维方法以及情绪表现等方面表现出各具特色的特点（表 4–2）。

表 4–2　古希腊气质学说特征表

气质类型	特　征
多血质	多血质的人大多活泼好动、热诚、敏感、行动敏捷、情感丰富，善于交际、对人热情、内心明显外露，善于适应环境，但又易于轻举妄动，做事缺乏耐力。
黏液质	黏液质的人大多沉着稳重，情感呆板而持久，有时表现为迟钝、冷淡、安静稳重、言语行动迟缓、做事有条不紊、情绪稳定、内心不易外露、寡言少语，但忍耐性较强，感情含蓄不外露，具有明显的内倾性格。善于克制自己、沉默寡言、交际适度。
胆汁质	胆汁质的人大多精力旺盛、行动坚决、果敢、反应迅速、热情直爽，心境变化剧烈、内心明显外露、情绪发展快且强烈，但消失也快、易于冲动且难于克制，往往粗枝大叶，具有明显的外倾性格。
抑郁质	抑郁质的人大多多愁善感，感情脆弱，处处认真细致、行动缓慢、心细敏感、情感细腻、深刻且持久，但难于外露、行为孤僻、乐于独处、不善交际、拘谨、胆小，情绪持久而深刻，内心体验细致而不外露，感情变化难以觉察。

（二）性格特征及分类

性格是个人除气质以外的又一个性特征，是人们对现实的态度和行为方式中比较稳定而有核心意义的心理特征。它是在独特的遗传因素的基础上，接受具体环境和教育的影响，通过个人生活实践而形成与发展起来的。性格潜藏在人性深处，并通过

表 4–3　斯普兰格价值观性格类型特征表

性格类型	特　征
经济型	追逐物质利益为目标，从经济的角度看待一切问题
审美型	以审美的愉悦性作为判断一切事物的标准，对任何事物都带有浓烈的主观色彩，不太关心实际生活
宗教型	在生活中依赖和信仰一种超自然力量，献身宗教
理论型	以追求和探索真理为生活目标，以客观冷静的态度看待问题，根据已有的知识体系来判断事物的价值，但缺乏解决实际问题的能力
权利型	具有强烈的支配欲望，以获得权利和支配他人为生活目标
社会型	该种性格的人群乐于为社会和他人做出奉献，不太顾虑自身利益

人的行为举止展露无疑，如勤奋与懒惰、慷慨与吝啬、谦虚与骄傲、勇敢与懦弱等，都是性格表现的特征。关于性格类型的学说也有很多种，其中以德国心理学家斯普兰格的价值观性格类型说最具代表性，该理论是在特定文化背景下，以生活方式和价值取向的个人差异为依据，对人的性格类型进行划分，并具体分为六大类（表 4–3）。

任何个体本身就是一个矛盾的统一体，加之各种社会、环境因素的后天作用的影响必然使人们具有截然不同的气质及性格。气质特征与性格特征及文化修养、社会阅历有相关联系。性格特征使人的气质更具鲜明个性，性格较为内向的人，其气质也倾向于稳重；性格开朗活泼，其气质相对倾向于天真活跃，但性格特征不能决定气质的内涵，因为气质的定性是与人所受的教育、成长经历与环境、为人处世的世界观有着密不可分的关系，它是综合素质的一种外在表现形式。

二、气质、性格与服饰形象定位

气质、性格作为表现人类个性的两个因素，其千变万化的组合方式构成了截然不同的个性特征，反映在服饰审美情趣和扮美心理方面，则带有浓厚的个人主义色彩。有人偏好前卫跳跃的视觉效果，而有人则钟爱于沉稳平和的着装方式……。根据古希腊气质四型说及斯普兰格的价值观性格类型说，分别将人类的气质、性格分为了四大类和六大类，并且从行为模式、思维方法及价值观的角度分析了各种典型人群的特征，这些各具特色的特征表现对于分析各种人群的服饰形象定位心理有着重要的启示作用（表 4–4、表 4–5）。

表 4–4　性格与服饰形象特征分析表

性格类型	服 饰 形 象 特 征
经济型	着装方式带有务实主义色彩；不太关注饰品的搭配，着装随意、大方、得体；对于美不很敏感，没有特别固定的装扮风格。
审美型	以美作为观察事物的第一性，对于美的信息非常感兴趣。服饰形象风格往往多变，对流行时尚非常敏感，只要喜欢都愿意尝试；不太顾忌服饰的实用性、功能性以及品牌；密切关注流行并追随流行，只要能美化自身的都愿意去尝试。
宗教型	既然献身于宗教，那就不会被物欲所左右。喜欢款式正统的服装，偏好于暖色调及纯净的色彩；这种性格的人群有着多种多样的装扮风格；不喜欢过多的装饰，追求返朴归真的风格。
理论型	具有知性的形象美；漠视流行、有固定的风格；衣饰款式正统、雅致；色泽暗淡、柔和。
权力型	注重服装细节、配饰选择以及整体形象感；品牌高档，做工质地精良，以雅致、精干、能突出身份地位为装扮原则。
社会型	人生价值的体现在于献身社会，因此多数人追求随意、大方、简单的装扮，只要舒适得体、与自身的身份地位相符即可。

表 4-5　气质与服饰形象特征分析表

气质类型	服饰形象特征
多血质	讲究自我形象的风格但不标新立异，关注但不追随流行；相对偏爱暖色调、花纹柔和。
黏液质	服饰形象相对稳定，有着自己固定不变的穿衣风格、不易受流行的左右；多数喜欢中性偏暗的色调、不喜欢过多的装饰、自然随意。
胆汁质	服饰形象崇尚自我、张扬个性、大胆前卫、具有鲜明个性特色；服饰特征色彩鲜艳、款式入时、花纹较大。
抑郁质	服饰形象以舒适、随意、传统为自己的装扮原则；对于美没有强烈的情绪反应；注重服饰的细节之美和仪表的整洁；多数人喜欢冷色调及中性色调；注重于服饰、发型的搭配及服饰形象的整体协调性。

以上从气质与性格的典型特征出发，对个体的扮美心理进行了浅要分析，由于人本身具有复杂的心理活动，加之个体的气质和性格的多样性，要真正实际地掌握人们的扮美心理绝非易事，不是一朝一夕、一蹴而就的。只有通过细致深入地观察，不断挖掘潜藏在其内心深处的气质与性格特征，才能使形象设计在兼顾外在美的同时，更好地形成内外统一之美。

三、个人风格评定与服饰形象

个人风格是每个人自身散发出来的一种整体格调，是区别于其他人的个性标志。虽然我们每个人都有令我们自己感到舒适的个人形象风格，但是个人风格也会随着我们步入不同的人生阶段而不断地变化着。个人风格的形成越早越好，因为一旦有了自己个人的风格，即使流行在变，但是每个人的个人风格却不会变，它始终是每个人个性的写照。个人风格的形成有助于个人的体貌特征与服饰间出现规律性的结合，使个人形象产生和谐感。

（一）个人形象风格测试

辨别个人的主导形象风格有助于人的体貌特征与服饰间出现规律性的结合，使个人形象产生和谐感。怎样才能达到个人的外形特征与个性服饰装扮之间的平衡呢？那下面我们先来辨别一下各种风格。

下列的风格系统包括八种鲜明的个人风格：古典式风格、戏剧化风格、浪漫风格、自然风格、艺术化风格、甜美风格、优雅风格、中性风格。

（1）下列描述中哪一种最适合你?

A. 传统型和贵族化，端庄大方、稳重保守、高贵典雅；

B. 引人注目和当代感，成熟大气、摩登、个性时尚；

C. 性感和迷人型，妩媚、华丽、女人味；

D. 运动和休闲型，随意、简洁；

E. 有创造性和自由型，时尚、前卫；

F. 可爱和俏丽型，活泼、甜美；

G. 娴静和优雅型，典雅、精致、柔和；

H. 外观装扮帅气、硬朗、男性化。

（2）下列服装风格你喜欢哪一种？（图 4-48）

图4-48　服装风格

（3）下列鞋型你比较喜欢哪一种？（图 4-49）

（4）下列首饰你比较喜欢哪一种？（图 4-50）

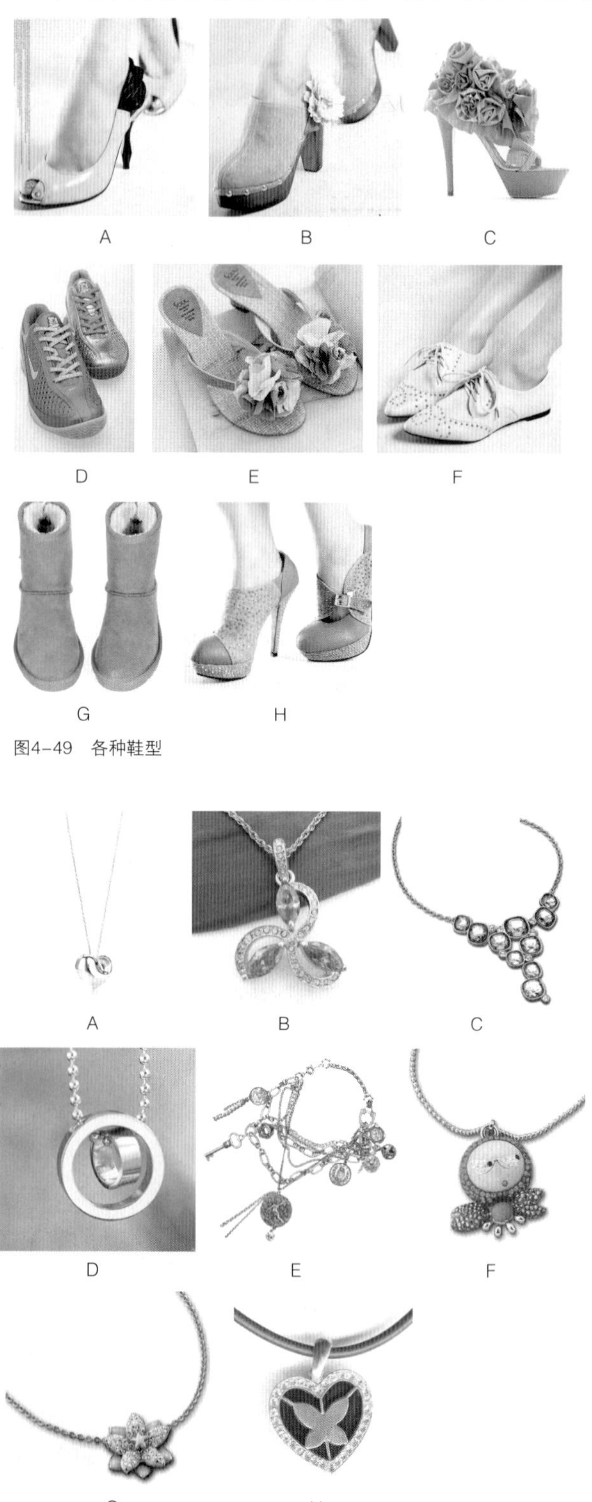

图4-49　各种鞋型

图4-50　各种首饰

（5）你认为下列对服装样式的描述哪一类最适合你？

A. 保守、精致、对称、实用、庄重、知性；

B. 时髦、有棱角、夸张、对比性强、张扬、色彩装饰性强；

C. 装饰华丽、紧身、有荷叶边、X 型服装造型、领口低陷；

D. 随意、结构简单、裁剪宽松、穿着舒适；

E. 设计大胆、样式独特、风格前卫、混搭风格；

F. 多层花边、洛丽塔风格、色彩甜美、淑女式；

G. 悬垂感强、柔和曲线形、质地柔软、色彩淡而柔和、优雅、有褶皱；

H. 服装款式无显著性别特征的、男女皆适用的造型特点、中性色彩。

（6）你认为下列面部感官形态哪一类与你更为接近？（图 4-51）

图4-51　各种面部形态

经过测试，如果你的答案大部分是 A，那么你的主导个人风格是古典式风格；如果是 B，则为戏剧化风格；如果是 C，则为浪漫风格；如果是 D，则为自然风格；如果是 E，则为艺术化风格；如果是 F，则为甜美风格；如果是 G，则为优雅风格；如果是 H，则为中性风格。如果答案中有两种或更多的选择，那么你个人的风格是这些风格的组合，在服饰形象设计时根据场合、目的、时间去选择不同的服饰。

（二）个人形象风格特点

每种风格都有自己独特的魅力。例如：戏剧风格成熟大气、醒目夸张；自然风格简洁大方、随意潇洒；古典风格端庄大方、高贵典雅；优雅风格温婉贤淑、柔美飘逸；浪漫风格华丽大气、妩媚迷人；甜美少女风格轻盈活泼、年轻可爱；中性风格睿智干练、年轻帅气。现代女性所创造出来的整体风格如何，要从她的服装、妆容、发型以及她对待生活的方式上来整体的研究。每个人应该有自己的主导风格，这是个人装扮的主导方向。

1. 古典式风格

古典式风格特征：称严谨风格、保守风格。知性的古典型女士，往往五官端正，面容高贵，有一种都市成熟职业女性的味道。要求中等以上身材，有比例匀称的体型。具有较强的精致感，目光直率，有傲气；有高贵感，面部女人味不是太浓，偏严肃；内涵丰富，具有较强的逻辑思维能力。往往有保守的生活态度，性格稳重，自信、保守、严肃，有距离感。一般职业为：企业管理层、法律界、医药界、政界、政府机关、社会工作、教育业等。古典式女性的服饰形象特点是传统、保守、做工考究和贵族化。古典式女性气质优雅，穿着精致，并且总是仪态端庄大方。

古典式风格穿着的服装样式：适合剪裁合体，缝制精美的标准职业套装。在职场中，穿着合体的翻出衬衫领的套装，系上一条高品质的丝巾，是古典型人最适宜的装扮。古典式女性穿着的服装样式多为质地柔软的衬衣或较为紧身合体的服装，做工考究的西装或者套装，V形翻领，服装会有精致的细节，服装的款式精良但却不张扬。

古典式风格穿着的服装面料：古典式风格的女性穿着的服装面料通常都是一些重量适中的高品质的面料，例如亚麻、华达呢、法兰绒、开司米、花呢、斜纹织物、人字呢、驼毛织物等等一些加工精细的织物以及天然制品。

古典式风格的化妆以及发型：古典式女性的化妆风格通常都青睐于柔和自然的化妆色彩，眼睛与嘴唇的色调平衡，发型的线条较为柔和并且发型往往较为固定。妆面要精致、干净、整洁，最适合无痕化妆术。眉形边缘要清晰，修剪要整齐。眼睛要有立体感，眼影应为过渡色，注重化妆的细节，一丝不苟的发型符合古典型女士的严谨风格。

古典式风格使用的配件：古典式风格的配件都属于精致优雅的类型，例如，短小精致的珍珠项链、做工精良的铂金或珍珠的手链、硬币性的耳饰、锥形浅口无带晚装皮鞋、透明的接近肤色的丝袜、做工精美的手袋以及围巾。

古典式风格的禁忌：拘谨、严肃、过于保守；过于流行或粗糙的东西；过于可爱、淘气、孩子气、颜色过多的东西。

服饰形象整体感觉：不追流行，注重高档、品牌、质量（图4-52）。

古典式风格代表人物：撒切尔夫人、杨澜。

图4-52　古典式风格代表人物

图4-53　戏剧化风格代表人物

2. 戏剧化风格

戏剧化风格特征：这类女士通常身材高大，直线体形，身材骨干偏宽。脸部轮廓分明，浓眉大眼，高鼻梁，目光有神、面部夸张较引人注目，嘴大，颧骨高，头发浓密。性格多为外向，肢体语言丰富，控制欲强。整体感觉是有鲜明的个人色彩，有棱有角的外形以及某种程度的不落俗套，醒目、张扬、大胆、存在感强、有华丽感。一般的职业为：娱乐业、时尚行业、艺术设计行业、广告业、媒体传播业。戏剧化风格的女性无论走到哪里总会成为引人注目的焦点人物。

戏剧化风格的着装样式：为了表现出这种特殊的成熟美感，戏剧化风格女性服饰风格应该是时髦而夸张的。穿着的服装多是一些外形轮廓明显、有棱角、领口简单、不对称剪裁、样式分明、时尚化、色彩搭配大胆、样式夸张、做工考究的服装。比如大开领、宽松袖、阔裤腿、夸张的花边与褶皱、夸张的男性化着装都会很出众。

戏剧化风格的色彩：服饰颜色选择适合自己色彩里有视觉冲击力的颜色，要突出个性、拒绝平庸，所有的一切都必须显出强烈的存在感。戏剧化风格使用的色彩多为色彩饱和度高、反差大的搭配组合，颜色的搭配多是大胆又不失优雅的搭配。

戏剧化风格的着装面料：此种风格的服装所使用的面料肌理丰富，多是光滑的、编织紧凑的面料，例如华达呢、缎子、丝绸、针织品、绉丝、绒面呢、平针织物、天鹅绒、带金属线或闪光材料的晚装织物。

戏剧化风格的化妆与发型：化妆重点强调妆面立体，重点强调眉骨，眉弓，唇线。口红色彩要深，有光泽感体现华丽，彩妆用色上对比要强，眉毛画成深色。戏剧化风格的妆面往往会在颧骨处加重，唇色色彩鲜艳，鲜明的眼线，色彩妆用的眼影，而发型则从发际线向后固定，彰显女性独特、与众不同的魅力。

戏剧化风格所使用的配件：戏剧化风格的配件总是醒目的，大胆而别具一格的，像设计夸张的金属制饰品以及手绘或手染的围巾。

戏剧化风格的禁忌：避免看上去太生硬或有威胁感，可爱、淑女化的服饰不适宜。

服饰形象整体感觉：精细、时髦、自信、大胆、醒目。

戏剧化风格的代表人物：索菲亚・罗兰、舒淇、王菲（图 4-53）。

3. 浪漫式风格

浪漫式风格特征：又称华丽风格、性感风格。浪漫式风格的女性迷人、有魅力、性感，并且能够迅速的给男性留下印象。身材适中，曲线明显，丰满圆润。五官圆润，女人味十足。高挑弯眉，眼角上挑，一般是杏核眼，嘴唇比较厚、性感。性格活泼、外向、张扬，表现欲强。气质高贵华丽、成熟大气、妩媚性感。与玛丽莲・梦露一样，形象迷人、五官甜美、性感十足。热情奔放是浪漫型女士最典型的特征。浪漫式风格的女性会以自己的外形为自豪，并且会在着装时体现出来。

浪漫式风格的服装样式：浪漫式风格的服装通常都能较好的展现身材的线条，这种风格的服装有柔软的面料、荷叶边、凹陷式或低胸式的领口、肩部的线条较圆润、腰际线明显。有弧线的袖型，蓬松而线条流畅的长裙，宽松型裤子，合体的体现曲线美的套装，都是诠释浪漫型女士风格品位的最佳款式。这种风格的服装花形会使用漩涡形、花卉形等等。在色彩选择上，适宜自己肤色的红色、橙色，多情的粉色，高贵的紫色，华丽的金色，都是她选择的最佳色，过于浅淡或过深重的颜色相对不适合。

浪漫式风格的服装面料：这种风格的服装面料都较轻薄、柔顺。例如平针织物、双绉、天鹅绒、丝织物、安哥拉羊毛织物、雪纺绸、有弹力的针织物、软小山羊皮等等。

浪漫式风格的化妆与发型：浪漫式风格适宜欧式化装，较重的眼部化妆，妆面妩媚迷人、强调精致的高挑眉，眼线在眼尾处上挑，唇形要饱满，双唇修饰的丰满而闪亮。头发呈现出宽松式、不受拘束式、成层状或是蓬乱的形态，高耸随意的盘发也较为适宜。

浪漫式风格的配件：露脚趾的鞋子或有吊带的高跟鞋，首饰大而独特、悬垂型或环状的耳饰、闪亮的宝石等等。

浪漫式风格的禁忌：避免硬或重质地的面料、过多的化妆、厚块的珠宝、直线条剪裁、繁琐或拘泥的剪裁线条。

服饰形象整体感觉：曲线形、柔软、悬垂感、华丽。

浪漫式风格的代表人物：玛丽莲・梦露、陈好(图4–54)。

4. 自然式风格

自然式风格特征：又称运动型风格、随意型风格。自然式风格的女性是随意的、爱运动的、非正式和健康的。多为中等以上身材，体型呈直线型，有明显的运动特征。眉眼大小适中，五官偏中性，目光亲切随和。性格大方、追求自然，诚实有信赖感，不张扬。这种风格总是热心而友善、精力充沛并直接坦率，给人以潇洒、活力、健康的印象，能够把一件普通的棉布衬衣或一件看起来稀松平常的毛衣穿出一番风韵，在不刻意的修饰中表现着洒脱的魅力。

自然式风格的服装样式：自然风格就是要自然、舒适和不受拘束的。这种风格的服装没有过多的修饰，剪裁都较宽松。例如T恤衫、长开襟羊毛衫、狩猎装，结构简单、垫肩少、简单的直筒裙、长款紧身连衣裤、A字裙、运动衫、牛仔裤、棉便服、牛筋布衬衫等等。服饰色彩倾向于柔和、自然，不刺激的色彩，以契合她们随意而平和的外表。自然式风格服装的面料通常的印花都是动物图案、蜡染印花、佩兹利漩涡花纹和方格花纹。

自然式风格的服装面料：自然式风格的服装面料通常都是自然的材料，编织的、有纹理的、柔软的针织物，例如亚麻、小山羊皮、皮革、生丝织物、开司米、安哥拉羊毛织物、驼毛织物、法兰绒呢、花呢等等。

自然式风格的化妆与发型：自然式风格的女性不要过分修饰，越随意越好。化妆适宜淡妆，化装时不用强调转角，用色时回避人为的色彩如荧光色，妆面是柔和的眼部化妆和口红。发型简单或是松散不加修饰样式，不宜复杂的发饰品。

自然式风格的配件：自然式风格采用的配饰较少，样式简单。例如平底的便鞋、皮制或针织的腰带、有民族特色的首饰、佩兹利漩涡花纹呢的围巾等等。

自然式风格的禁忌：避免看上去不修边幅或者呈现出顽皮男孩状。过分女人味、华丽感的着装也不适宜。

服饰形象整体感觉：随和、洒脱、简约、不跟潮流。

自然式风格的代表人物：简・方达、孙俪、徐静蕾(图4–55)。

图4–54　浪漫式风格代表人物

图4–55　自然式风格代表人物

图4-56　艺术化风格代表人物

5. 艺术化风格

艺术化风格特征：又称现代风格、摩登风格。对于艺术化风格的女性来说时尚就是艺术。艺术化风格的女性给人以新潮、时髦、前卫的感觉，往往五官立体，身形直线骨感。性格活泼、外向、与众不同、观念超前。喜欢通过革新的、富有创造性和前卫性的衣服及配件来做出艺术性的宣言。

艺术化风格的服装样式：为了把这种独具个性的魅力表现出来，她们非常适合一些流行的、别致的服饰，各种反传统的选择自己季节里纯度和彩度高的颜色，如红、黄、橙、绿等，都能很好的突出她标新立异的性格。艺术化风格的服装是崇尚自由精神的，这种风格的服装样式多为不固定的、夸张的、独特的、古典风式的、轮廓明显的、不对称式的和具有民族特色的。

艺术化风格服装的面料：艺术化风格的服装面料会经常采用手编织物、新颖的花呢、自然纤维的面料、织棉、剪裁精细的棉绒面料。艺术化风格的服装面料常采用交错的图案、日本式印花、手工染色、手绘图案、奇特的图案、具有民族特色的图案、抽象图像、动物皮毛的纹样。

艺术化风格的化妆与发型：艺术化风格的化妆紧跟时尚潮流，时尚彩妆、烟熏妆、透明妆等成为艺术化风格女性钟爱的妆面。多用强烈的眼部化妆色、深色或无色的口红。发型往往选用时尚彩发、不对称式造型、夸张的、松散式的短发等。

艺术化风格的配件：艺术化风格的配件通常都是独特的有纹理的或未抛光的金属饰品，自由式的设计、有艺术性的、用雕刻品装饰的、有民族特色的首饰都是艺术化风格特有饰品。

艺术化风格的禁忌：极其艺术化的外表不适合工作场合及其他传统的场合。

服饰形象整体感觉：时髦、另类、个性、夸张、年轻化。

艺术化风格的代表人物：芭芭拉 · 史翠珊、梅艳芳、莫文蔚（图 4-56）。

6. 甜美少女风格

甜美少女风格特征：自然清新、优雅宜人是该类风格的概括。给人天真无邪感觉的少女型人，往往面部线条柔和，脸型以圆形、倒三角居多，身材适中，性格开朗，具有活泼可爱的气质。为了表现甜美可人的魅力，非常适合穿着一些轻盈柔美的服饰，很自然的偏爱较为明快的且能表现一种快乐与朝气的色彩，可能由看上去比实际年龄年轻的这种心理特征决定的。

甜美少女风格的服装样式：蕾丝与褶边是柔美淑女风格的两大时尚标志。少女型人适合穿曲线剪裁的服装，小圆领的套装、衬衫、连衣裙、背带裤、背心裙、喇叭裙、短上衣都是突出她活泼可爱的最好装扮。荷叶褶、泡泡袖、蓬蓬裙是最大特色，服饰采用多层次叠加的设计，整体风格比较可爱、俏丽。在色彩选择方面，颜色以粉红、粉蓝、白色、粉绿等粉色系列为主，很好表现少女型的清纯与可爱。

甜美少女风格的服装面料：衣料选用大量蕾丝、灯芯绒、小碎花棉布、兔毛、羊毛针织面料、薄而软的面料，缔造出洋娃娃般的可爱和烂漫。面料图案以花朵、小点、小动物的图案为主。

甜美少女风格的化妆与发型：用色柔和，强调睫毛和嘴唇是少女型人的化妆重点。烫小碎卷、编发、梳马尾都是适合少女型的发型。回避过于成熟和大人化，突出活泼可爱的形象才是少女型人的最佳表现。

甜美少女风格的配件：少女型人适合的饰品是蝴蝶结或花朵，纤细、可爱、小巧、易碎的，比如一串透明的玻璃珠子的项链，一对小动物的耳环等等。圆头的带有可爱装饰的皮鞋，中跟浅口鞋，都能与她的服饰相搭配。

甜美少女风格的禁忌：严谨保守、老气横秋、硬朗风格的服饰。对于有年龄感的少女型，款式选择应适当中性，减少过分可爱的蝴蝶结或花朵装饰，在成人化的基础上突出年轻可爱。

服饰形象整体感觉：青春、可爱、俏丽、活泼、清纯。

甜美少女风格的代表人物：张娜拉、杨钰莹（图4–57）。

7. 典雅女性化风格

典雅女性化风格特征：又称温柔型风格。典雅女性化风格的女性是高贵的、优雅的和淑女型的。这种风格的女性看上去温柔而娴静、婉约而脱俗。形体线条多为曲线型，身材适中，线条柔和，蛋形脸居多，眉细而弯，有一种不夸张的精致感。性格偏于内向，给人一种亲切随和与文静的感觉。

典雅女性化风格的服装样式：柔软的面料和曲线裁剪的服装很适合这类女性。典雅女性化风格适宜悬垂感强、造型线条多呈流线型的服装，适合有维多利亚花饰，有褶皱及注重细节的装饰。例如：花边、镶饰、蝴蝶结和其他装饰。多为柔软的飘逸型裙子、高领的上衣、蓬松袖、线条柔和的上衣。优雅型女士经常会穿着柔软的羊绒开衫再搭配一条有飘逸感的裙子。最适合又能够展现女性魅力的颜色，如：粉色、紫色、柔和的绿色等。

典雅女性化风格服装的面料：女性化风格的服装面料通常都是柔软、精致、轻薄的。例如：蕾丝花边、天鹅绒、绉呢、雪纺绸、软棉布、薄条纹布、安格拉毛、丝、毛或棉的印花薄织物。

典雅女性化风格的化妆与发型：女性化风格的化妆往往是淡妆，几乎透明的自然妆。妆面精致，眉形线条清晰，睫毛要重点强调，眼睛化妆要朦胧，眼线要淡。自然的波浪式卷发或优雅的盘发适宜此类型女性。

典雅女性化风格的配件：女性化风格的配件设计精巧。例如：侧面有浮雕的徽章、泪珠形珍珠耳饰、花形发夹、心形项链坠、古董的首饰。

典雅女性化风格的禁忌：避免在工作时看上去太柔弱，避免浓妆、厚重的首饰或过于有型的发式。要注意从各方面表现和发挥温柔的女性美丽，尽量避免极端的、个性化的装扮。

服饰形象整体感觉：优雅、轻盈、精致、淑女、温柔、有品味。

典雅女性化风格的代表人物：伊丽莎白·泰勒、赵雅芝、董卿（图4–58）。

图4–57　甜美风格代表人物

图4–58　典雅女性化风格代表人物

8. 中性风格

中性风格特征：性别界线模糊，这类女性留着短发、性格直爽、喜欢简洁大方的服装，这类女性的五官大气，清秀面容流露出男性的英气，具有率真、直爽、豪放、大气的性格。这类人群喜欢无拘无束的感觉，和他人极好相处，给人随意、简洁的印象。这种风格的女士会选择能够体现独立性强的感性形象。一般的职业为：自由职业者、艺术家、领导者、管理者等。

中性风格穿着的服装样式：女装中融入男性阳刚硬朗的元素，男装中融入女性阴柔花哨的一面，穿着中性服装成为追求自我、引领时尚和彰显个性的既明显又直接的一种表现特征。中性风格的服装在色彩上倾向含灰色调或冷色调。造型突出直线条、大轮廓的效果。服饰的设计中较多的使用折线、尖角等造型突出中性风格的特征。在男装领域中则出现了越来越女性化的装饰因素，在服装的样式中会选择一些带有花哨的图案、紧身的剪裁，同时还会出现一些讲究层次的搭配方法等变化方式，通过这些变化使得男性的装扮也变的丰富多彩起来。

中性风格穿着的服装面料：女性常用比较硬挺、厚实的面料或材质来制作服装。例如：牛仔面料、卡其布、皮革、植绒化纤面料、棉麻织物等。

中性风格的化妆以及发型：中性风格的女性多会选择短发或者整齐干练的发型，男性多会选择短发或者中长发，有时会对头发进行染烫。中性风格的女性妆面会根据不同的场合进行装扮。化妆时应眉形自然、强调线条感；眼影色彩易选择中性色彩；唇膏选择与唇色接近的自然色；整体妆面造型简洁、时尚。

中性风格喜欢的配件：装饰品较少，局部的设计有时较为夸张，但也遵循简洁、硬挺的效果。

中性风格的禁忌：中性风格装扮在彰显个性的同时也能使女性满足在社会竞争中的自信，但切记不要刻意模仿而过度夸张最终失去中性风格所具有的独特魅力。在塑造人物中性风格时，首先要突出个人的形象魅力，进而进行风格塑造。

服饰形象的整体感觉：无明显的性别特性、简洁、随意、大方，有时透漏出一点另类和酷感。

中性风格的代表人物：李宇春、潘美辰(图 4-59)。

了解以上的个人风格后就要建立属于自己的着装风格，要根据个人社会因素、生理因素、心理因素进行选择创建。由于我们每个人的自身条件不一定完美，与别人也不完全相同，所以同一款式服装，有人穿着好看，有人穿着就不协调。因此，我们要依据人体自身条件、环境、目的等因素，选择适合自己的服装款式，并加以恰当的点缀，使之整体既符合大众审美情趣，又有自己的个性形象风格。

图4-59　中性风格代表人物

第四节 个人形象评测内容和方法

一、形象定向观测与分析

（一）工具测量

个人身体的基本条件是进行形象设计的基础。要通过快速简便实用的工具测量计算与目测、对比测量评估相结合来实现基础测量。了解形象设计对象的身体条件，作为整个形象设计方案的参考依据。评测内容包含了个人色彩、外观轮廓比例（形）、个人风格诊断等。了解设计对象的生理条件，是作为设计方案重要的参考依据。

（二）目测

目测是测设计对象大体的感觉，包括第一印象及沟通中的形象感觉以及工具测量无法实现的内容。例如人的表情特点等。由于个人形象设计的效果无法进行客观的量化判断，只能根据人们的感觉加以判定，目测会存在更多的主观性，所以要进行相关的调研及运用拍照录像对比测量评估等方法。目测与对比评估对工具测量起着重要的协助作用，化解数据测量的机械化、绝对化。

二、心理测试与分析

除了借助各种手段了解设计对象的身体特征外，还要力图从多方面了解引发设计对象形象需求的心理因素。

设计对象复杂的内心世界（包括个人的生活目标、喜好、性格等心理因素）直接或者间接地影响着设计对象外在的表现，仅靠外观的诊断往往并不能真正满足个人需求与个性特点。通过观察法、投射法等常用的专业心理测验方法分析设计对象的潜在需求，同时也是对其他分析方法的补充。这样可以根据设计对象的实际情况，选择制定相应的心理测验题目，具体问题具体分析，以此来提高设计的专业性与完整性。

三、形象设计中客户个人档案的建立

设计对象个人档案的建立是一项很重要的工作，其决定了具体设计定位和设计实施内容。档案基本内容包括：客户基础性资料、客户基础尺寸的记录、客户个人形体诊断资料、客户个人色彩诊断资料、客户个人风格诊断资料、客户原型照片、客户形象设计的图片管理、个人形象设计评估资料等等（图 4-60）。（附九类表格）

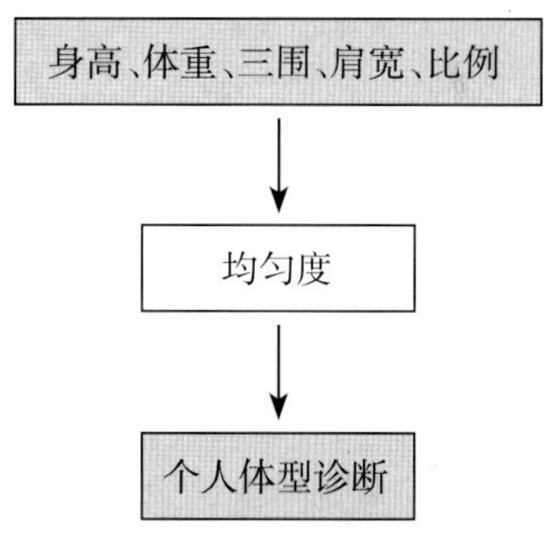

图4-60-a 个人体型诊断结构图

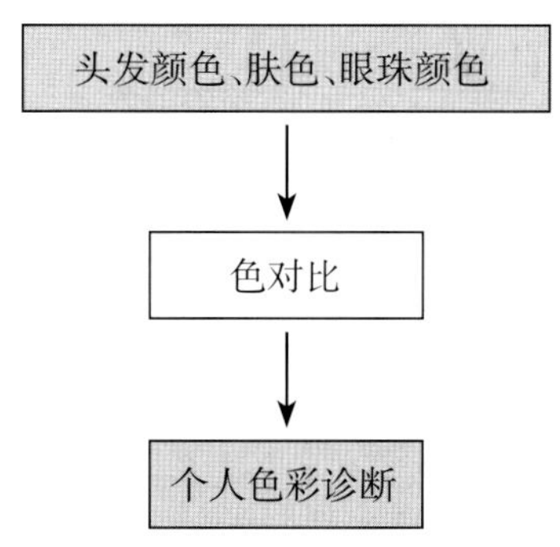

图4-60-b 个人色彩诊断结构图

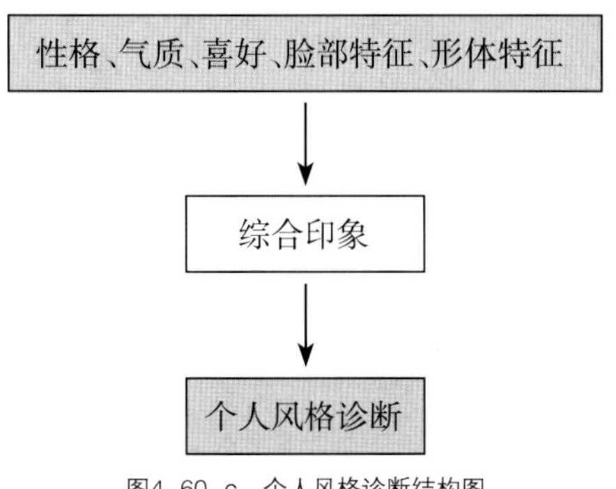

图4-60-c 个人风格诊断结构图

(一)客户基础信息资料

姓名＿＿＿＿＿＿＿＿　与姓名相关的诗句＿＿＿＿＿＿＿＿

姓名的由来＿＿＿＿＿＿＿＿

民族＿＿＿＿＿＿＿＿　性别＿＿＿＿＿＿＿＿

职业＿＿＿＿＿＿＿＿　年龄＿＿＿＿＿＿＿＿

籍贯＿＿＿＿＿＿＿＿　现居住地＿＿＿＿＿＿＿＿

收入＿＿＿＿＿＿＿＿

最喜欢的形象类型＿＿＿＿＿＿＿＿

最喜欢的颜色＿＿＿＿＿＿＿＿

最喜欢的服饰风格＿＿＿＿＿＿＿＿

最喜欢的故事书＿＿＿＿＿＿＿＿

最喜欢的饮食＿＿＿＿＿＿＿＿

最喜欢的糕点＿＿＿＿＿＿＿＿

最喜欢的歌手或组合＿＿＿＿＿＿＿＿

最喜欢的运动＿＿＿＿＿＿＿＿

最喜欢的游戏＿＿＿＿＿＿＿＿

最喜欢的话(五句以上)＿＿＿＿＿＿＿＿

座右铭或生活信条＿＿＿＿＿＿＿＿

最喜欢的人或历史人物＿＿＿＿＿＿＿＿

最喜欢的事或功课＿＿＿＿＿＿＿＿

最喜欢的电视节目＿＿＿＿＿＿＿＿

最有信心做好的事情＿＿＿＿＿＿＿＿

最擅长的学习科目＿＿＿＿＿＿＿＿

最擅长的娱乐＿＿＿＿＿＿＿＿

最擅长的料理＿＿＿＿＿＿＿＿

最擅长的运动项目＿＿＿＿＿＿＿＿

闲暇时喜欢做的事情＿＿＿＿＿＿＿＿

爱好＿＿＿＿＿＿＿＿　特长＿＿＿＿＿＿＿＿

喜欢收集＿＿＿＿＿＿＿＿

在＿＿＿＿＿＿＿＿方面很特别,因为＿＿＿＿＿＿＿＿

（二）个人形体的测量与诊断

一、测量部分

身高	cm	体重	kg		
头发长度	cm	头长	cm	头宽	cm
头围	cm	眼距	cm		
颈长	cm	颈围	cm		
肩宽	cm	胸围	cm	腰围	cm
臂长	cm	大臂长	cm	小臂长	cm
腕围	cm	手长	cm	手宽	cm
跨宽	cm	臀围	cm		
腿长	cm	大腿长	cm	小腿长	cm
大腿围	cm	小腿围	cm	鞋码	cm，

二、诊断（从下列分类中选择出测试者的类型）

体型诊断

（一）从正面体型分类中选择测试者的体型：

A. 标准型　B. 倒三角型　C. 梨型　D. 沙漏形（X 型）

E. 纺锤形　F. 矩形　G. I 形体型

（二）从侧面体型分类中选择测试者的体型：

A. 标准体　B. 后倾体　C. 反体　D. 扁平体

E. 肥胖体　F. 丰满体

（三）从局部体型分类中选择测试者的类型：

1. 选择测试者胸部型的分类：

（1）从正面分类中选择测试者的胸部类型：

A. 丰满型　B. 标准型　C. 瘦小型

（2）从侧面分类中选择测试者的胸部类型：

A. 碟型　B. 半球型　C. 圆锥型　D. 纺锤型　E. 悬垂型

2. 选择测试者腰腹部型的分类：

A. 三层腹型　B. 标准型　C. 胖腹型

3. 选择测试者臀部型的分类：

（1）从正面分类中选择测试者臀部型的分类：

A. 直筒形　B. 蛋形　C. 三角形　D. 苹果形

（2）从侧面分类中选择测试者臀部型的分类：

A. 尖翘型　B. 标准型　C. 扁平型　D. 下垂型

脸部形态的诊断

（一）从脸型的分类中选择测试者的脸型：

A. 椭圆形　B. 正三角形　C. 倒三角形

D. 长方形　E. 菱形　F. 圆形　G. 方形

（二）从眼睛的分类中选择测试者的眼形：

A. 杏仁眼　B. 丹凤眼　C. 欧式眼　D. 鱼形眼　E. 月牙眼

F. 兔形眼　G. 厚凸眼　H. 倒挂眼　I. 吊眼　J. 肉里眼

（三）从唇形的分类中选择测试者的唇形：

A. 船形唇　B. 樱桃唇　C. 红菱唇　D. 浪花唇　E. 载舟唇

F. 覆舟唇　G. 仕女唇　H. 豌豆唇　I. 柳叶唇　G. 梦露唇

（四）从眉型的分类中选择测试者的眉形：

A. 柳叶眉　B. 一字眉　C. 小山眉　D. 蛾眉

E. 断眉　F. 吊眉　G. 向心眉　H. 离心眉

I. 剑眉　G. 八字眉　K. 羽玉眉　L. 水弯眉

（五）从鼻型的分类中选择测试者的鼻型：

A. 标准型　B. 鹰钩鼻　C. 长鼻形　D. 短鼻形　E. 高鼻梁

F. 低鼻梁　G. 狮子鼻　H. 蒜头鼻　I. 朝天鼻

（六）选择测试者的五官比例：

A. 符合三庭五眼标准　B. 上庭长　C. 中庭长　D. 下庭长

E. 五官比例和谐标准　F. 五官分散　G. 五官集中　H. 五官对称

（七）选择符合测试者的五官综合印象：

A. 五官比例适中、端正　B. 五官醒目、夸张　C. 五官娇小、秀气

（三）客户个人色彩诊断

从下列色彩分类中选择测试者的色彩类型：

1. 观察测试者的肤色属于：

A. 冷色调　　B. 暖色调

2. 观察测试者的皮肤基调属于：

A. 浅色调　　B. 中度偏浅色调　　C. 中度偏深色调　　D. 深色调

3. 对照色条观察测试者的皮肤基调：

	冷色调		暖色调	
浅色调	象牙白色调	珍珠白色调	瓷白色调	粉白色调
中度偏浅色调	浅黄色调	米白色调	浅米色调	桃粉色调
中度偏深色调	金铜色调	杏色调	深米色调	玫瑰米色调
深色调	古铜色调	棕色调	深橄榄色调	玫瑰棕色调

4. 从下列发色中选择测试者的头发颜色基调：

A. 蓝黑色　　B. 黑色　　C. 柔黑色　　D. 冷灰色　　E. 金黄色

F. 浅金色　　G. 亚麻金色　　H. 金棕色　　I. 褐色　　J. 深褐色

K. 亚麻色　　L. 栗褐色　　M. 栗色　　N. 褐黑色　　O. 灰褐色

P. 金酒红色　　Q. 黑白夹杂　　R. 多色时尚彩发

5. 观察测试者的瞳孔色属于：

A. 黑色　　B. 黄玉色　　C. 红褐色　　D. 褐黑色　　E. 灰黑色　　F. 金褐色

G. 暖褐色　　H. 褐色　　I. 深褐色　　J. 玫瑰褐色　　K. 栗色　　L. 浅褐色

6. 通过肤色、瞳孔色、发色等的测试我们知道测试者属于________

A. 深色人　　B. 浅色人　　C. 暖色人　　D. 冷色人　　E. 亮色人

7. 通过各种类型的颜色分析，列出各种色彩人在选择服装时的适宜色彩和不宜色彩有哪些：

肤　色	适宜服装颜色	不宜服装颜色	其　他
深色人			
浅色人			
暖色人			
冷色人			
亮色人			

（四）客户个人风格诊断

1. 利用相关测试题测试判断出客户者的气质类型是：

A. 多血质　　B. 黏液质　　C. 胆汁质　　D. 抑郁质

2. 通过心理测试法和交谈判断出测试者的性格特征表现为：

A. 理性、文静、从容、冷静

B. 张扬、个性、思维活跃

C. 富于幻想、面部表情丰富、追求完美

D. 亲和力强、大方、热情

E. 富有创造性、大胆、敏感

F. 活泼、开朗、天真

G. 从容、内敛、温婉

H. 随意、叛逆、自我

3. 判断测试者的性格特征属于：

A. 追逐物质利益为目标，从经济的角度看待一切问题

B. 以审美的愉悦性作为判断一切事物的标准，对任何事物都带有浓烈的主观色彩，不太关心实际生活

C. 在生活中依赖和信仰一种超自然力量，献身宗教

D. 以追求和探索真理为生活目标，以客观冷静的态度看待问题，根据已有的知识体系来判断事物的价值，但缺乏解决实际问题的能力

E. 具有强烈的支配欲望，以获得权利和支配他人为生活目标

F. 该种性格的人群乐于为社会和他人做出奉献，不太顾虑自身利益

4. 通过上面的分析，得出测试者的性格类型属于：

A. 经济型　　B. 审美型

C. 宗教型　　D. 理论型

E. 权利型　　F. 社会型

5. 利用专业工具和观察找到测试者的个人风格属于：

A. 古典式风格　　B. 戏剧化风格

C. 浪漫风格　　D. 自然风格

E. 艺术化风格　　F. 甜美风格

G. 优雅风格　　H. 中性风格

（五）客户原型照片资料及记录

拍摄原型照片要求客观，需设计对象着泳装或紧身衣，面部不化妆，露出双耳。

照片	正　面	侧　面	45 度	背面(其他角度)
面部				
上半身				
全身				

根据以上的原型照片分析作出判断：

面部最佳角度	
面部五官特征优点、缺点	
上半身最佳形态	
形体的优势	
形体的劣势	
服饰形象设计要点	

（六）根据客户的个人形象进行综合的分析与评估（问卷调查形式）

分 类	内 容	评估分析			
		优	良	中	差
内在形象	价值观				
	人生观				
	道德品质				
	文化修养				
	美学修养				
	艺术修养				
社交形象	仪表礼仪				
	举止礼仪				
	场所礼仪				
视觉形象	整体服饰的协调统一性				
	服装色彩与肤色的和谐				
	服装款式选择的合体度				
	着装搭配				
	服装色彩搭配				
	首饰的选择与搭配				
	着装场合的对应性				
	面妆设计与服饰形象的协调				
	发型设计与服饰形象的协调				
	面料选择与整体风格的统一性				
	衣着品味				
	皮肤保养情况				

（七）客户服装管理表

分　类	物　品	款式 / 面料	色彩 / 花纹	数量
上　装	外　衣			
	西　装			
	茄　克			
	衬衫 /T 恤			
	针 织 衫			
	罩　衫			
	连 身 裙			
	背　心			
下　装	裙　子			
	裤　子			

（八）客户形象设计资料

目标定位	设计前（照片）	设计后（照片）
职业场合		
社交场合		
休闲场合		

（九）服饰形象设计评价表

评价对象 评价内容	个人评价	设计师评价	受众评价	综合评价
外观满意度	优　秀（　） 良　好（　） 中　等（　） 差　　（　）	优　秀（　） 良　好（　） 中　等（　） 差　　（　）	优　秀（　） 良　好（　） 中　等（　） 差　　（　）	优　秀（　） 良　好（　） 中　等（　） 差　　（　）
内外一致度	优　秀（　） 良　好（　） 中　等（　） 差　　（　）	优　秀（　） 良　好（　） 中　等（　） 差　　（　）	优　秀（　） 良　好（　） 中　等（　） 差　　（　）	优　秀（　） 良　好（　） 中　等（　） 差　　（　）
整体形象提升指数	优　秀（　） 良　好（　） 中　等（　） 差　　（　）	优　秀（　） 良　好（　） 中　等（　） 差　　（　）	优　秀（　） 良　好（　） 中　等（　） 差　　（　）	优　秀（　） 良　好（　） 中　等（　） 差　　（　）
整体形象影响力	优　秀（　） 良　好（　） 中　等（　） 差　　（　）	优　秀（　） 良　好（　） 中　等（　） 差　　（　）	优　秀（　） 良　好（　） 中　等（　） 差　　（　）	优　秀（　） 良　好（　） 中　等（　） 差　　（　）
形象发展前景指数	优　秀（　） 良　好（　） 中　等（　） 差　　（　）	优　秀（　） 良　好（　） 中　等（　） 差　　（　）	优　秀（　） 良　好（　） 中　等（　） 差　　（　）	优　秀（　） 良　好（　） 中　等（　） 差　　（　）
综合魅力指数	优　秀（　） 良　好（　） 中　等（　） 差　　（　）	优　秀（　） 良　好（　） 中　等（　） 差　　（　）	优　秀（　） 良　好（　） 中　等（　） 差　　（　）	优　秀（　） 良　好（　） 中　等（　） 差　　（　）
气质提升指数	优　秀（　） 良　好（　） 中　等（　） 差　　（　）	优　秀（　） 良　好（　） 中　等（　） 差　　（　）	优　秀（　） 良　好（　） 中　等（　） 差　　（　）	优　秀（　） 良　好（　） 中　等（　） 差　　（　）
形象持久度	优　秀（　） 良　好（　） 中　等（　） 差　　（　）	优　秀（　） 良　好（　） 中　等（　） 差　　（　）	优　秀（　） 良　好（　） 中　等（　） 差　　（　）	优　秀（　） 良　好（　） 中　等（　） 差　　（　）
形象实用性	优　秀（　） 良　好（　） 中　等（　） 差　　（　）	优　秀（　） 良　好（　） 中　等（　） 差　　（　）	优　秀（　） 良　好（　） 中　等（　） 差　　（　）	优　秀（　） 良　好（　） 中　等（　） 差　　（　）

第五章　现代服饰形象设计准则

服饰是一种文化，它可以反映一个民族的文化素养、精神面貌和物质文明发展的程度。个人服饰形象是一种“语言”，它能反映出一个人的社会地位、文化修养、审美情趣，也能表现出一个人对自己、对他人以至于对生活的态度。在现代生活中，随着经济的发展，人们的服饰形象审美要求变得多样化、个性化。

现在，不少青年人，特别是城市某些青年人的服装，往往是社会上流行什么，就穿什么，完全不考虑自己的年龄仪态，职业环境特点，人体的高矮、胖瘦，身材的比例，皮肤的颜色等等，忘记了“量体裁衣”的原则，盲目地赶时髦、追摩登。在日常工作和交往中，尤其是在正规的场合，仅仅只限于行为的彬彬有礼是远远不够的，还要讲究服饰礼节，个人服饰形象的问题正在越来越引起现代人的重视。伟大的英国作家莎士比亚曾经说：“一个人的穿着打扮，就是他的教养、品位、地位的最真实的写照。”从这个意义上，个人服饰形象能够反映出人的内在追求、风貌、风度、气质。个人服饰形象设计在社交礼仪活动中的作用是不容忽视的，在设计时我们应遵循相应的原则。

服饰形象设计是将诸多服饰美要素进行分析、综合，围绕“人”进行的艺术创作。人物形象设计的最终目标是按照一定的礼仪要求，通过对服饰的选择和搭配，最终完成所需要的视觉审美效果。服饰是我们生活中必不可少的组成部分，随着经济的发展、社会文化的融合，服饰对人们的影响日渐重要。从现代社会经济发展的角度来看，“服饰已不仅仅是人类群体文化的许多成分之一，更承载着对社会整体习惯、思想、技术及其状况特征最明显的表现。”由此可见，服饰在现代社会经济、文化中的重要性。

服饰设计是从事人物形象设计的重要组成部分，根据人物形象设计的要求，运用服饰设计的基本原理和方法，使人物的整体形象达到完善的效果。人物形象设计的核心是着装风格的塑造，服饰则是塑造着装风格的基本元素；不同的服饰款式都有它产生的背景、依附的科学技术、流行普及的土壤和地理气候的适应性。所以只有明确地把握了服饰的设计准则，才能让我们更加准确地塑造人物的服饰形象。

第一节　服饰形象设计的应时原则

一、具有时代特色

服装从诞生起就不断地发生着变化，不同的历史时期，服装都进行着自己的演变。这指的也就是服装的流行。

流行是指在一定的历史时期，一定数量范围的人受某种意识的驱使，以模仿为媒介而普遍采用某种生活行动、生活方式或观念意识时所形成的社会现象。也就是因为这种现象使得服饰形象具有强烈的时代特色。

例如：20世纪五六十年代的中国服装，没有时尚可言。这也就代表了它的时代特色。女性开始从工，所以服装多为工装。宽松剪裁的垫肩外套、直筒裤装以及耐磨、耐穿的粗厚牛仔装是主打款。即使有裙装，也是及膝的一步短裙。色彩灰暗，以军装、工装的颜色为主。到了20世纪80年代改革开放以后，市场机制臻于成熟，服装流行加快，这时候女性服饰开始向时装化变化，在浪漫娇美的基础上，加上了成熟因素的设计风格。造型和装饰突出艺术性和时代风貌，既有经典优雅的风格，也有休闲实用的风格。如今中国人民的服饰形象，已进入全新阶段。

中国人见多识广了，服饰有的前卫，有的怪诞，各种服饰形象皆有。于是服饰形象也就越来越国际化了。

我们是自然人，也是社会人，在社会中有我们的定位，故自然智慧的人着装应顺应时代变化。21世纪，随着国家文明向着智慧、自主、创新、心身平衡的方向发展，我国服饰文化也体现出其特点，以自然、休闲、舒适、和谐的主题文化为主。如果女性再穿20世纪60年代的军装，就有些不合时代了。

服饰形象设计要具有时代特色，在这里具体是指在进行服饰形象设计时要有时代感，设计应顺应时代进步的主流风格，与时代进步保持一致，同时要符合时代多数人的审美意识，不要超过或者落后这个时代的整体审美意识。例如：在现代社会，若是有人穿着中式长袍上街，会让人觉得可笑。服饰的穿戴不可背离时代进步而复古，也不宜追“时髦”、赶“前卫”。人是服装的主体，任何流行或者漂亮的服装，只有配合人这一主体，才能挥洒出它的美质来。如果单纯地去追逐流行，效果可能会适得其反。

不同时期的服饰形象反映不同的时代特征（图5-1）。

图5-1-a　20世纪50年代赫本的服饰形象

图5-1-b　20世纪60年代名模崔姬的服饰形象

二、顺应四季变化

着装应顺应自然四季。我国大部分地区，是四季变化分明的区域，我们要保护好身体，就要应四季、顺时节，使服装保持冬保暖、夏散热的功效。

人类为了生存，要适应各种不同的自然环境，而最基本的适应便是保持正常体温。体温虽然可以通过生理上的调节来完成，但生理功能的调节是有限的。衣服可以使人处于一个温度比环境气温高、变化比环境气温小的气层里。衣服虽然不能减少人体热量的损失，也不能将热量保存起来，但它能起到调节作用，使身体周围有一层温暖的空气，不仅如此，服装还能改变环境中的气温、湿度、气流、日照对人体的效应。

图5-1-c　20世纪70年代青年人的服饰形象

图5-1-d　20世纪80年代流行的服饰形象

图5-1-e　20世纪90年代简约的服饰形象

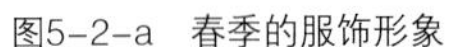

图5-2-a　春季的服饰形象

图5-2-b　夏季的服饰形象

图5-2-c　秋季的服饰形象

图5-2-d　冬季的服饰形象

夏季，随着外界气温的显著升高，裸露皮肤表面的水分蒸发大大增加，如穿上合适的衣服，可减少气象要素急剧变化时对人体的影响。当人体直接在阳光下曝晒时，衣服则可降低辐射的增热作用。夏季衣服少，如穿着得体，更能体现人体的形态美。因此，夏季服装颜色要浅，质料要薄而疏松，不能用合成纤维作衣料，因其吸水性能差，并且不耐高温，易潮湿。

春季和秋季气温比较适宜，但这也是两个气候多变的季节，穿着上却有各自不同的特点：春天宜捂，秋天宜冻。人们在服装上也要考虑其保健的特点来着装，要适应天气的变化来着装。冬季，需要用厚的服饰来保暖，衣服越厚，衣服表面与环境的温差就越小，保暖作用相对就越好。

服饰应当随着一年四季的变化而更替变换，不宜打破常规，标新立异。出席或者参加某一活动的具体时间，在不同的时间里，着装的类别、样式、造型，应因此有所变化。例如：冬天要穿保暖御寒的冬装，而夏天要穿透气凉爽的服装。比如同样是裙装，夏天应着薄型面料的，冬天应着厚面料的。即使暖气再足，也不能穿薄薄的纱裙(图 5-2)。

三、注重早晚搭配

服饰应该顾及每天早、中、晚的时间变化，适当调换搭配。

这条应时原则包括两个方面：

第一是要注意早晚温差，适当调换搭配服装。我国大部分地区，除了四季变化分明，早晚也有明显的温差、气温的不稳定、天气的忽冷忽热。所以这就使服装的搭配显得很重要。在这种时候，针织外套或简便的小外套通常会成为大家的首选。

第二是要注意早晚所处的环境变化。对于我们来说上班时间绝大多数时候需要我们穿着相对正规，应该合身严谨，以体现专业性，强调的是职业感。而下班后的私人时间，在家的衣服不为外人所见，可以选择宽大、舒适、随意的家居服装。很多人在下班后会有聚会、约会等活动，又没有太多的时间换装，于是这也就显现出了早晚服饰搭配的重要性。晚上或者不同时段的着装规则对女士尤其重要，女士的着装则要随时间而变换。女士晚上出席鸡尾酒会就须多加一些修饰，如换一双高跟鞋，戴上有光泽的佩饰，围一条漂亮的丝巾(图 5-3)。

图5-3-a　白天参加商务社交活动的服饰形象

图5-3-b　晚上参加聚会的服饰形象

第二节 服饰形象设计的应己原则

一、考虑社会因素

服饰的基础功能本来是用来遮丑和取暖的，随着社会的发展，人类文明的提高，人类运用自然智慧发现、探索和认识自然宇宙，将对自然的美的认识延伸到服饰设计、制造和着装上。几乎从服饰起源的那天起，服装的概念已经失去了原有的固定框架，也不再拘泥于蔽体御寒甚至美观等内容，人们就已将生活习俗、文化心态、宗教观念、精神文明等积淀于服饰中，构筑了服饰文化的内涵，它带给了人类更深远的社会意义。

服饰形象是一种自我行为艺术文化，它可以反映着装者运用智慧对自然美的认识和对自然美在服饰上的物质体现，反映着装者的文化素养、精神面貌和物质条件，也可以反映着装者的生活状态和民族特征。

同时，每一个人通过服饰所塑造出来的形象又是一种语言，它传递着很多个人信息，能够反映出穿着者的年龄、性别、工作类型、社会地位、生活品位，也能够表现出对自然、对自己、对他人、对生活和谐相处的外在表象。在社会交往中，服饰形象给他人呈现出一种良好的社会背景和能力，有时也是自己实现自我价值的体现。

服饰所塑造的形象在古今社会发展进程中，也体现出一种身份地位的象征，一种符号，它代表个人的政治地位和社会地位，使人人恪守本分，不得僭越。因此，自古国君为政之道，服装是很重要的一项，在中国历史传统上，服装是政治的一部分，其重要性远超出服装在现代社会的地位。

概括起来，在当今时代，服饰除遮羞御寒之外，更多的是发挥着下述社会分类功能：

行业 / 职业标志：如军队、邮政、税务制服。

身份 / 角色标志：如新郎和新娘服饰、战俘服、囚服。

等级标志：如不同军阶的军服、我国封建帝王时代不同官阶的官服。

财富标志：如价值几十万人民币的高档时装。

信念标志：如僧侣服装。

民族标志：如藏族服饰、日本和服。

时代标志：如我国元朝服饰、英国维多利亚时代服饰。

年龄标志：如童装、老年装。

性格标志：如乞丐服、休闲西服、露脐装。

集团标志：如校服、厂服、行业制服。

性别标志：男装、女装、中性装。

场景标志：如隔离衣、网球服、睡衣、泳装、作战服等。

态度 / 意愿标志：如参加上海 APEC 会议的各国政府首脑所穿的唐装。

服饰形象设计时应考虑设计对象的社会因素，其包括设计对象所处的地域、人种范畴、归属民族、社会地位、职业特点、身份等等。每个人由于其社会因素背景的不同，对服饰的理解也各有不同（图 5–4）。

例如：在办公室，太寒酸或太高贵的服装都不宜穿，尤其是千万别穿比上司所穿服装名贵的服装。与不同身份的人接触，也有不同的穿着技巧，既要配合自己的身份，也要配合对方的身份，这样会有助于

图5–4–a 白领女性的职业服饰形象

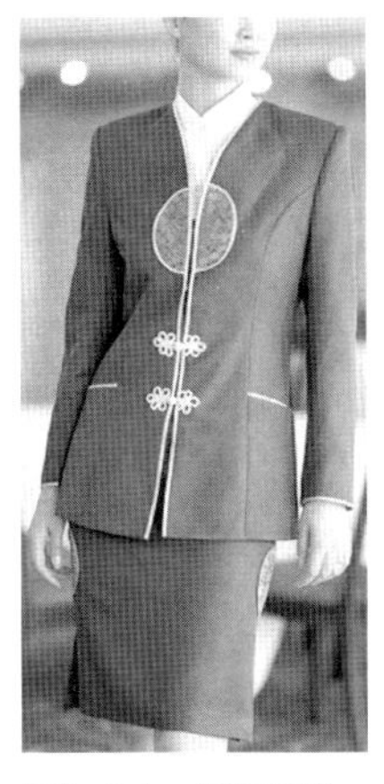

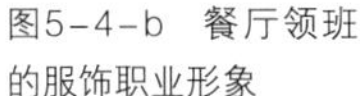

图5-4-b　餐厅领班的服饰职业形象

图5-4-c　航空服务人员职业服饰形象

图5-4-d　主持人职业服饰形象

彼此的沟通。与性格开朗的人接触，宜穿颜色较鲜明的衣服；对方若是较保守严肃的，应穿颜色较低调、款式较保守的服装；与公司职位较高的人会晤，宜穿较老成的服装，表示成熟个性。

在个人生活中，人所体现的形象既以人本身的外表为基础，同时又是从人的性格与生活各个方面中体现出来的，往往同样的形象特点放在不同的人身上，所体现的效果也会大相径庭，它可以是很美的，也可以是丑的。

在设计中，将设计对象的社会角色与服饰形象相宜，才能散发出来和谐的感觉。例如：布什夫人——劳拉·布什曾当过图书管理员和教师，起初，她的着装给人的感觉很端庄，但严肃有余难免会让人觉得沉闷。身为总统夫人形象不仅要庄重而且要具有亲和力，于是斯卡西为劳拉的着装形象进行了重新定位，要让她的端庄时尚起来，让她穿得更为耀眼。所以，劳拉·布什的服装以简洁大方的款式来体现她的端庄，而给这些服装加上了明快的颜色，从此她的衣橱中出现不少艳明的蓝、绿色系的服装。身为前第一夫人，端庄的气质、文雅的举止、简洁明快的服饰给我们带来的是内贤外助、庄重不失亲和力的形象。

二、符合生理因素

服饰形象的设计是要注意设计对象的生理因素，例如：性别、年龄、形体、五官等身体条件，就是服饰要合乎自己的自身条件和五官特点。设计时要扬长避短、突出个性亮点，来达到形象完美的状态。

服饰作为人的第二皮肤，不仅要适合于其社会文化文明的发展，还要适合于人类审美的要求，更要适合于人类穿着的舒适需求。人们选择服饰，会在不同的时期，根据不同的场合、接触的人群决定自己所穿着的服装，同时会满足自身的生理需求，有的人怕冷，那么在去到寒冷的地方时，他就会选择能够抵御严寒的防寒服等御寒保暖的服饰。有的人体形肥胖，在选择服饰时会根据自身的形体选择一些轻便、简洁、舒适的服装。人们的生活环境在不断的变化，在不同的时期每个人的生理需求也会不同，人们在选择服饰时不仅要考虑到自身的需求，而且也要符合环境场合的要求，尽量达到服饰与形象的统一。

服装形象首先应该与自己的年龄和谐统一。年长者，身份地位高者，选择服装款式不宜太新潮，款式简单而面料质地则应讲究些，与身份年龄相吻合。但随着时代的变化，社会对老年人也有了一种宽容的新态度，只要符合着装规范和服饰礼仪，老年人追逐流行时尚、服饰个性，别人也不会对此加以非议和不满。青少年着装则着重体现青春气息，以朴素、整洁为宜，以清新、活泼最好，“青春自有三分俏”，若以过分的服饰破坏了青春朝气实在得不偿失。年轻人在成长的不同阶段有不同的扮演角色的方式。他们最容易受外界的影响，特别是服装杂志、电视等媒介在报道一种流行趋势时，最先接受的是青年，他们总是不断地把时装推向极端，往往年轻人的服饰形象带着鲜明的时代特征。

其次，服装形象应该与穿着者身形相和谐。个人的身形特征和五官容貌是服饰形象设计的生理基础，形象设计是建立在个人基本要素设计的基础上，个人的体型、脸型、五官对个人的服饰形象的塑造有很大影响。着装时勿忘自己的形体。如果一位高瘦型男士穿一件偏肥的西服，或一位体态很胖的女士偏要穿条高弹紧身的健美裤，能不让人发笑，能不有损于形象吗？着装应当照顾自身的特点，要做到“量体裁衣”，使之适应自身，并扬长避短。服装尺寸要合体，要根据自己的身材、体型、高矮挑选服装，衣服是要衬托出人体的美，并不是要将缺点暴露给其他人，要达到扬长避短的效果。例如：身材矮胖、颈粗圆脸型者，宜穿深色低“V”字型领，大“U”型领套装，浅色高领服装则不适合。而身材瘦长、颈细长、长脸形者宜穿浅色、高领或圆形领服装。方脸形者则宜穿小圆领或双翻领服装。身材匀称，形体条件好，肤色也好的人，着装范围则较广，可谓“浓妆淡抹总相宜”。

服饰形象与自身形体的协调(图 5-5)。

图5-5-a 利用黑色的视觉收缩感强化腰部线条

图5-5-b 适宜瘦弱身形的服饰搭配

图5-5-c H型的服装造型有效遮掩腰腹部的肥胖

图5-5-d 水平领型设计适宜肩部较窄的人群

第三，服饰形象设计要与个人的固有色形成和谐。服装色彩整体美的重要因素之一，是人体固有色与服装色彩的默契配合。每个人自然固有色是由皮肤、眼睛、头发的颜色组成的，世界上几乎每个人的肤色、发色、眼睛的颜色都不相同。在服饰形象设计时应根据个人固有色科学有效地选择服装颜色和色彩搭配。

三、注重心理因素

形象设计是在设计美、塑造美，给人以最佳的审美感受。因不同的时间、不同的地点、不同的目的需求，人的心理需求也会不同，因此服饰形象设计应分析着装心理和行为需求，以便有针对性地进行形象定位。

美国心理学家马斯洛在 1943 年就提出了需求层次的理论，将人的需求分为五个层次，依次为：生理需求、安全需求、社交需求、尊重需求、自我实现需求。那么，个人在进行服饰形象的装扮时，这五种需求是相互掺杂融合的。

例如：当一位经济收入低的普通职员在进行服饰形象设计时，对服装价格的敏感度就高，非常在乎服装的价格高低，选购的服装不太注重品牌，只要穿着舒适、经久耐磨、美观大方即可。即服装的装扮带给他生理、安全的需求最重要，而对服装的时尚性、是否得到周围人群的认可相对来说关注度较低，对于服饰美的认知度也仅仅是停留在一定阶段。当一位经济收入较高、有一定社会地位的人进行服饰形象设计时，更多考虑的是服装形象是否得到社交圈的认可；是否在工作和社交中，通过服饰品牌文化得到别人的尊重；甚至通过服饰设计语言、服饰的内涵表达生活品味、价值观念等。

由于个体的年龄、生活背景、性格、文化氛围等方面的差异，在服饰形象设计时就会导致审美需求的不同。心理因素会更加直接和深入地影响到人们的内心，会引导人们对服饰形象的诉求，心理变化会引导人们的行为，人们的心理活动指导着人们的着装行为方式。例如：两个性格差异较大的人，同样是在职业场合、面对同样的场景、身形条件也较为相似，在进行形象设计时所喜好的服饰颜色、款式都会有很大差异。

不同的性格特征有着不同的心理感受，如传统型的女性，她们的性格往往比较保守，她们的思维偏重于长期延续的习惯模式，她们对传统的东西会产生接纳容留的心理感受，他们对时尚与潮流往往持审慎的态度，她们对着装的选择也比较循规蹈矩，穿着稍微新潮一点的服装都怕别人说三道四。她们的审美观大都以传统为美，新潮与时尚几乎跟她们无缘。

现代派的女性，她们的思维观念紧跟时代发展，对时尚与新潮具有浓厚的兴趣，她们以新为美，对新潮与时尚的服装会产生一种心理愉悦的感受，时装、休闲装都是她们所要涉猎的对象和范围。

内向文静型的女性，她们是典型的淑女形象，个性内敛而不张扬，外表温文尔雅，具有女性的阴柔之美，她们的着装往往跟她们的性格一样柔顺，优雅沉静，服装的色彩也不多见艳丽花俏，款式造型也偏重于简约，对个性张扬的热潮与时尚服装敬而远之。特别是对薄、露、透的衣服持保守与不接受的态度，她们的着装审美观多以简约、端庄为美。

开放活泼型女性，她们属外向型性格特征。大都是性格开朗，天性活泼的年轻女性，她们思想解放，观念开放，思维活跃，对服饰的审美情趣呈现出“新、奇、特、变”的特色，追求时尚与新潮，她们对衣着的选择大胆而随意，只要自己喜好，不顾外界评说，对“薄、露、透”的服饰，也是她们重点光顾的目标。

人们的内心会引导自己选择什么风格的服饰，在穿着了某种风格服饰后，人们会从内心来引导自己的举止行为。人们会因为自己选择了某种款式的服装来支配自己的行为举止，会因为某个颜色改变自己的心情。良好的服饰形象不仅可以满足个人的心理需求，而且还可以改变一种心情或者换一种心态。由此看出，注重心理因素不断地满足人们的心理诉求才能更好地实现服饰形象设计的目的。

着装心理驱使下的各类风格的服饰形象(图5-6)。

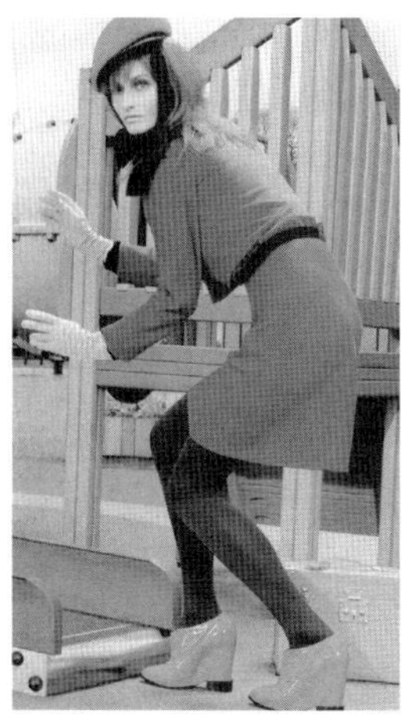

图5-6-a 求新心理驱动下的现代另类服饰形象

图5-6-b 从众心理驱动下的休闲服饰形象

图5-6-c 求异心理驱动下的服装搭配方式

图5-6-d 追求文化品味的搭配方式

四、关注个性化塑造

正如世间每一片树叶都不会完全相同一样，每一个人都具有自己的个性。在着装时，既要认同共性，又绝不能因此而泯灭自己的个性。着装要坚持个体性，具体来讲就是服饰形象应创造并保持自己所独有的风格，在允许的前提下，着装形象在某些方面应当与众不同。形象设计就是为人服务的，所以它是以突出人的优点，突出个性为最基本的原则。

人的容貌、形体是千差万别的；人的性格与气质也是多种多样的。有的文雅、沉静、内向；有的活泼、开朗、豪爽等。不同的性格、不同的气质、不同的文化素养、不同的职业应该有不同的整体服饰形象，切勿穷追时髦，随波逐流，使个人着装千人一面，毫无特色可言。服饰是表现个人风格的媒介，只要掌握自己的着装原则，根据自己的身份加以变化，便可以享受服装带来的乐趣。个人服饰形象应该展示这些多种多样的具有特征的设计，这才是完美意义上的形象设计。

着装的个性化原则，主要指依个人的性格、年龄、身材、爱好、职业等要素着装，力求反映一个人的个性特征。选择服装因人而异，着重点在于展示所长，遮掩所短，显现独特的个性魅力和最佳风貌。现代人的服饰呈现出越来越强的表现个性的趋势。

个性是人的基本特征，决定着人的兴趣爱好，审美情趣，支配着人们的着装心理，不同的着装形态标志着不同的个性特征，千差万别的个性特征体现出个性的多元化特征，也反映出着装心理的多元化，个性又具有独特性，这种独特性体现在相互的差异，也影响到各自间的兴趣爱好和审美情趣，个性具有差异性，随着年龄、环境等因素而发生变化，作为一个社会群体的女性或男性，都具有以上个性特征。由此而衍生出的千差万别的着装心理，表现出各种各样的着装需求，由于个性是人的意识的自然表露，因而它具有不可压抑性。同样，表现在着装的个性化特征，也有着不可压抑的抗拒性，也自然会在着装上表露出来，这就是服装个性化产生的必然。

有些人在着装问题上总是找不到方向。看见别人的服饰好看，就认为自己穿上也一定不错，可当穿在自己身上时，感觉并非如此。于是，经常为买不到适合自己的服装而烦恼。我们每一个人都是一个独立的自我。每个人都希望自己以一个独立的个体被社会接纳与承认，在服饰的选择方面也应注重个性化。身材与别人不同，面貌与别人不同，肤色与别人不同，性格与别人不同，生活环境与别人不同，修养与别人不同，心灵世界也与别人不同。那我们着装怎么能与别人相同呢？就是同样的服装，穿在不同的人身上，给人的感觉和效果也是不一样的。

人的体态少有十全十美的。一个人的体态生成与遗传、营养和体育锻炼等因素有很大关系。一般人或多或少都有一些无法改变的不足。如个子太矮或很高；脖子过长或较短；臀围太大或瘦小等等。体态定型之后，怎样设法改变其不理想之处呢？有道是：“三分长相，七分打扮。”即在合理的着装上下些工夫，通过巧妙的装扮使人的外表无懈可击。在着装时，既要扬长避短，又要体现个人风格，那么首先要有“自知之明”，进而将其转化为正确的衣着形式，即无论如何必须了解自身特征。要通过细心的观察，虚心接受自己的“缺点”，了解自己的身高、脸形及其大小、腿的长短、肤色等等，通过选择适合自己的发型、色调、服饰进行巧妙的装扮，以变得更美，更具魅力。

要善于发现自我，善于了解自己，解决了这个问题也就解决了服饰形象问题，明白自己的工作性质，家庭环境，生活水平，身材特点，性格特征，身体状况，修养水平，就会适时、适宜、适当地选择适合自己个性的服装，不要盲目赶时髦，服装选择要符合个人的气质，透过服饰展现自己个性化的风采。所以，准确判断个人形象风格的主体导向，了解个性特征，就能够处理好自己形象定位的问题(图 5-7)。

图5-7-a　搭配方式的个性化

图5-7-b　打破常规的社交服饰形象

图5-7-c　个性化的休闲装扮

图5-7-d　个性化的民族风格服饰形象

第三节　服饰形象设计的应事原则

一、目的性

我们每个人都需要进行必要的社交活动，服饰在社会交往中起到了重要的作用。我们在穿着服装时要根据我们出席的场合、参加的人员、人物的身份以及我们在场合中想要达成的协议、目的等来选择我们所要穿的服装，以便帮助我们达成事半功倍的效果。

我们所处的具体场合不同、所做的事情不同，着装形象也应该有所区别。例如：参加婚礼等正式活动时，男性需要穿着整洁的西服，而女性则应穿整洁、亮丽但并不抢眼的裙装，妆面自然、和谐。

白天在工作场合，职业女性就应穿适应工作环境的职业女装，整体风格干练、简洁。有些女性平常喜欢穿休闲服装，但是在公务场合不穿为好。商务活动中，女人应成为精明干练的主角，无论从气势还是气质上，都应将自己打造得较为强势。为了塑造良好的职业形象，服装颜色以中性色彩为宜，以灰色、深蓝色、深红色、米色、黑色、藕灰色、绛黄色等为主；服装与配饰搭配协调，身上总体颜色不要超过三色；款式简洁大方，设计重点是给人以低调、含蓄、整洁、大方。例如：西服套装是表现专业性和权威性的最好装束，收腰款式、光泽感面料，既体现女性干练又不失女人味；同样可以以黑色或灰色正装搭配白色衬衫的方法来表现出职业女性的特征；或是穿上米色的职业套装彰显女性优雅气质(图 5-8-a)。

当出席正式活动或出席高规格的社交晚宴时，就应着适合社交场合的服饰，如果穿着工作服，就不太合适了。这时，女性可以选择稍微裸露的、设计华丽的、色彩鲜艳的礼服出席颁奖晚会或参加音乐会；也可以选择简单设计的连身裙、洋装搭配手提包参加社交晚宴；或者穿着彰显中国传统服饰文化的旗袍出席社交场合(图 5-8-b)。

图5-8-a　工作中的服饰形象

图5-8-b　参加颁奖晚会的服饰形象

图5-8-c　户外休闲运动的服饰形象

图5-8-d　参加朋友聚会的服饰形象

周末，白天要去郊游或是休闲运动，就应穿上运动休闲服饰，穿着职业场合、社交场合的服饰就显得不伦不类了。舒适、方便、自然的休闲运动装扮会使着装者充满活力(图 5–8–c)。

晚上参加朋友精心准备的聚会着装也不能随便，恰当的着装是一种礼貌，也是对主人的尊重。应根据自己个人的喜好穿着亮丽的时装，整体感觉时髦的同时又给人亲切温暖的感觉(图 5–8–d)。

美国总统奥巴马的妻子米歇尔 · 奥巴马出席任何场合都会以得体的服饰形象出现在公众面前。时尚大师克里斯汀 · 迪奥(Christain Dior)曾经说过："紫色是色彩中的王者。"但与此同时，他也不忘附带贴心警示，"在穿着上运用它时必须足够小心，稍有不慎就会显得过于成熟。"关于这一点，奥巴马夫人显然并不在意，她用一个精彩的亮相显示了自己对紫色的出色驾驭能力——只要他愿意，就能穿出年轻活力和优良的生活品质。2008 年 6 月 3 日，巴拉克 · 奥巴马在民主党内部获得足够支持，赢得了总统候选人提名，这一晚正是在明尼苏达州的圣保罗举行胜利演讲的日子。在华丽紫色的作用下，米歇尔 · 奥巴马穿着的真丝绉绸连衣裙看起来如此的优美闪耀。她与丈夫高度相似，身段健美，仿佛作为一个极有力的支柱被放在了舞台上。观众们看着米歇尔，立即意识到她的潜在影响和权利感。

米歇尔 · 奥巴马选择紫色是混合了红与蓝，它们分别是民主党和共和党的象征色。无论秉持着怎样的政治立场，至少人们都非常一致的对这条裙子表达出了惊喜欣赏之意，它将米歇尔的皮肤映衬得完美无暇，也很摩登。尤其在政治场合里，加上一点点微妙的风格元素(珍珠项链、黑色皮质腰带)，更具冲击力。

二、角色转换

每个人在生活中都扮演着多重角色。

例如，一个女人既是丈夫的妻子(角色 1)，又是孩子的母亲(角色 2)，也是公司的职员(角色 3)，还可以是商店的消费者(角色 4)，有时候也会是某个医院的病人(角色 5)等等。总之，在不同的场合和不同的社会关系中，我们的角色也不同。同时，各种角色的性质，却是不一样的。从功能主义角度看，依其性质，角色可以分成两类：一类是工具性的，一类是情感性或表达个性的。例如："律师" 作为一个职业，是工具性角色，而 "妻子" 则是一个情感性角色。就两性来说，"男性" 属于工具性角色即社会性角色，而 "女性" 则更多地被归类到情感性或表达性角色。所有这些角色，都是约定俗成的，因而我们可以把它看成是社会制度性的角色。

于是就要懂得用服饰形象来转变角色。只有这样才能在各种角色中来回穿梭。

美国第一夫人米歇尔对服装的品味和对时尚潮流的出色把握已经为人们所共睹，有媒体将她与一代时尚偶像、美国前总统夫人杰奎琳 · 肯尼迪相提并论，说她是"杰奎琳与劳拉 · 布什的完美综合体"。米歇尔最擅长以平价服饰搭配精品配件，穿出时尚品味。她曾说："无论什么场合，我都会穿自己买的衣服。"米歇尔的着装原则看上去似乎并不复杂，她很喜欢穿单色的衣服，如紫色、白色、黑色和红色等。米歇尔在任何场合都能利用服饰有效地进行角色转换，善用服装的色彩款式表达情感。

在奥巴马参加总统候选时期，作为候选第一夫人米歇尔与纽约时尚界精英相会时，她会选择穿什么？既要舒适轻松，看起来毫不做作，又必须透露出必要的时尚感，就好像面对公众发表政见——掌握好其中的微妙平衡至关紧要。还有什么比黑色更适合于这种场合呢？

在这一天米歇尔的造型略显保守、正式。她选择美籍古巴设计师伊莎贝尔 · 托莱多(Isabel Toledo)的针织外衣和长裤套装，把自己从头到脚都用黑色包裹住。与之搭配的饰物则是手工制作的水晶项链——它仿佛是一串蓬勃而出的宝石小瀑布，精致而不失大气，令奥巴马夫人骤然增添了某种偶像气派。在这场为奥巴马筹款的晚会中，米歇尔以庄重、低调、含蓄、大气的装扮向人们展现了未来第一夫人的风采。

当米歇尔·奥巴马穿着杰斯·舞(Jason Wu)的时装出现在奥巴马就职晚宴上的那一刻,向全世界展示了她的时尚立场——即使是第一夫人,也需要符合潮流的衣装。白色及地单肩晚礼服,极显优雅与稳重,特意提高的腰线,紧身抹胸式设计更能凸显胸部线条,腰线下顺畅的大裙摆将略发胖的臀部巧妙地隐藏起来。

在奥巴马担任总统以来的第一次正式晚宴中,米歇尔又以高贵的服饰形象向人们展现了她的雍容。这是美国50个州的州长应邀出席白宫的正式晚宴,第一夫人米歇尔穿着一袭黑色的抹胸曳地长裙,颈间耳畔点缀钻石和珍珠等首饰,光彩照人。服装形象意味着自信、成熟、矜持,向人们展示了第一夫人应有的魅力风采。陪伴在奥巴马的身旁,她成为整个晚宴的一道亮丽风景。

作为母亲来说,没有什么比全家聚餐和陪伴孩子更幸福了。复活节在白宫南草坪的活动中米歇尔服饰形象随意、富有亲和力,服装色彩特意选择与女儿服装色系相同的蓝色。服饰与亲切的笑容勾画了一位贤妻良母的形象。

第四节 服饰形象设计的应景原则

在塑造人物的服饰形象时要真实深入地了解人们的自身条件、性格、文化背景以及每次出席的场合等客观条件因素，同时还要分析不同场合的具体环境，场合中人们的主观情绪以及心理变化等条件因素。通过分析这些不同的要素来完成人物形象的塑造。

一、与地点、环境的协调

美的服饰形象包含有美的服饰、均衡的款式、协调的色彩、富有巧思的装饰，完美的搭配及精良的工艺，缺一不可，然而再美的服饰形象放入到具体场景、具体的环境中，如果不能使服饰形象与所处环境相协调，服饰风格与场景格格不入，那么服饰美又从何谈起呢？因而，进行服饰形象设计时，着装者所处的地点、外部环境也是一项十分重要的因素。

所谓与地点相符，即要考虑该国家、该地区所处的地理位置、气候情况，还要考虑其民情、民风，是保守型还是开放型。根据这些情况，选择适当的服装。例如：在气候较热的地方，上身的小礼服最好为白色；而且，制作服装的衣料要轻。再如，在寒冷地区，虽然户外寒冷，但室内如果备有暖气设备，女子穿短袖或无袖的晚会盛装也不足为怪。

不同的环境场合应穿着不同的服饰，如忽略了这一点就将贻笑大方了。很难想象，一个教师穿着晚装站在教室的讲台上讲课，一个西装革履的男子在球场上打球，一个从事大幅度体力劳动的小伙子穿着西服套装工作。服饰形象美是着装者服饰与环境的浑然一体，相互映衬。例如：同样是参加聚会，具体环境是朋友家里，还是酒吧，还是娱乐场所，不同的地点、不同的环境选择服饰时就截然不同。

不同的自然环境，不同的光源（自然光和人工光源）应有不同的形象设计。良好的环境，可以显现良好的服装装饰效果，在具体场景中要考虑环境中的色彩效应，服饰形象应与环境色或者背景色相和谐统一。例如：参加晚间宴会，晚宴是在一个高雅、宁静的现代简约风格的社交场所，为了给人们留下难忘的印象，必须以一个光彩夺目的全新形象、高贵典雅的装扮，来体现个人独特的气质情趣，同时又表现出对朋友的尊重和重视。比如，在酒吧里灯光五彩缤纷，就要适当表现美艳、高贵、时尚的着装品味，在变幻莫测的灯光环境中，妆面浓艳、立体感强，服装款式新潮、饰物亮泽，强调整体服饰形象冷艳、高贵、时尚、神秘的感觉。参加户外活动，也应该根据不同场景的色彩选择搭配服装，使服装色彩与环境色或是形成鲜明对比，突出服饰形象；或是形成色调上的呼应，整体协调统一（图 5-9）。

图5-9 外出时服饰形象与环境的协调

注重服饰的形象设计，不单单是穿服装或者穿高档的服装这么简单，它要根据个人的身份、地位、出席的场合以及个人的影响力等因素选择适合自己的服装。让自己的服装与环境达成协调统一、能够与环境相互映衬，最终展现自己的个人魅力。

例如：奥巴马夫人走进电视节目《观点》的录制现场，身着黑白印花、背心款式的连衣裙，完美地展示了锁骨和颈部线条，A 字轮廓把身材修饰得没有一丝多余，美丽且生动的复古印花出现女性特质，在演播室里的服饰形象充满女性特有的魅力；作为美国第一夫人的米歇尔 · 奥巴马与班克罗夫特小学的学生们在华盛顿白宫南草坪的厨房菜园种植香草和蔬菜时，服饰形象简单、随意、休闲、充满了生活气息；当米歇尔去名叫“米里亚姆”这家“施汤所”帮厨时，一向穿着时尚的米歇尔身着毛衫、戴上围裙以及塑料手套，耐心地做着意大利蘑菇饭和水果沙拉，服饰形象亲和、娴静，十足一副“爱心妈妈”的模样。

图5-10　服饰形象与氛围的和谐

二、与氛围的和谐

“氛围”是指某个特定场合的特殊气氛或情调。氛围是一种在心理上和情绪上营造出来的，内心情绪表达出来的感觉，是一种情感特质。如欢乐的气氛，紧张的气氛，寂静的气氛等。不同的环境、不同的人群将会营造出不同的氛围。个人的服饰形象只有与气氛相和谐，才能更好地诠释服饰所塑造的形象。

以办公环境所营造出的不同氛围为例。从事广告设计行业，办公环境往往会充满现代感和时尚感，所以在此氛围中你所塑造的服饰形象应简约并具有创意；再换种氛围，售卖女性用品，如化妆品、时装、内衣、贴身用品等，销售者在形象塑造上宜选择一些能突出女性形象的设计和质料，如碎花、丝带、花边、纱、毛等设计和质料，总之尽量与氛围和谐。

个人有时也要参加一些生日派对、同学聚会、亲属的结婚庆典、节日纪念、联欢晚会等等，这都属于喜庆场合。这些场合的共同特点是气氛热烈、情绪昂扬、欢快喜庆等，参加这样性质的活动，服饰可以相应地热烈一些，以华丽明快为好。可以适当化妆，戴少许美丽、轻松、飘逸的饰物，一定要典雅得体，宁缺无滥。婚礼中人们都会营造出一种温馨、浪漫、幸福的场景，那么在这种氛围中服饰应选择一些色彩柔和、明亮，在款式设计上有设计亮点的服装来参加婚礼，这样能够更好地融合在婚礼喜庆、热闹、甜蜜的氛围中，和谐的与氛围相融合。出席婚礼，穿着打扮不宜太出众、耀眼，以避喧宾夺主，也不要打扮得过于怪异，花里胡哨，妨碍婚礼气氛（图 5-10）。

在严肃正规的场合氛围下，个人参加相关的活动，一般都要遵守主办方对服装所做的规定，不能别出心裁。如果主办方对着装没有什么具体要求，也应根据庆典会议的性质做出适宜的选择，服饰应以庄重、高雅、整洁为度。不宜穿得太随便，颜色比较鲜艳的运动装、牛仔裤等不是这种场合的适宜着装，女士不能穿较短的裙子。

气氛比较悲哀，庄严肃穆的场合，我们在服饰的穿着方面要注意这样几点：服装的颜色要以黑色和深色、素色为主，切忌穿红着绿，肆意追求鲜嫩；也不宜穿带花边、刺绣或装饰飘带之类的服装，衣裤上也不要有镶嵌卡通动物或人物图像的装饰，给人以不严肃的印象。此种场合的服装款式要尽量选择比较庄重、大众化一些的，新潮时髦、怪异和轻飘款式服装为不选，以免冲淡庄严肃穆的气氛。

第五节　服饰形象设计的应制原则

所谓应制，就是身为工作人员，参加社会活动的服饰，要做到制度化、系列化、标准化。制度化，就是要符合有关部门制定的参加社交活动执行公务时的着装规定。系列化，就是要使衣、裤、裙、帽、鞋、袜、包等在一个“主题”。标准化，就是要按照各种服装的穿着标准着装，不可随意创造，独成一派。比如，穿制服时，不允许敞怀；穿中山服时，不仅要扣上全部衣扣，而且要系上风纪扣，并且不允许挽起衣袖。

一、规范性

所有类型的服装在穿着时都有其不同的规范性，我们在穿着时一定要遵守这些规范，才能塑造完美的服饰形象。出席不同的场合，要配合相应的服装。规范的着装方式不仅是对自己形象的维护，同时也是对他人的尊重。

男士要注意西装的穿着规范，商界男士在穿着西装时，不能不对其具体的穿法倍加重视。不遵守西装的穿着规范，是有违礼仪的。根据西装礼仪的基本要求，男士在穿西装时，务必要特别注意以下七个方面的具体要求：

第一，要拆除衣袖上的商标。在西装上衣左边袖子上的袖口处，通常会缝有一块商标。有时，那里还同时缝有一块纯羊毛标志。在正式穿西装之前，切勿忘记将它们先行拆除。

第二，要熨烫平整。欲使一套穿在自己身上的西装看上去美观大方，首先就要使其显得平整而挺括，线条笔直。要做到此点，除了要定期对西装进行干洗外，还要在每次正式穿着之前，对其进行认真的熨烫。千万不要疏于此点，若西装皱皱巴巴，脏脏兮兮，则美感全失。

第三，要扣好钮扣。穿西装时，上衣、背心与裤子的钮扣都有一定的系法。在三者之中，又以上衣钮扣的系法讲究最多。一般而言，站立时，特别是在大庭广众面前起身而立后，西装上衣的钮扣应当系上，以示郑重其事。就座之后，西装上衣的钮扣则大都要解开，以防其“扭曲”走样。

通常，系西装上衣的钮扣时，单排扣上衣与双排扣上衣又有各不相同的做法。系单排两粒扣式的西装上衣的钮扣时，讲究“扣上不扣下”，即只系上边那粒钮扣。系单排三粒扣式的西装上衣的钮扣时，正确的做法则有二：要么只系中间那粒钮扣，要么系上面那两粒钮扣。而系双排扣式的西装上衣的钮扣时，则钮扣一律都要系上(图 5–11)。

穿西装背心，不论是将其单独穿着，还是同西装上衣配套，都要认真地扣上钮扣，而不许可敞开。在一般情况下，西装背心只能与单排扣西装上衣配套。它的钮扣数目有多有少，但大体上可被

图5–11–a　西服穿着规范（两粒扣的系法）

图5–11–b　西服穿着规范（三粒扣的系法）

分作单排扣式与双排扣式两种。根据西装的着装惯例，单排扣式西装背心最下面的那粒钮扣应当不系，而双排式西装背心的全部钮扣则全部要系上。

第四，要不卷不挽。穿西装时，一定要悉心呵护其原状。在公共场所里，千万不要当众随心所欲地脱下西装上衣，更不能把它当作披风一样披在肩上。需要特别强调的是，无论如何，都不可以将西装上衣的衣袖挽上去。否则，极易给人以粗俗之感。在一般情况之下，随意卷起西裤的裤管，也是一种不符合礼仪的表现。

第五，要巧配内衣。西装的标准穿法是衬衫之内不穿棉纺或毛织的背心、内衣。至于不穿衬衫，而以T恤衫直接与西装配套的穿法，则更是不符合规范的。因特殊原因而需要在衬衫之内再穿背心、内衣时，有三点注意事项：一是数量以一件为限。要是一下子穿上多件，则必然会使自己显得十分臃肿。二是色彩上宜与衬衫的色彩相仿，至少也不应使之较衬衫的色彩为深，免得令两者“反差”鲜明。在浅色或透明的衬衫里面穿深色、艳色的背心、内衣，则更易于招人笑话。三是款式上应短于衬衫。穿在衬衫之内的背心或内衣，其领型以“U”领或“V”领为宜，在衬衫之内最好别穿高领的背心或内衣。此外，还须留心，别使内衣的袖管暴露在别人的视野之内。

第六，要少装东西。为保证西装在外观上不走样，就应当在西装的口袋里少装东西，或者不装东西。对待上衣、背心和裤子均应如此。要是把西装上的口袋当作一只“百宝箱”，用乱七八糟的东西把它塞得满满的，无异于是在糟踏西装。具体而言，在西装上，不同的口袋发挥着各不相同的作用。

在西装上衣上，左侧的外胸袋除可以插入一块用以装饰的真丝毛帕，不准再放其他任何东西，尤其不应当别钢笔、挂眼镜。内侧的胸袋可用来别钢笔、放钱夹或名片夹，但不要放过大、过厚的东西或无用之物。外侧下方的两只口袋，原则上以不放任何东西为佳。

第七，男士要注意西装的搭配。穿着西服讲究“三色原则”，即身上颜色不要超过三种；“三一定律”，即鞋子、腰带、公文包应该是一个颜色，并且应该首选黑色。领带颜色应和谐不可刺目，一般领带长度应是领带尖盖住皮带扣。领带夹的位置放在衬衫从上往下数的第三粒和四粒钮之间。熟知西装着装规范的人，大都听说过一句行话：“西装的韵味不是单靠西装本身穿出来的，而是用西装与其他衣饰一道精心组合搭配出来的”。由此可见，西装与其他衣饰的搭配，对于成功地穿着西装是何等地重要（图5-12）。

图5-12 西服穿着规范“三色原则”

男士西服十忌：

（1）忌西裤短。标准的西裤长度为裤管盖住皮鞋。

（2）忌衬衫放在西裤外。

（3）忌衬衫领子太大，领脖间存在空隙。

（4）忌领带颜色刺目。

（5）忌领带太短。一般领带长度应是领带尖盖住皮带扣。

（6）忌不扣衬衫扣就佩戴领带。

（7）忌西服上衣袖子过长，应比衬衫袖短1cm。

（8）忌西服的上衣、裤子袋内鼓囊囊。

（9）忌西服配运动鞋。

(10)忌皮鞋和鞋带颜色不协调。

从目的上讲,人们的着装往往体现着其一定的意愿。即自己对着装留给他人的印象如何,是有一定预期的。着装应适应自己扮演的社会角色,不讲目的性在现代社会中是不大可能的。服装的款式在表现服装的目的性方面发挥着一定的作用。自尊,还是敬人;颓废,还是消沉;放肆,还是嚣张,等等;都可以由此得知。一个人身着款式庄重的服装前去应聘新职位、洽谈生意,说明他郑重其事、渴望成功。而在这类场合,若选择款式暴露、性感的服装,则表示自视清高,对求职、生意的重视,远远达不到对其本人的重视。

二、礼仪性

着装形象同时也是一种礼仪教养的表现。在字典里,礼仪被解释为礼节和仪式。礼仪可以理解为一种独特的习惯和品行。礼仪基本的理念在于尊重对方,这意味着不要给对方带来不便和麻烦,而是要让对方舒心。注重着装礼仪能够更好的向他人展示自己和表达自己,用一种无声的魅力征服对方从而形成一种传递效应,不断的良性循环(图 5-13)。

例如:在进行国家间贸易时,由于缺少对方的信息,无法产生充分的信任感。为了弥补这种不足,有必要通过高档面料制成的奢侈服装给对方营造出信任感。如果身穿高档的名牌服装,外国人会因此看高对方的业务能力和信誉。最近,这种方法已经成为一种市场营销策略。很多采购员和企业老板们纷纷穿上名牌服装,为的就是变相地提升企业产品的价值。

例如:商务着装是商务人士想方设法在自己的人际交往中,替自己塑造出完美的形象,并且尽心竭力维护个人形象的基础,它体现着每个商务人士的精神风貌与工作态度,还会直接对其所在单位的整体形象造成影响。其重要性正如一位公共关系大师所说:“在世人眼里,每一次商务人员的个人形象如同他所在的单位生产的产品、提供的服务一样重要。它不仅真实地反映了每一名商务人员本人的教养、阅历以及是否训练有素,而且还准确地体现着他所在的单位的管理水平与服务质量。基于这点,可以说,商务着装代表着商务人员的个人形象,这一个人形象就是商界人士自我宣传的广告。商务人员在日常工作、生活中,要塑造好、维护好自身的形象,往往涉及到多重因素,诸如受教育的程度、工作经历、艺术品位、兴趣志向以及是否受过专业训练等等。但从总体上说,装束礼仪要求商务人员的穿着打扮必须既符合商务身份,又符合商务规范,违反这两点是商务人员之大忌。具体来说,商务装束礼仪要求商务人员在日常的工作和生活上,对于西装、套装、制服、发型、化妆的礼仪规范,务必身体力行,严格遵守。在每个人的穿衣打扮中,着装、发型、化妆不仅是个人关心的事情,更是他人观察的重点(图 5-14)。

图5-13 符合西方礼节的社交服饰形象

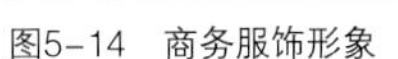
图5-14 商务服饰形象

第六章　现代服饰形象设计主体内容

第一节　服饰形象设计的色彩搭配

色彩是服饰构成的要素，具有极强的表现力和吸引力。将色彩运用到服饰中来装饰自身是人类最冲动、最原始的本能。服装色彩是服饰形象感观的第一印象，无论是古代还是现代，色彩在服饰形象审美中都有着举足轻重的作用。

一、服装色彩的基本常识

（一）原色、间色和复色

原色：是指不能通过其他颜色的混合调配而得出的“基本色”。将其以不同比例混合，可以产生出其他一切新颜色。如：红、黄、蓝这三种颜色被称为三原色，是调配其他一切色彩的基础色（图 6-1）。

间色：由任意两个原色混合后的色（相调和产生出）被称为间色，亦称“第二次色”。如：三原色就可以调出三个间色，红 + 黄 = 橙、红 + 蓝 = 紫、黄 + 蓝 = 绿，橙色、紫色、绿色就是间色（图 6-2）。

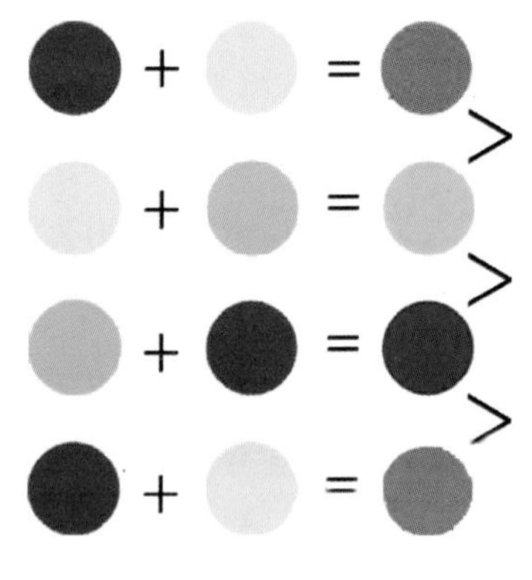

图6-2　间色

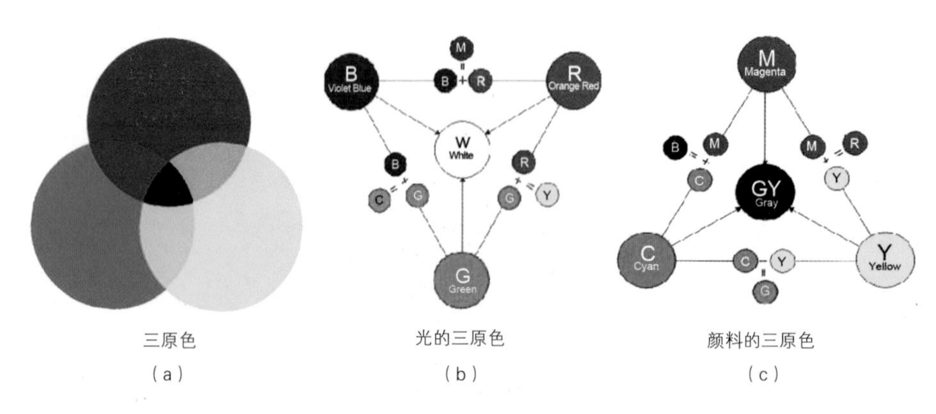

图6-1　三原色

复色：由三种原色按不同比例调配而成，或间色与间色调配而成，一种原色与一种或两种间色相调配产生的颜色即为复色，也称“次色”、“三次色”。如：黄＋橙＝橙黄、橙＋绿＝棕（黄灰），橙黄色、棕（黄灰）色就叫复色（图 6-3、图 6-4）。

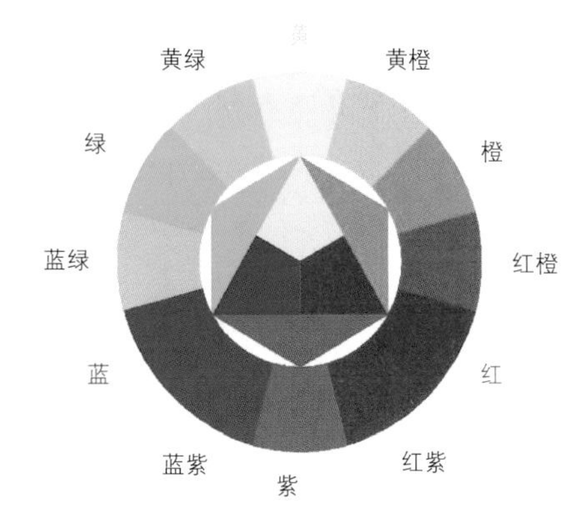

图6-3　复色

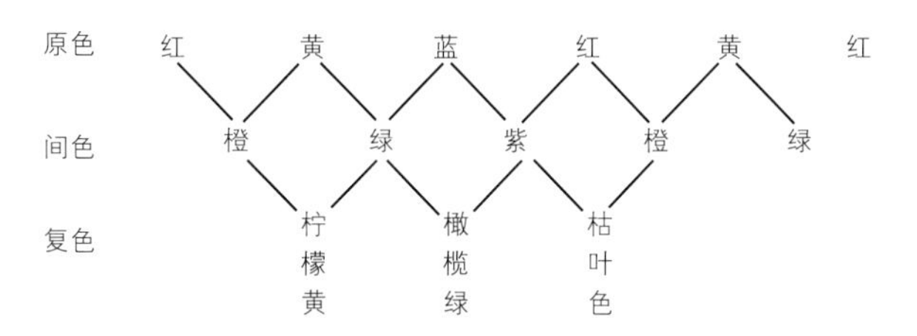

图6-4　原色、间色与复色搭配

（二）色相、纯度和明度

色彩分为无彩色系和有彩色系两大类（图 6-5）。无彩色系是指黑色和白色及由黑、白两色相混的各种深浅不同的灰色系列。有彩色系（简称彩色系）是指光谱上的各色，如红、橙、黄、绿、青、蓝、紫等颜色（包括不同明度和不同纯度的各色）。

有彩色系的颜色具有三个基本要素：色相、纯度、明度。

色相：色彩的色相是色彩的首要特征，指色彩相貌的名称。它是区别各种不同色彩的最准确的标准。色彩的成分越多，色彩的色相越不鲜明。

纯度：色彩的纯度是指色彩的纯净程度，即色彩含有某种单色光的纯净程度。它表示颜色中所含的有色成分的比例。比例愈大，色彩愈纯；比例愈小，则色彩的纯度也愈低。

明度：色彩的明度是指色彩的明亮程度，是由色

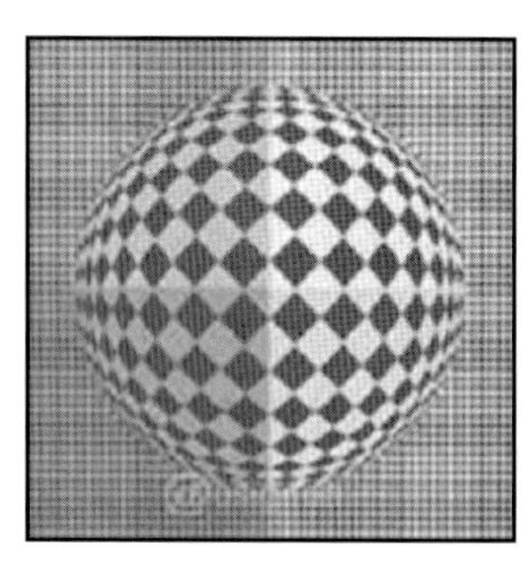

（a）无彩色系

（b）有彩色系

图6-5　色彩

彩光波的振幅决定的。由于各种色彩光波的振幅有大小区别，形成了色彩的明暗有强弱之分。色彩的明度变化会影响纯度的减弱，因此色彩的三要素在具体应用中是同时存在、不可分割的一体，必须同时加以考虑。

（三）色彩的心理

1. 色彩的膨胀与收缩、前进与后退

据说法兰西国旗一开始是由面积完全相等的红、白、蓝三色制成的，但是旗帜升到空中后的感觉是三色的面积并不相等，于是召集了有关色彩专家进行专门研究，最后把三色的比例调整到红 35%、白 33%、蓝 37% 的比例时才感觉到面积相等（图 6-6）。

各种色彩的波长有长短区别，因此当不同波长的色彩光波，通过人眼晶状体聚焦后，所呈现的映像并不在同一个平面上，因而造成各种光波在视网膜上呈现膨胀与收缩，前进与后退的现象。

从生理学上讲，人眼晶状体对于距离变化的调节，虽灵敏却仍然有限度，对于微小的波长差异无法正确调节，这就造成了光波长的暖色在视网膜内侧的映像具有扩散性，光波短的冷色则在视网膜外侧

的映像具有收缩性。从而产生暖色前进、膨胀，冷色后退、收缩的视觉效果。

色彩的前进与后退只与色彩波长有关，而色彩的膨胀与收缩不仅与波长有关，而且还与明度有关。明度高的有扩张、膨胀感，明度低的有收缩感。

根据色彩的心理效应，我们把给人以比实际距离近的色彩叫前进色；给人以比实际距离远的色彩叫后退色。给人感觉比实际色域大的色彩叫膨胀色；给人感觉比实际色域小的色彩叫收缩色（图 6–7）。

从色相方面比较，波长较长的色相，如红、橙、黄给人以前进、膨胀之感；波长较短的色相，如蓝、蓝绿、蓝紫给人以后退、收缩之感。

从明度方面比较，明度高而亮的色彩有前进、膨胀的感觉；明度低而暗的色彩有后退、收缩的感觉。但由于环境的变化给人的感觉也会产生变化。

从纯度方面比较，高纯度的鲜艳色彩有前进、膨胀的感觉；低纯度的灰浊色彩有后退、收缩的感觉，并受明度高低所左右。

歌德在《论颜色的科学》一文中指出："两个圆点同样面积大小，在白色背景上的黑圆点比黑色背景上的白圆点要小 1/5。" 宽度相同的黑白条纹，感觉上白条总比黑条宽；同样大小的黑白方格布，白方格要比黑方格略大一些（图 6–8）。对于服装的用色如果要使它显眼一些，宜采用鲜艳的浅色；如果要使它显得高贵精致，宜采用沉着的深色或黑色。同理运用在服饰色彩搭配中，使用浅色系传达活泼、跳跃的效果，使用深色系则传达收敛、缩小的效果。

当一个人在同一环境中，穿着相同款式、相同材料、不同色彩的两套服装时，会给人带来不同的感觉。如穿着红色服装时，感觉离我们较近，色域体积大；穿蓝色服装时，感觉离我们较远，色域体积小。

2. 色彩的轻重感、软硬感

决定色彩轻重感觉的主要因素是明度，即明度高的色彩感觉轻，明度低的色彩感觉重。其次是纯度，在同明度、同色相条件下，纯度高的感觉轻，纯度低的感觉重（图 6–9）。再从色相上分析，暖色黄、橙、红给人的色彩轻重感觉轻，冷色蓝、蓝绿、蓝紫给人的色彩轻重感觉重。

图6–6 法兰西国旗色彩

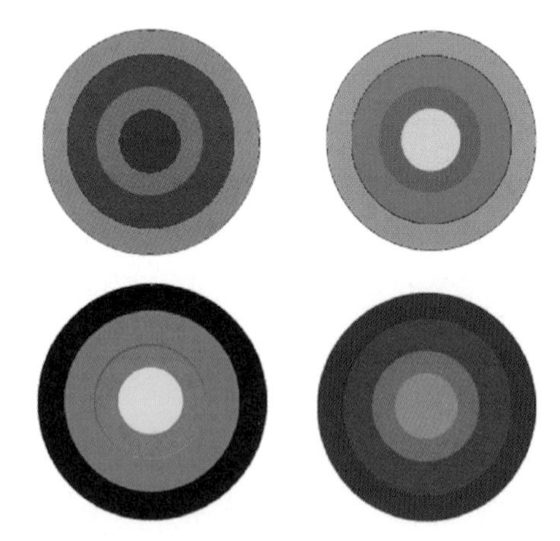

图6–7 色彩的膨胀与收缩、前进与后退

图6–8 色彩与明度

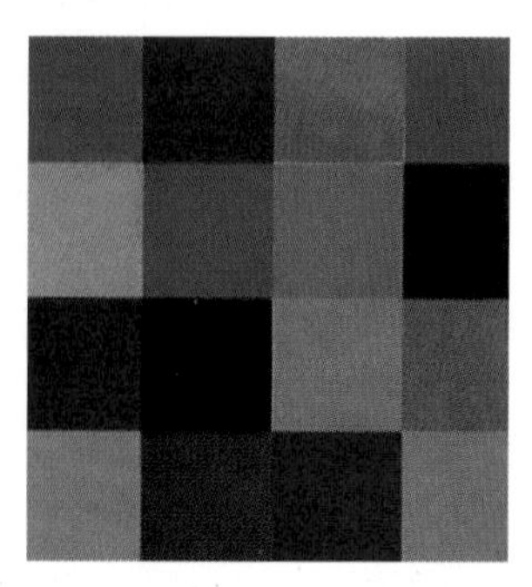

图6–9 色彩的轻重与软硬

色彩的软硬感同样和明度有着密切的关系，明度越低色彩越硬，明度越高色彩越软。凡是让人感觉轻的色彩均给人以软而有膨胀的感觉，感觉重的色彩均给人以硬而有收缩的感觉。从纯度上看，中纯度的颜色呈软感，高纯度和低纯度的颜色呈硬感。而色相对软硬感几乎没有影响。

色彩的轻重感、软硬感在服装色彩搭配中的应用是非常多的。如粉红色、橘黄色等暖色是冬季羽绒服最受欢迎的色彩，给人带来轻便、柔软的暖意。

3. 华丽的色彩与朴素的色彩

从色相上讲，暖色给人的感觉华丽，而冷色给人的感觉朴素；从明度上讲，明度高的色彩给人的感觉华丽，而明度低的色彩给人的感觉朴素；从纯度上讲，纯度高的色彩给人的感觉华丽，而纯度低的色彩给人的感觉朴素；从质感上讲，质地细密而有光泽的色彩给人以华丽的感觉，而质地疏松，无光泽的色彩给人以朴素的感觉（图 6-10）。

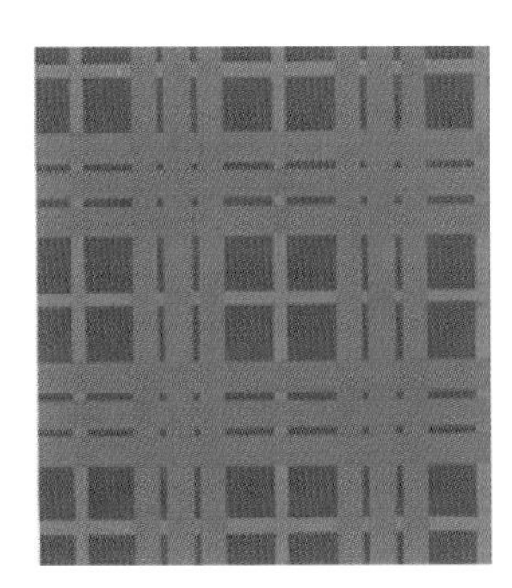

图6-10　朴素色彩与华丽色彩

4. 积极的色彩与消极的色彩

不同的色彩刺激使人们产生不同的情绪反应。使人感觉鼓舞的色彩称之为积极兴奋的色彩；不能使人兴奋，而是使人消沉或伤感的色彩称之为消极沉静的色彩（图 6-11）。

影响感情最直接的是色相，其次是纯度，最后是明度。

色相方面：红、橙、黄等暖色是最令人兴奋的积极的色彩，而蓝、蓝紫、蓝绿给人的感觉则是沉静而消极的色彩。

图6-11　积极色彩与消极色彩

纯度方面：不论暖色与冷色，高纯度的色彩比低纯度的色彩刺激性强，给人以积极的感觉。其顺序为高纯度、中纯度、低纯度。色彩的感情影响则随着纯度的降低而逐渐消沉，最后接近或变为无彩色时受明度条件所左右。

明度方面：同纯度下，一般为明度高的色彩比明度低的色彩刺激性强。低纯度、低明度的色彩是属于沉静的，而无彩色中低明度色彩的感情影响则最为消极。

5. 色彩的心理分析

色彩的客观性质对人的知觉造成多种刺激，影响人们的心理并产生出各种色彩的心理状态。我们的知觉感受有三个显著特征：

（1）知觉所反映的是客观对象或现象的整体，而不是个别现象的个别特征。

（2）知觉具有恒常性。在我们知觉的进程中，已知的经验起着很重要的作用。人们可以用抽象思维的形式间接、概括地反映现实，进行高级的思维和创造。

（3）知觉的过程包括着某种程度的理解作用，对事物理解的深浅程度，会受已知经验的支配。

在人们知觉感受条件下，色彩的功能会起强烈的心理效应。被色彩诱导下的情感会因色彩的种类不同而有所差异。如红色，在人的视觉上会有一种迫近的和扩张的感觉，是兴奋与欢乐的象征色；绿色在各个色相中处于平静的地位，在视觉心理上是生命与和平的象征色彩，橙色在色彩感觉中是最暖的色相，它引人注目，给人感觉是饱满、兴奋及辉煌；蓝色是收缩的、内在的色彩，给人的色感是沉静优雅和寒冷；艺术大师康定斯基将浅蓝色比喻成笛声，悠扬而明晰；黄色，在所有色相中光感最强，寓意快活、智慧和希望，黄色还是辉煌的代表；紫色是明度很低的色相，在人们的心理感觉比较复杂，既有高贵、幽婉的一面，又有神秘、不安的心理感觉；白色使人感到明快、圣洁；黑色在视觉心理上虽被归纳为一种消极性的色彩，但在色彩表现中它却具有稳定、深沉的感觉。

色彩的心理效应直接反映在人的色彩联想及色彩嗜好之中。色彩联想可分为具体联想与抽象联想两大类。具体联想是由看到的某种色彩而联想到某具体的事物。例如：看到红色，就会联想到太阳、火焰；看到绿色而联想到森林、草原。

抽象联想是看到某种色彩而联想到某种抽象的概念。看到红色，联想到热情、喜庆、警觉等。看到黑色，联想到肃穆、深沉等。又如看到某一组色彩会联想到春、夏、秋、冬的四季特征（图 6-12）；或从另一组色彩中体味到酸、甜、苦、辣的味觉感受（图 6-13）。色彩在人们心理活动中是有生命的，是无声的音乐，是视觉上的特殊语言。

人们的思维方式是受民族文化的影响和支配的。不同的社会、环境、知识层次，给人与人之间、民族与民族之间带来明显的联想差异。同时，人类也存在着色彩联想的共通性。

色彩嗜好是人们对颜色的喜好与选择。这种喜好不仅受到国家与民族的影响，还受到兴趣、年龄、性格、知识层次等方面的制约。同时，色彩嗜好具有很强的时间属性，在特定时期内会产生具有当时代表性的某一种流行色。流行色在服饰搭配中起着重要的作用。

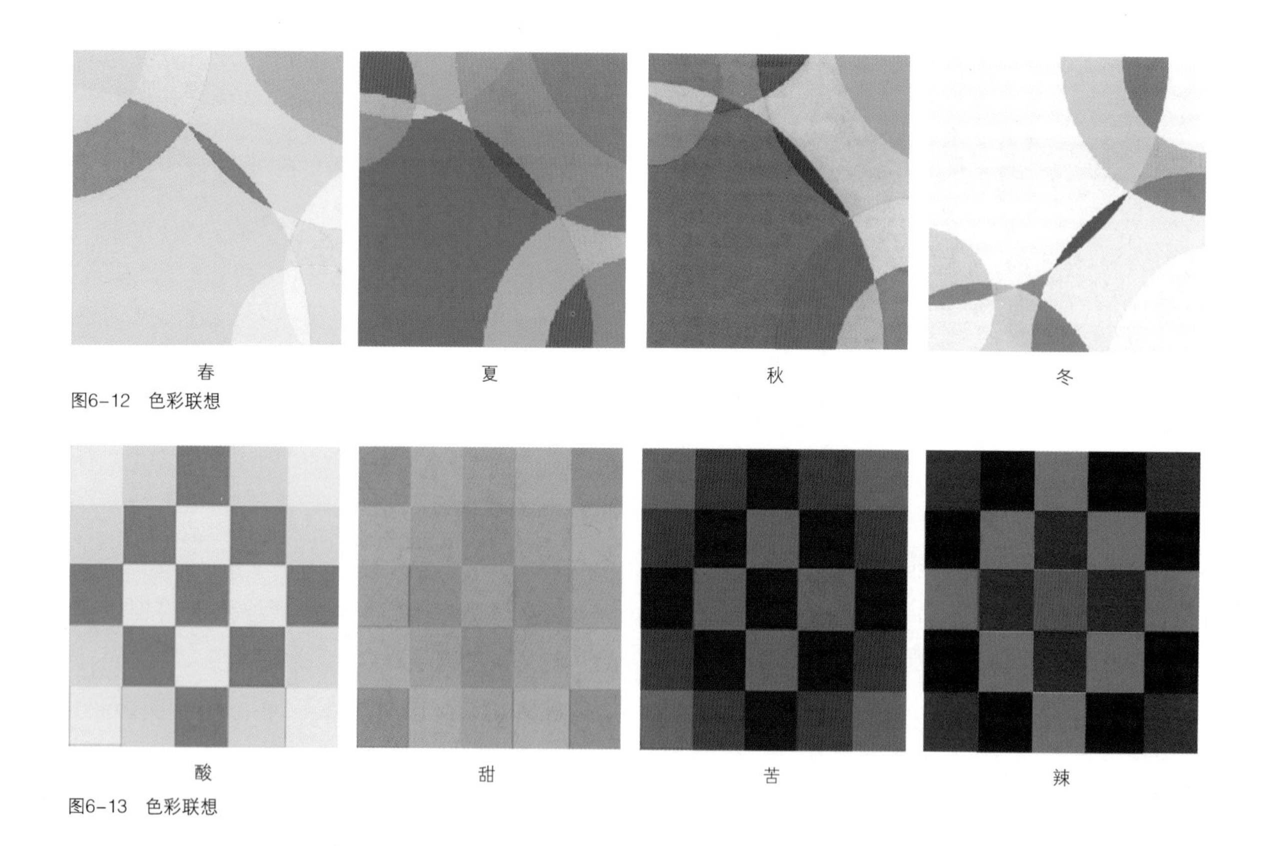

图6-12　色彩联想

图6-13　色彩联想

二、服装色彩的搭配

（一）基本色调的服装配色

不论是有彩色还是无彩色的服装，都会有一种色调存在，基本色调的配色在服装搭配中处于重要环节，要根据不同色调的特点以及环境文化等因素选择适合的搭配方法。

首先，按照色彩的冷暖性可将服装颜色大致分为四类：

暖色调——红色象征热烈、活泼、兴奋、富有激情；黄色象征明快、鼓舞、希望、富有朝气；橙色象征开朗、欣喜、活跃。

冷色调——黑色象征沉稳、庄重、冷漠、富有神秘感；蓝色象征深远、沉静、安详、清爽、自信而幽远。

中间色——黄绿色象征安详、活泼、幼嫩；红紫色象征明艳、夺目；紫色象征华丽、高贵。

过渡色——粉色象征活泼、年轻、明丽而娇美；白色象征朴素、高雅、明亮、纯洁；淡绿色象征生命、鲜嫩、愉快和青春等。

了解色彩的象征意义和前后关系，才能明白如何把色彩与形态、质地以及其他相关因素结合起来，进而使形象设计意图得以更加完整地实现和被他人理解。服装的色彩要用得协调，服装才会显得大方端庄。一是以一种色彩作主色调，再配上深浅不同的接近颜色；二是在一种主色调的基础上，加上少许对比色调，也能给人以淡雅大方的感觉。对比过于强烈的颜色，只适合舞台服装采用，日常穿着不太合适。

1. 红色系

红色在光谱中光波最长，最易引起注意，令人兴奋、激动、紧张，但同时红色光最容易造成视觉疲劳。在自然界中，鲜花、甜果、美味肉类都呈现红色，因此给人留下艳丽、芬芳、青春、富有生命力的感觉。

红色给人积极、温暖、性感、浪漫、富有挑战性的感觉。淡雅的浅红色，可作为春季的颜色；强烈的艳红色，则适于夏季；浓郁的深红色，是秋天的理想色。在新春、结婚或祝寿等喜庆场合，都适宜选择大红色，以增喜气。色彩搭配的喜好受民族文化历史的变迁所影响，中国人对红色的偏爱受到历史文化影响而沿用到今天。在服装色彩搭配中，红色给人一种极为强烈的印象，可以作为搭配的主色，也可与白色、黑色作为组合，产生丰富的视觉效果(图 6-14-a～h)。

脸色苍白的人，选红色的衣服，可以使气色看起来略显红润，胭脂打得稀薄一些也无妨。而皮肤黝黑的人，就必须多刷上一些粉红色胭脂，才能与红色衣服相衬。

(a)　(b)

(c)

(d)

（e）

（f）

（g）

（h）

图6-14　红色系搭配

2. 黄色系

黄色属于暖色系，象征着温情、华丽、光明、辉煌、明快、高贵、欢乐、跃动、任性、权威等。黄色作为服装用色，多在春、秋、夏的服饰和运动服中使用。高彩度的黄色为富贵的象征，高明度、低彩度的黄色为春季最理想的色彩，中明度、中彩度的黄色适于秋季服装的搭配。在服装搭配中有以黄色为主色调的服色，也有采用与其他颜色搭配的方法。

在服装色彩搭配中，浅黄色的裙装具有浪漫气氛。黄色上衣可与咖啡色外套或裙子、裤子搭配，也可以将浅黄色的衣服与浅咖啡色的蕾丝花边结合来增添衣服的轮廓。黄色与其他色相比较，它是最亮的色，在服装用色中有淡黄色、土黄色、米黄、黄绿等色。明黄色与浅黄色相比是更为明亮醒目的颜色（图 6–15–a～f）。

（a）

（b）

（c）

（d）　（e）　（f）

图6–15　黄色系搭配

（a）

3. 绿色系

绿色象征自然、青春、和平、希望、理想、成长、清新、宁静、安全和希望，是一种娇艳的色彩，绿色使人联想到自然界的植物。绿色让人不由振奋，有一股生命的张力，预示着春天的到来。因此，绿色也是年轻人最喜欢的颜色之一。

绿色是一种中间色调，具有刚柔相济的特点。明度、纯度不同的绿色各具特色，粉嫩柔和的绿色具有春天气息；浅绿色适合搭配黄色系，给人春天的感觉；橄榄绿沉稳又含蓄，与其他色彩搭配时要注意明度的变化；鲜明的绿色和蓝色是最佳拍档，搭配出清新淡雅的感觉；绿色与暖色系色彩搭配时要注意色彩之间的比例关系。如果穿绿色衣服，首选白色的皮包和皮鞋，黑色、银灰色的效果次之，搭配其他颜色时应较为慎重（图 6-16-a ~ e）。

穿着绿色系服装时，粉底宜用黄色系，蜜粉用粉底色或比粉底稍浅的同系色。眼膏宜选用深绿色或淡绿色，眉笔宜用深咖啡色，胭脂宜用橙色，唇膏及指甲油的选色也以橙色为主。

（b）

（c）

（d）

（e）

图6-16　绿色系搭配

4. 蓝色系

蓝色是使人心绪稳定的色彩，它使人联想到宁静的大海、湛蓝的天空。蓝色给人以庄重、平静、理智、文雅等感觉。蓝色系适用面广泛，不同年龄、性别和职业的服装都适合。蓝色系中的浅蓝、湖蓝、群青和深蓝是服装的常用色。浅蓝、粉蓝和孔雀蓝是青年女性常用服色，而深蓝色是男装和职业装的常用色。

明亮的蓝色象征着理想、自立和希望，与白色搭配给人以清纯、亮丽之感；深蓝色表现一种冷静、富有知性、蕴含忧郁的感觉，蓝色可配浅暖色、浅冷色等中性色来给人以成熟、优雅之感；深蓝与灰色搭配，则会呈现理性、成熟之美（图6–17–a ~ f）。

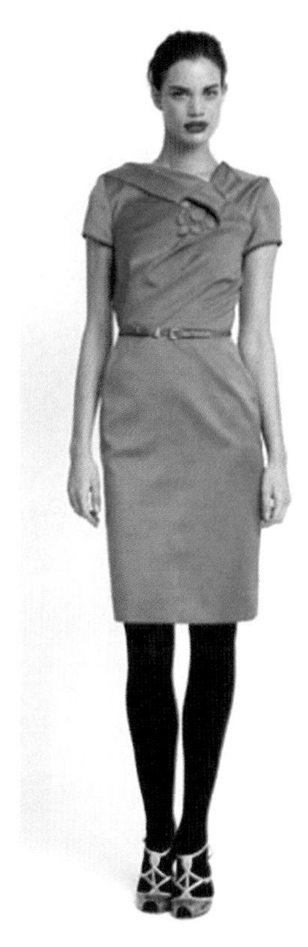

（a）

（b）

（c）

（d）

（e）

（h）

图6–17　蓝色系服装搭配

(a)

5. 白色系

白色象征纯洁和神圣、寒冷和清洁,或者毫无个性。由于其明度高,能与任何色彩相配。各种颜色掺白提高明度成为浅色调时,都具有高雅、柔和、抒情、甜美的情调。而大面积的白色则容易产生空虚、单调、虚无、凄凉的感觉。

白色用于服装搭配中最能表现一个人高贵的气质,特别是在夏季,穿着一身白色的服装,会比深色服装显得更加清爽、圣洁。不过以白色服装为主色调的搭配应讲究变化,并不是完全一身白才算美,如果一身都是白,如白洋装、白鞋、白手套、白手提袋,这样的打扮,不仅失去了个性美,而且缺乏应有的朝气。因此,以白色为主色调的服装搭配要想达到理想的视觉效果,对于化妆与配件的配色就要多加考究,有色的装饰品有调和的作用,可使人显得年轻活泼。

暖色调和冷色调的皮肤都能成功地穿着白色。带奶油色调的暖调白色和象牙白色最适合暖色调皮肤的人穿着;蓝调的白色和纯白与冷色调皮肤相配效果最好。当穿着白色服装时,应该采用较深色的粉底来打底,使肤色不至因为服装的白色调而显得过分苍白。夜晚穿白色衣服时,化妆要比穿别类颜色衣服时稍淡一点,以免在灯光下,与白色衣服造成强烈对比,眼部的化妆应强调立体感,白色系搭配见图 6-18-a ~ g。

(b)

(c)

(d)

(e)

(f)

(g)

图6-18 白色系搭配

6. 黑色系

无彩色中的黑色正面的心理联想为：高级、优雅、神秘、稳重、科技感、严肃、权威性。因为黑色吸收了所有的光，经常被认为是最有内涵的颜色。负面的心理联想为：冷漠、孤傲、恐怖、罪恶、黑暗、威胁感，这还是由于黑色吸收了光的所有波长，没有光线就会是一片黑暗，人们害怕黑暗的天性让大家联想到没有安全感。对光线的完全吸收，有时反而给人们提供了一种平安防护屏障，西方礼仪活动时段，一律衣着黑色礼服的原因，并不仅仅是由于大家觉得黑色是优雅的代名词，而是黑色对于参与聚会的人有一种自我维护的心理作用，让人在容易感到紧张的环境中觉得有些安全感。在服装搭配方面，黑色可以单独或与其他颜色配合使用，黑色是各种颜色的最佳搭配色。黑色象征着神秘，例如在《乱世佳人》电影中，女主人公参加舞会时，就是穿着黑色的礼服，戴上黑色的头纱，结果她成为舞会中最迷人的女性（图 6-19）。

图6-19　电影《乱世佳人》剧照

黑色具有较强的收缩性，对于体型高大的肥胖者，穿着黑色服装可以把体型营造出苗条的视觉效果。此外，黑色与其他颜色混合后仍然具有收缩的效果，例如红黑色、蓝黑色、墨绿色等。穿黑色服装主要讲究轮廓清晰，造型突出，凸显特色。穿黑色服装时，为了避免全身暗淡，可以搭配有彩色系的配件来缓和单调感黑色系搭配（图 6-20-a ~ e）。

（a）　（b）

（c）

（d）

（e）

图6-20　黑色系搭配

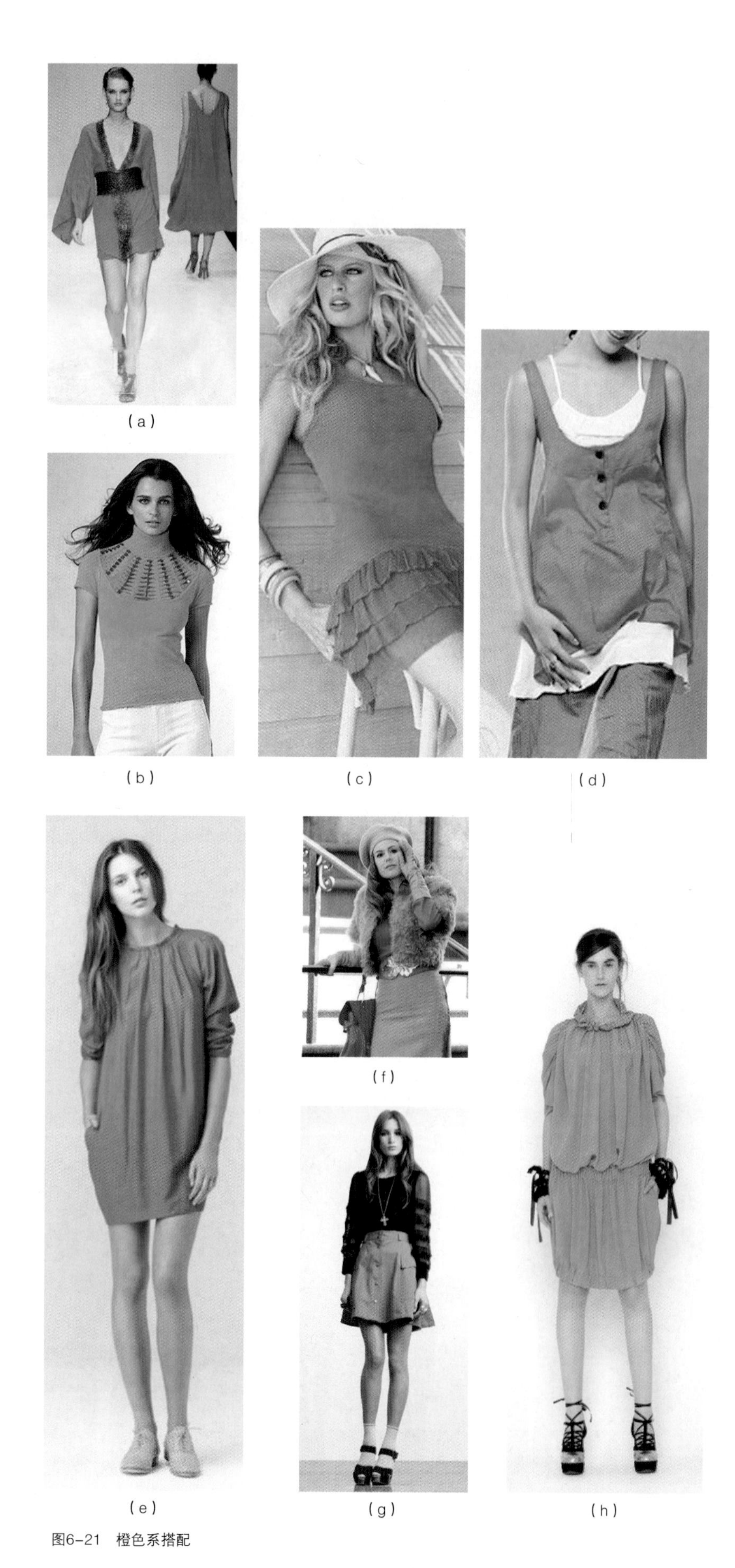
(a) (b) (c) (d) (e) (f) (g) (h)
图6-21　橙色系搭配

穿着黑色服装是最需要强调妆容的，因为黑色容易把所有的光彩都吸收掉，如果面部的妆容色彩太淡，将会给人一种沉闷的感觉。化妆时，粉底宜用中等色度的底色，眼影色彩可以随意选用（如蓝色、绿色、咖啡色、银色等），注意眼妆需强调立体感与明亮感，唇部宜选择较为鲜亮的颜色。脸色苍白者，在穿黑色服装时，会显得特别憔悴，因此要特别注意化妆技巧，避免产生病态感。

7. 橙色系

橙色是欢快活泼的光辉色彩，是暖色系中最温暖的色，它使人联想到金色的秋天，丰硕的果实，是一种富足、快乐而幸福的颜色。橙色稍稍混入黑色或白色，会变成一种稳重、含蓄而又明快的暖色。橙色在空气中的穿透力仅次于红色，而色感较红色更暖，最鲜明的橙色应该是色彩中感受最暖的色，能给人有庄严、尊贵、神秘等感觉，所以基本上属于心理色性。历史上许多权贵和宗教界都用橙色装点自己。

橙色在服饰搭配中不如红色那么强烈，它是传达活泼、健康的开放性色彩，它能给人带来家庭般亲切的感觉。无论是与黑色、白色，还是各种深浅色调的灰色相搭配，橙色都是一种充满挑逗意味的耀眼颜色。橙色在与中性色系搭配中显得更加和谐，它不仅可以使黑色和白色充满温馨的视觉感，也可以减少灰色调的孤独感（图 6-21-a～h）。

8. 紫色系

紫色因其高贵感被称为是贵族的色彩。由于起初紫色需从贝壳中提取染料，大约从公元前一千年开始，人们为了得到一克染料需要 2000 个紫贝壳。紫色跨越了暖色和冷色，所以可以根据所结合的色彩创建与众不同的服饰情调。蓝紫色：象征财富和典雅，凸显高贵、矜持的形象；淡紫色：常常会联想到浪漫，凸显女性的优雅、温柔形象；紫红色：与幸运和财富、贵族和华贵相关联，是精神贵族的体现；深紫色：蕴含性感和认知能力，凸显神秘、优雅的形象（图 6-22-a ~ f）。

(a)

(b)

(c)

(d)

(e)

(f)

图6-22　紫色系搭配

(a)

9. 褐色系

褐色意味着安全、稳定。黄褐色：最理想的伪装色，它与森林、沙漠等环境有关。如打猎、旅行、野外工作。黄褐色被称为安全色，是乡村服、郊外工作服的代表色；绿褐色：军旅色，意喻实际性和侵略性；红褐色：工作色和游戏色，传达一种温暖和安定的感觉，有红色的活跃和褐色的稳定感；浅褐色：接近肤色和米色的褐色系列是最低调的色彩，既不欢愉也不悲伤，既不主动也不被动，其中性的特点适合运用于职业装；金褐色：神秘高贵的颜色，可体现雅致和成熟（图 6-23-a～e）。

(b)

(c)

(d)

(e)

图6-23 褐色系搭配

10. 灰色系

黑色和白色不同程度的混合形成了灰色，它给人宁静、高雅的印象，同时还给人以朴素、孤寂的感觉。灰色不像黑白色彩是两个极端，它更多的是介于两者之间，中性的、无感情的、没有刺激性的、无性格的。它跟有彩色搭配，表现的就是有彩色的性格。灰色与任何颜色都能搭配，与纯色组合时，可以使那些面貌张扬的纯色变得柔和。

灰色虽没有色相，但明度层次丰富，从最深的炭灰到浅灰，形成了极丰富的灰色变奏曲。在服饰形象设计中，不同明暗程度的灰色表现出不同的格调。炭灰色——古典优雅、沉着；银灰色——弥漫着现代气息；珍珠灰——雅致、经典；烟灰——精致、高雅、知性；浅灰——宁静、高雅。质地精制的灰色织物如果再配以款式的变化、精良的做工，则能显示出灰色服装的高雅品味（图 6-24-a～f）。

(a)

(b)

(c)

(d)

(e)

(f)

图6-24 灰色系的搭配

服装的色彩是着装成功的重要因素，服装配色以整体协调为基本准则。全身着装颜色搭配最好不超过三种颜色，而且以一种颜色为主色调，颜色太多则显得乱而无序、不协调。灰、黑、白三种颜色在服装配色中占有重要位置，几乎可以和任何颜色相配，并且较为合适。

（二）服装色彩的配比

在着装准则中，颜色是第一要素，它比款式更直接地影响我们的形象以及给他人的印象。如果在服饰形象构思中缺少了色彩的协调，或是色彩与风格出现反差，那么无论款式或设计多么完美也无法弥补色彩的不足。

1. 主色调与点缀色

服装色彩的主色调是指在服装多个配色中占据主要面积的颜色；点缀色是指在色彩组合中占据面积较小，视觉效果比较醒目的颜色。主色调和点缀色形成对比，主次分明，富有变化，产生一种韵律美。

图6-25　主色与点缀色

色彩的地位是按其所占据面积的大小来决定的。色彩占据的面积越大，在配色中的地位越重要，起到主导作用；占据的面积越小，在配色中的地位相对次要，起到陪衬、点缀的作用。在配色过程中，无论用几种颜色来组合，首先要考虑选用什么颜色作为主体色调。如果各种颜色面积平均分配，服装色彩之间互相排斥，就会显得凌乱，尤其是用补色或对比色时，色彩的无序状态就更加明显。

点缀色是相对主体色而言的。一般情况下，它的色彩鲜艳饱和，能够起到画龙点睛的效果。在进行服装配色时，如果色调非常艳丽、明亮，可以采用点缀色。例如：一套红色套装以黑色钮扣作点缀。如果色调比较沉闷，色彩形象不那么鲜明时，可用点缀色来调解整套服装的气氛；又如：一套蓝色的服装，可用白色或黑色作点缀，也可以通过亮丽的服饰品来强调服装整体配色，最终达到美化服装的目的（图 6-25）。

无论点缀色鲜艳或灰浊，只要它不超过一定的面积，它是无法改变服装主体色彩形象的。例如：灰色裙装，局部可用桔色来点缀。在裙装上点缀的面积多的达到一定程度以后，灰色的主体地位就会动摇。当然，服装配色有时出于某种目的，并不一定要分清主体色与点缀色。有时，各种颜色相混杂，通过空间混合也会产生良好的色彩效果。

2. 主色＋辅助色＋点缀色

作为整体形象的服饰色彩搭配，它是由主色、辅助色、点缀色三个元素组合而成的。

主色是占据全身色彩面积最多的颜色，它们通常为套装、风衣、大衣、裤子、裙子等，由于它的面积最大，会给人留下整体的印象。辅助色是与主色做搭配的颜色，它们通常是单件的上衣、外套、衬衫等，由于他们的加入，会起到决定整体形象的作用。点缀色是占全身色彩面积最小的一部分色彩，它们通常以丝巾、鞋、包、饰品等配件的形式出现，起到了画龙点睛、凝聚注意力的作用。

主色也是人们着装的基础色彩，最好的解决方法是挑选两种最适合个人的主色，将其他衣服的色彩都与这两种颜色相搭配。在这些颜色中，灰色、白色、黑色是最容易搭配的颜色（图 6–26）。

辅助色主要体现在上衣、外套、衬衫的颜色。黑白灰色搭配红色、黄色、蓝色、绿色、紫色，会让你在人群中脱颖而出。

点缀色的运用技巧在日本、韩国、法国服饰搭配中常见到。据统计，世界各国女性的搭配技巧中，日本女性最多的饰品是丝巾，它们可以与自己的服装，做不同风格的搭配，并且，会让人情不自禁地注意到她们精致的脸庞；法国女性最多的饰品是胸针，利用它们可以展示女人的浪漫情怀。

3. 全身服饰色彩面积比例

全身服饰色彩的比例应该避免 1∶1，尤其是穿着对比色的时候。例如一件及臂的白色衬衫搭配一条黑色长裤，两种颜色的比例相当，此时看起来会显得人比较呆板。

色彩搭配的比例是 3∶2 或 5∶3 时，给人的视觉效果最佳。就像一个人的身材，如果上、下半身的比例相当时，看起来没有美感；如果上半身略短，下半身略长时，会显得人的身材修长。

这就要求在色彩的搭配上要有主次之分：衣橱中的基础套装、大衣、裙子、裤子的面积，占整体色彩面积的 70%，作为主色；与之相搭配的上衣、衬衫、背心、毛衣，占整体色彩面积的 25%；配件，如围巾、披肩、鞋、包、饰品，占整体色彩面积的 5%，就会给人整洁有序的印象。

当你选择某天要穿着的服饰时，首先可以先从大面积的主色选定，再来搭配其他的 25% 和 5%，整体的配色就会简单多了。

（三）服装色彩的配色方法

着装色彩形象美，是靠服饰色及各种其他因素配套组合而形成的有机整体来构成的。服饰经穿着后，便会出现着装状态。构成着装状态的因素非常多，有宏观的因素，如着装者自身的条件、服饰色彩、

图6–26　主色+辅助色+点缀色

环境、化妆、穿戴方式、服饰品色彩配套和言行举止等；也有微观具体因素，如服饰的造型关系、质地关系、肌理关系、纹饰关系等，如果能将这些因素调整在最佳结合点上，服饰色彩的整体形象便会表现出很强的美感。有时，单看某件服饰色彩是很难判断它的设计成败的，一些简单的色彩会因与其他着装色彩因素搭配而左右逢源，达到意想不到的效果。因此，服饰色彩必须经搭配组合后构成一个有机的整体美，才是着装色彩形象最后取胜的关键。着装色彩美的配套组合，有如下几种具体方法：

图6-27 统一法

1. 统一法

统一在一种色调中的着装色彩，有时会出现意想不到的效果。具体操作有两个方法：其一，可以由色量大的色着手，然后以此为基调色，依照顺序，由大至小，一一配色。如先决定套装色的基调，再决定采用帽色、鞋色、袜色、提包色等。其二，可以从局部色、色量小的色着手（如皮包），然后以其为基础色，再研究整体色、多色彩的色彩搭配。这种从局部入手的搭配，一定要有整体统一的观念。着装色彩设计中的统一法，对小面积的饰物色彩也极为重视。表面上看饰物色彩本是“身外之物”，与着装无直接关系，但由于是日常“随身之物”，因此可以与着装形象构成统一的服饰形象整体。像雨伞、背包、手杖、手帕等饰物，当单独摆在那里，也有其独立的形象价值，如果是较高水平的穿着创作，整体考虑服饰与饰物组合后的色彩统一性，一定会出现预想不到的整体美（图 6-27）。

2. 衬托法

衬托法在着装色彩设计中，主要是要达到主题突出、宾主分明、层次丰富的艺术效果。具体而言，它有点、线、面的衬托，长短、大小的衬托，结构分割的衬托，冷暖、明暗的衬托，边缘主次的衬托，动与静的衬托，简与繁的衬托，内衣浅、外衣深的衬托，上身浅、下身深的衬托等等。例如：以上衣为有色纹饰、下装为单色，或下装为有色纹饰、上装为单色的衬托运用，会在艳丽、繁复与素雅、单纯的对比组合之中显示出秩序与节奏，从而起到以色彩的衬托来美化着装形象的作用（图 6-28）。

3. 呼应法

呼应法也是着装色彩设计配套中能起到较好艺术效果的一种方法。着装色彩中有上下呼应，也有内外呼应。任何色彩在整体着装设计上尽量不要孤立出现，需要有同种色或同类色块与其呼应。在色彩搭配上服装与配饰之间可形成呼应；配饰与配饰之间可形成呼应。例如：服饰为玫红色，发结也可选用此色，以一点与一片呼应；裙子确定为藏蓝色，项链坠和耳饰可以用蓝宝石，以数点与一片

图6-28　衬托法

呼应；领带与西服外衣都是深灰色的，以小面与大面形成呼应；项链、手表、戒指、腰带卡和鞋饰都用金色，可形成数点之间彼此呼应。总之，使各方面在呼应后，得以紧密结合成统一的整体。

4. 点缀法

着装色彩设计中的色彩点缀至关重要，往往起着画龙点睛的作用。点缀法是运用小面积强烈色彩对大面积主体色调起到装饰强调的手法。如在服装搭配中，利用红色的服饰配件来点缀整体的服装造型，使服装整体风格凸显出时尚的现代气息（图 6-29）。

5. 色系配色法

服装色系配色方法较常用的有同一色搭配、相邻色搭配、同类色搭配、对比色搭配及互补色搭配等。

图6-29　点缀法

（1）同一色搭配

指深浅、明暗不同的两种同一类颜色相配，如墨绿与浅绿，深红与浅红，咖啡与米色等，在服装上运用较为广泛。配色柔和淡雅，给人温和协调的感觉（图 6-30a）。

（2）相邻色搭配

这种搭配是色相环上 30°~60° 相邻色之间的颜色搭配。这种搭配的跳跃感不强，但看起来很柔美，因为相邻两色之间是协调过渡的，所以这种搭配会产生和谐、悦目的效果（图 6-30b）。

（3）同类色搭配

色相环中互成 60° 颜色的搭配，这种搭配给人以跳跃、醒目、活泼之感。是年轻人和喜好运动的人的首选。服装款式多样，多为运动装（图 6-30c）。

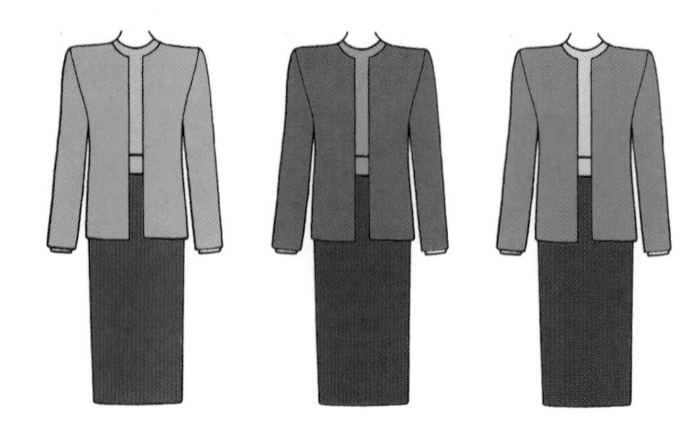

图6-30a　同一色搭配

图6-30b　相邻色搭配

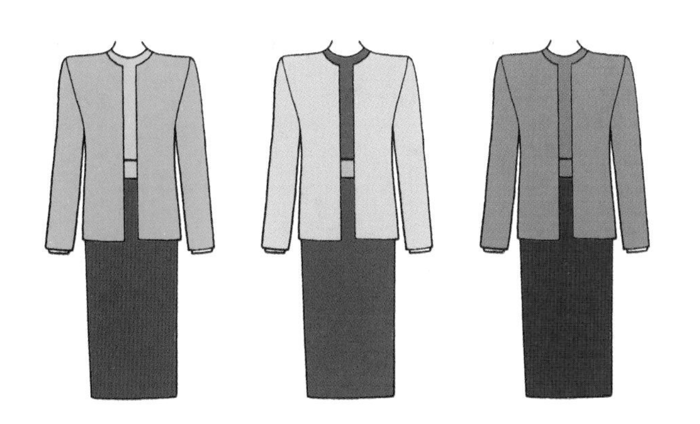

（4）对比色搭配

这种搭配是色相上成120°~180°颜色之间的搭配。这样搭配会给人夸大、艳丽、妩媚之感，是摩登女郎和前卫风格的人们喜好的搭配方式。例如：绿和紫，橙和紫，橙和绿的搭配（图6-30d）。

（5）互补色搭配

色相环上180°相对颜色组成，给人感觉刺激强烈。例如，红和绿，蓝和橙，黄和紫，补色搭配倾向于

图6-30c　同类色搭配

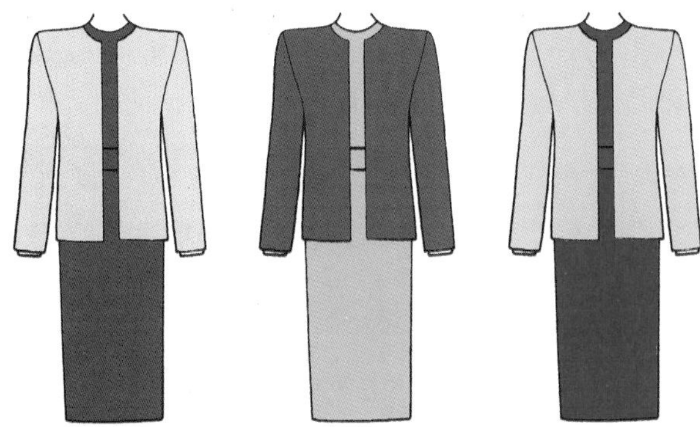

图6-30d　对比色搭配

吸引相反方向的色彩，产生两种颜色之间的张力，产生活泼或者戏剧性的生动效果，要注意色块的面积（图 6-30e）。

（6）多彩色与单色的搭配

印花图案或格子面料常由 3~5 个色彩组成，为了避免服装过于花哨可取其中一种颜色作为单件搭配，使配套服装有主色调。例如：裙子中有红、黄、绿、橙等几个颜色，可选其一任意一色做上衣颜色（图 6-30f）。

图6-30e　互补色搭配

图6-30f　多彩色与单色的搭配

（7）无彩色与有彩色的搭配

黑、白、灰为无彩色系，日常生活中，我们常看到的是黑、白、灰与其他颜色的搭配。与有彩色搭配时，无彩色常作为底色或者主色，一般来说，如果同一个色与白色搭配时，会显得明亮；与黑色搭配时就显得暗晦。因此在进行服饰色彩搭配时应先衡量一下，不要将较暗的色彩（如深褐色、深紫色）与黑色搭配，这样会和黑色呈现"抢色"效果，使整套服装没有重点而且服装的整体会显得很沉重（图 6-30g）。

（8）无彩色与无彩色的搭配

指无彩色之间的搭配，通称指黑、白、灰色的搭配。给人的感觉是比较温和、统一、优雅，通常在明度上的变化使无彩色搭配富于变化（图 6-30h）。

图6-30g 无彩色与有彩色的搭配

图6-30h 无彩色与无彩色的搭配

图6-30 色系配色法

三、服饰色彩与个人色彩的调和

（一）个人固有色彩与服装颜色选择

每个人自然体色是由皮肤、眼睛、头发的颜色组成的，世界上几乎每个人的肤色、发色、眼睛的颜色都不相同，肤色、发色、眼睛的颜色存在变化与组合，色彩分析是指对个人的眼睛、头发、皮肤等天生色彩进行细致分析。根据肤色、发色、瞳孔色等身体色的基本特征归纳总结个人色彩归属（表 6–1）。

人的皮肤色泽随民族、性别、年龄、职业等差异而不同，人种不同，黑色素含量也不一样。通常人们的肤色明度和纯度都具有相对稳定性，服饰色彩作为人体的装饰色，既能对肤色起到加强和烘托作用，又能显示或强化个性、气质、精神和美感。

表 6–1　皮肤色调

皮肤基调	色相				
浅色调	象牙白色调（暖色）	珍珠白色调（暖色）	瓷白色调（冷色）	粉白色调（冷色）	其他
中度偏浅色调	浅黄色调（暖色）	米白色调（暖色）	浅米色调（冷色）	桃粉色调（冷色）	
中度偏深色调	金铜色调（暖色）	杏色调（暖色）	深米色调（冷色）	玫瑰米色调（冷色）	
深色调	古铜色调（暖色）	棕色调（暖色）	深橄榄色调（冷色）	玫瑰棕色调（冷色）	

发色按照色彩感觉可以分为冷色和暖色。冷色，如亚麻色、灰色蓝、黑色等视觉上凉爽、冷漠、有距离感的颜色；暖色，如酒红、咖啡、黑紫等给人雍容、娴静、富有活力之感的颜色。冷色系的人外表气质自然、清新，头发应为轻盈短发，或发量不要太多的层次长发。适宜搭配淡妆效果；暖色系的人一般气质高雅、女性魅力十足，头发要具有光泽，发量厚重，丰盈感强的长发，适宜搭配浓妆效果。

从明亮度角度来看，发色可以从 1 到 20 分阶，发色从乌黑到浅白金色（图 6–31），给人们的气质感觉都有所差别。偏白的黄色：漂白后亚洲人的发质与发色还是很难达到这种颜色，难以模仿。生活中除了艺人，很难有人接受这样的发色，适合前卫的年轻女性。靓丽的橙色：发梢颜色比发根浅，很有立体感，适合表情丰富、可爱的女生。明亮的紫红色：适合塑造活泼感的形象。标准浅棕色：这个颜色适宜人群较为普遍，光泽度、明暗度都很适中，适合如空姐、文职人员，具有即轻松又不失稳重的感觉。深棕色：这种发色即便搭配黑色的眉毛都可以，是典型的秘书形象，很稳重，可出席正式场合。乌黑色：让我们联想起学生时代清纯的少女，不谙世事、单纯直白，富有青春气息。

图6–31

一般来讲，大部分的个人色彩不会单一属于哪种属性，例如很多人的肤色都同时具有暖色和冷色的特质，肤色、发色和眼睛的颜色可能同时具备温暖和寒冷的元素。所以要准确的判断个人色彩，需要将多方面的因素考虑进去，下面以色彩组合的形式来帮助我们了解个人色彩（图 6–32）。

1. 深色人特征及色彩选择（图 6–32a）

发色：蓝黑色、黑色、褐黑色、柔黑色

眼珠：黑色、褐黑色、红褐色

肤色：深橄榄色、古铜色、棕色、玫瑰棕色

整体印象：肤色、发色颜色深，整体色彩较重，明度差异很小，对比度中等，整体感觉沉稳。

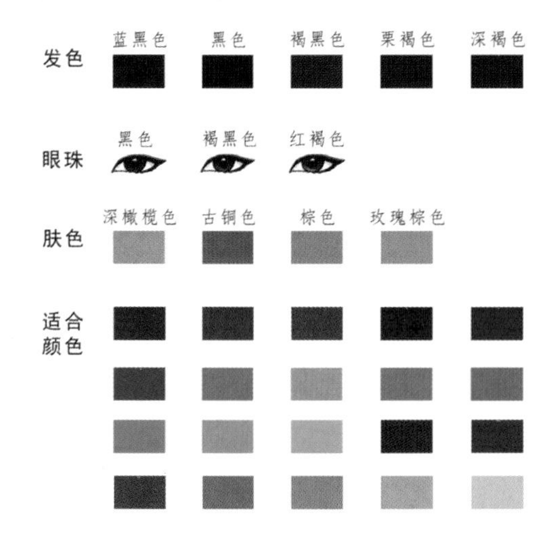

图6–32a　深色人特征及颜色选择

2. 浅色人特征及色彩选择（图 6–32b）

发色：亚麻金色、金棕色、褐色、亚麻色、栗褐色、栗色、金黄色、浅金色

眼珠：红褐色、褐黑色、黑色、灰黑色、金褐色

肤色：象牙白色、珍珠白色、粉白色、瓷白色

整体印象：肤色洁白、干净，发色较浅，整体色彩清浅、明亮，整体感觉轻快、清纯、充满朝气。

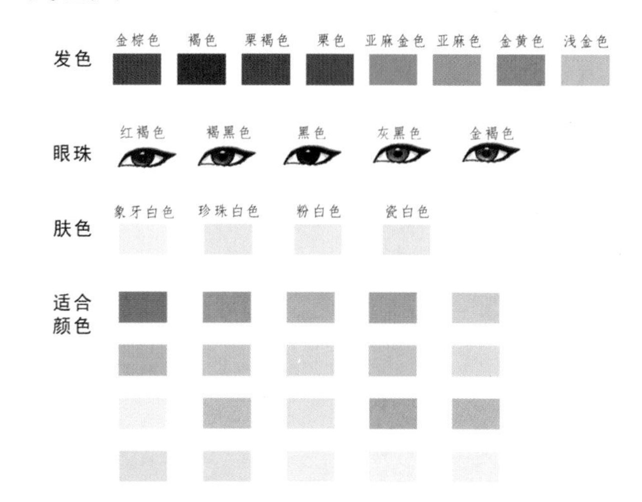

图6–32b　浅色人特征及颜色选择

3. 暖色人特征及色彩选择（图 6–32c）

发色：深褐色、栗褐色、金棕色、褐色、亚麻色、栗褐色、栗色、金黄色

眼珠：暖褐色、褐黑色、深褐色

肤色：杏色、金铜色、浅黄色、米白色、古铜色、棕色、有雀斑

整体印象：往往是小麦色、橘色肤色，头发颜色色彩偏黄，整体色调偏暖，给人以健康、沉稳之感，散发着温暖的气息。

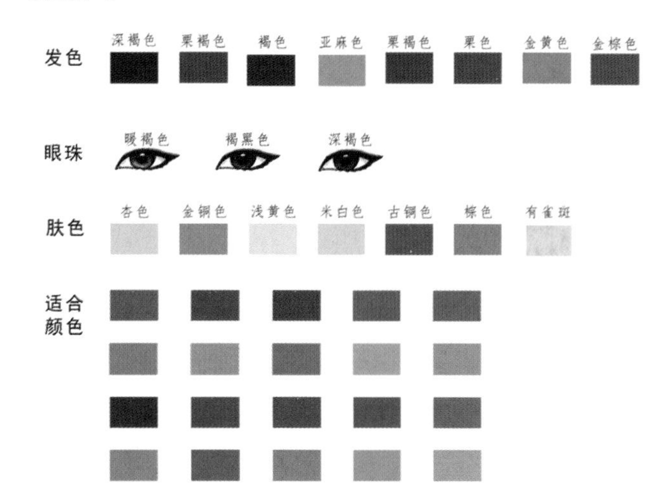

图6–32c　暖色人特征及颜色选择

4. 冷色人特征及色彩选择(图 6-32d)

发色：黑色、蓝黑色、柔和色、褐黑色、灰褐色、深褐色、黑白夹杂

眼珠：黑色、灰褐色、玫瑰褐色

肤色：桃粉白色、玫瑰米色、浅米色、深米色

整体印象：肤色往往呈现冷色调的红色，肤色深度大体上为中间色；发色呈现柔和冷色调的人偏多，给人感觉有些冷漠。但整体可表现出温柔、矜持、高贵的女性形象。

冷色人

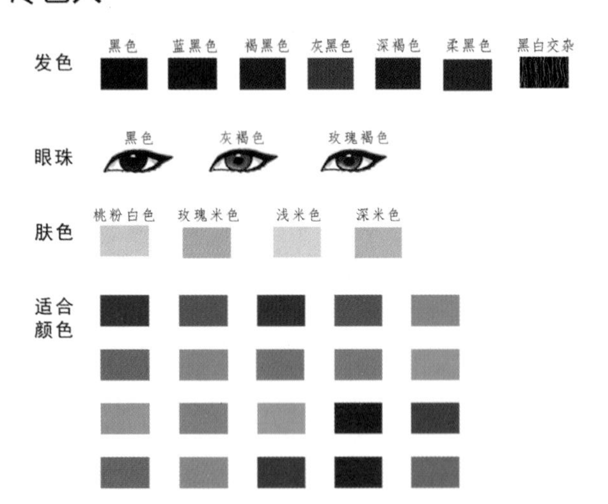

图6-32d 冷色人特征及颜色选择

5. 亮色人特征及色彩选择(图 6-32e)

发色：蓝黑色、黑色、褐黑色、柔黑色

眼珠：黑色、褐黑色

肤色：象牙白色、珍珠白色、瓷白色、粉白色

整体印象：乳白色的皮肤和乌黑的头发，明度差异大，色彩对比强烈。给人感觉色彩鲜明、强烈，这类人拥有清澈、现代、都市感强的形象，看起来像白雪公主一样引人瞩目。

亮色人

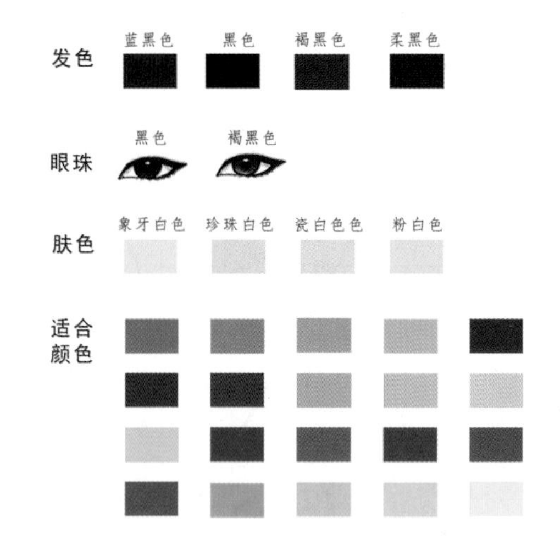

图6-32e 亮色人特征及颜色选择

6. 浊色人特征及色彩选择(图 6-32f)

发色：褐色、栗色、栗褐色、灰褐色、灰黑色、亚麻色、黑白相间

眼珠：褐色、玫瑰褐色、浅褐色、褐黑色、黄玉色

肤色：杏色、深米色、玫瑰米色、金铜色、浅米色、浅黄色

整体印象：外观色彩对比度弱，显得暗淡无光，感觉没有任何色彩，灰蒙蒙的感觉，脸上往往有雀斑。整体感觉中庸、亲切、自然。

浊色人

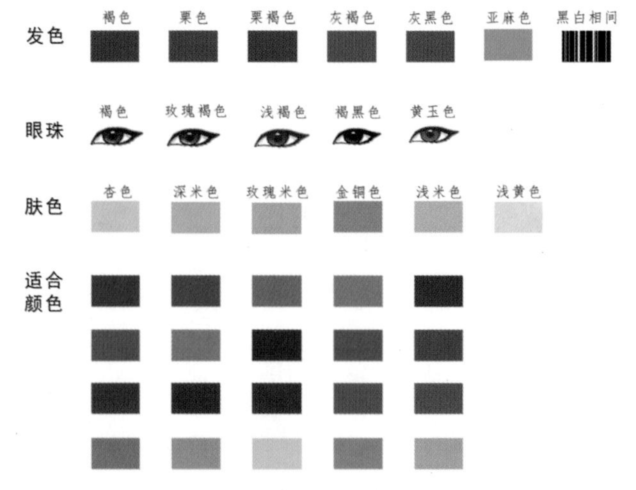

图6-32f 浊色人特征及颜色选择

图6-33a 冷色调皮肤与偏冷色调的调和

图6-33b 肤色和服饰色彩类似调和

图6-33c 肤色与服饰色彩的对比调和

（二）服装配色与肤色的协调方法

从服饰配色的角度上看，肤色与色彩之间有以下三种协调方法：

1. 肤色和服饰一致的调和：这种形式适合于肤色有偏向的人。一般以大面积色为基调色，进行配色。例如：皮肤的裸露面积比较大，先确定肤色，然后再以其为基调选择相应的服装色彩，如果人体的肤色为粉色或桃粉白色，则宜选用偏冷色调的色彩服饰（图 6-33a）。

2. 肤色和服饰色彩类似的调和：这种配置关系可使肤色和服饰色彩既有调和感又具有适当的变化。如服饰的色彩近似于脸部肤色又不过于明亮，就会使肤色看起来显得有光彩（图 6-33b）；如果服饰色与肤色反差过大，就会使面部感觉黯然失色。

3. 肤色与服饰色彩的对比调和：这是一种比较强调变化的美的异质配置。如果人的肤色为黄色，则不宜选用单一的黄色、草绿、芥末黄色等服饰，应选用某些富有色彩变化或复合色的服饰（图 6-33c）。

（三）肤色的色调协调

1. 皮肤色调白皙

白皙的皮肤对色彩选择余地较大，就好像是在白纸上画画，任何颜色都可以画在上面，大部分颜色都能令白皙的皮肤更亮丽动人，不用考虑到穿衣色彩。或明亮或深沉，可穿出朝气蓬勃、冰清玉洁的不同效果。色系当中尤以黄色系与蓝色系最能突出洁白的皮肤，令整体显得明艳照人，色调如果搭配橙红、柠檬黄、苹果绿、紫红、天蓝等明亮色彩最适合不过。但是皮肤过于白皙的人，有时也会显得略有病态，米色的上装或全身素装会加强这一点，往往显得与环境格格不入。而对于黑发、皮肤细白的女性，适合她的色彩就会更多，只要整体搭配协调，其色彩、款式都会有助于衬托她的形象美（图 6-34）。

图6-34 白皙色调肤色适宜鲜亮的服饰色彩

2. 皮肤色调偏黄

皮肤偏黄的人一般不选用米黄色、土黄色的服饰，会显得精神不振和无精打采。肤色若过于发黄，应该忌用蓝紫色调的服饰，而采用暗的服饰以改善气色。同时，也不宜穿土褐色、浅驼色或暗绿色的服饰，不适合戴孔雀石、绿宝石一类饰品。这些服饰不是使整体形象的色彩效果灰暗，就是使原来的肌肤越发显黄。明度和饱和度较高的草绿色，也易使大部分黄肤色人显得又黑又红，并呈现粗糙感。而偏黄、苍白、较粗糙的肌肤，不要穿紫红色服饰，这种色彩会使其显得黄绿，愈发病态；也不宜穿玫红、鹅黄、嫩绿之类娇嫩色彩的衣服，以免对比之下显得皮肤更粗糙、脸色更灰暗。此种肤色适合穿白底小红花、白底小红格等色彩的衣服（图 6-35）。

肤色偏黄白色适宜穿粉红、橘红等柔和的暖色调衣服，不适宜穿绿色和浅灰色衣服，以免显出“病容”。

图6-35　黄色调皮肤适宜的服饰色彩

3. 皮肤色调偏棕色、黑色调

此类肤色在选择服饰时，原则上要避免选用深褐色、深咖啡色、黑紫色或纯黑色服饰，不宜用明度高的色调，可以选用白色服饰。肤色暗中偏褐色、偏古铜色的人，适宜穿很浅、很明洁或很深、很凝重的色彩服饰，在形成黑白对比时，增加了明快感的魅力。肤色若暗而黑红者，还不宜穿浅粉、浅绿色的服饰，若用浅黄色、白色、鱼肚白色与之替换，会使肤色同服装色彩和谐且效果好（图 6-36）。

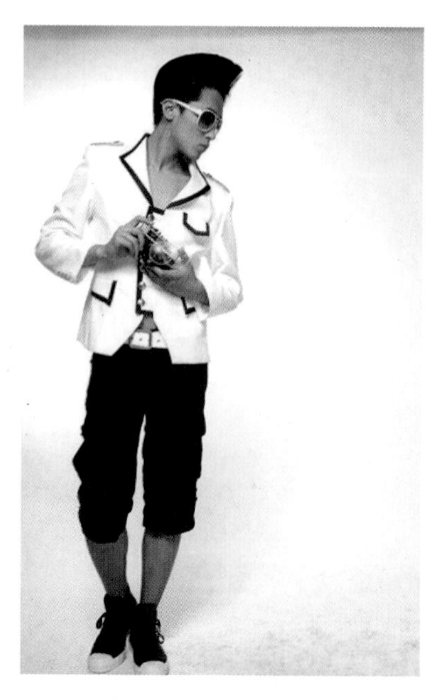

图6-36　暗色调皮肤适宜的明快的色调

4. 其他

肤色色调红润者，不宜穿草绿色的服饰，否则会显得俗气，而穿茶绿色、墨绿色上衣，则显得活泼有神。若肤色太红、太艳，不要穿浅绿或蓝绿，因肤色与服色的强烈对比，会使肤色显得过红而发紫。

皮肤色调较深的人适合浅色调、明亮些的衣服，如浅黄、浅粉、米白等色彩的衣服，令你看起来更有个性。墨绿、枣红、咖啡色、金黄色都会使你看起来自然高雅，这样可衬托出肤色的明亮感。不宜穿深色服装的人，最好不要穿黑色服装、蓝色系的上衣，以免面孔显得更加灰暗。健康小麦色——拥有这种肌肤色调的女性给人健康活泼的感觉，黑白这种强烈对比的搭配与她们出奇地相衬，桃红、深红、翠绿等这些鲜艳色彩最能突出其开朗个性（图 6–37）。

色彩是服装留给人们记忆最深的印象之一，而皮肤的色彩没有严格的界定，重要的是协调的搭配，所以服饰色彩与肤色的调配往往也是着装成败的关键所在。在搭配中要充分考虑服饰色彩这一至关重要的着衣要素。

图6–37　暗色调皮肤与亮色服饰的调和

第二节 形体修饰——内衣穿着艺术

一、内衣的分类

（一）文胸的分类

1. 按罩杯材料分类

① 模杯文胸。模杯文胸是指罩杯部分用海绵、喷胶棉或丝绵，经高压、高温定型制成的女性文胸。从外观看，模杯文胸有圆浑自然与坚挺之分，应依据个人的体型需要来选择。从文胸的罩杯内来分辨，就会发现罩杯的厚薄各不相同，有的厚度较为均匀；有的则下围较厚、中间和上部较薄等。不同的形状适合不同的胸型，穿着的效果也不尽相同（图6-38）。

② 软棉文胸：软棉文胸的罩杯是用1000号或2000号蓬松棉，热压成0.2~0.4cm厚度，粘压在两层针织面料之间。然后通过罩杯裁剪上的改变和钢圈的差别来进行变化，软棉文胸手感柔软舒适，可利用罩杯不同的裁剪方法，塑造成各种不同效果的杯型来矫正和美化人体。夹棉围在罩杯的裁剪上可分为两片式和三片式，甚至四片式。拼缝得越细，越能吻合胸部的立体形态（图6-39）。

2. 按罩杯形状分类

① 全罩杯：全罩杯也叫全包形文胸，可以将整个乳房包裹起来，特别是侧位和前鸡心位紧密贴合人体，有较强地牵制和弥补的作用，对乳房的支撑相对较多，适合于乳房饱满或肌肉柔软的女性。由于能使穿着者乳房稳定挺实、舒适稳妥，深受妊娠、哺乳期妇女及年纪较大女性的青睐（图6-40-a）。

② 1/2罩杯：1/2罩杯是在全罩杯的基础上，保留夹碗下方的罩杯支托乳房，乳房的上部外露，1/2杯适合胸部娇小的年轻女性。一般1/2杯款的肩带设计为可卸式，将肩带去掉后，可搭配露肩、低胸的服饰穿着（图6-40-b）。

③ 3/4罩杯：3/4罩杯介于前两者之间，利用斜向的裁剪，并强调钢圈的侧收力，使乳房上托，向中间集中。3/4罩杯在文胸设计中运用很广泛，其造型优美、式样多变，特别是前鸡心的低胸设计，展现出女性的玲珑曲线（图6-40-c）。

图6-38 模杯文胸

图6-39 软棉文胸

（a）全杯罩

（b）1/2罩

（c）3/4罩

图6-40 文胸罩杯形态

（二）底裤的分类

1. 普通内裤

穿着舒服、自然，没有束缚感，可与任何服装搭配（图 6-41）。

2. 塑身内裤

属调整型内裤，裤腰可固定腰部脂肪，防止脂肪移位，前幅采用双层弹性拉架，起收腹作用，后幅的提臀设计可以提升臀线，收拢臀部赘肉，塑裤能改善腰、腹和臀部的曲线（图 6-42）。

图6-41 普通内裤

（三）塑身系列

塑身衣是集人体工程学、新材料学、纤维学等学科为一体，根据人体解剖学原理和脂肪移位原理设计出的具有塑身、减肥、健体等多种功能的内衣。

塑体内衣的功能和效果是引导脂肪生长方向，将流失、移位的脂肪归位，强化发汗效应、活化脂肪细胞，让脂肪软化、燃烧、分解和消失。弥补自身缺陷、增加身体曲线美。

塑身内衣依功能大致可分为：调整型文胸、塑裤、塑身胸衣、腰封、背背佳、一件式全身塑衣。

1. 调整型文胸

调整型文胸可修饰胸部曲线，使胸部挺拔、增加丰满感，同时防止双乳外开、下垂，呈现优美动人的乳沟。

2. 塑裤

塑裤是利用弹性压力面料和特殊裁剪技术达到提臀、收腹效果的调整型内裤，长型塑裤还能紧缩大腿赘肉、修饰臀部至大腿间曲线，是女性调整下半身的基础内衣。

图6-42 塑身内裤

3. 全身塑衣

全身塑衣也叫连体塑身衣，在功能上集文胸、腰封和塑裤三种内衣的要素为一身，从整体上全方位塑造女性曲线。

4. 腰封

腰封又称腰夹，具有全面调整曲线的作用，大多采用多层次、多片式立体裁剪与拼接。一件设计精良的腰封，不仅可以固定腰部脂肪，展现柔美腰部拉线，更可以再次抬高胸线，针对胃、腰、腹、臀部进行整体塑形，它是女性调整腰部曲线的基础内衣。

5. 背背佳

背背佳可将背、腋、胃部脂肪调拨至胸部，后背加重力度的菱形交叉式裁剪，有效收紧背部脂肪，保持背部挺立，并可预防及矫正驼背，是塑造优美健康体态的塑身衣。

(四)家居服

家居服是在家休闲不用出门时穿着的衣服,其款式简单、宽松、舒适,无束缚感,面料多采用棉料,夏天的家居服也有的采用一些凉爽的合成纤维,很多女性把家居服混淆为睡衣,其实它们是两个完全不同的概念。为了适应各种年龄层次和不同审美观念女性的需求,家居服的款式有吊带背心裙、吊带背心搭配短裤、短袖上衣搭配短裤、短袖上衣搭配长裤、长袖上衣搭配长裤、短袖中长裙等。

(五)保暖衣

保暖衣的款式相对其他内衣来说,要简单得多,因为其主要强调保暖性能,变化多在面料与衣领上。

(六)睡衣

睡衣可以分为夏季睡衣与冬季睡衣两种,夏季睡衣又有情趣睡衣与一般睡衣两种。情趣睡衣用料透明、性感;而一般的睡衣比较含蓄。夏季睡衣款式相对冬季款式变化较多,有吊带长裙、吊带短裙、和尚袍、吊带背心搭配马裤等;而冬季睡衣一般以长袖上衣搭配长裤为主。

二、不同体型内衣的穿着

(一)正确选择文胸的尺寸

文胸的尺寸由一个数字和一个字母组成。例如:34A。数字34指文胸扣带尺码为34英寸,是在乳房下绕胸一周测得;字母A代表罩杯大小为A杯,由乳房最尖位绕胸一周测得的尺寸35英寸,减去扣带34英寸得到差1英寸,则选择A杯。如果差为2英寸,则选择B杯,如为3英寸则选C杯,依此类推。

- 文胸尺码格式:乳房下胸围尺寸(数字)+罩杯大小(字母)
- 文胸罩杯大小计算公式:

最TOP位 胸围(英寸)	–	乳房下 胸围(英寸)	=	差 (英寸)	⇨	罩杯大小

- 文胸尺码对照表:

最尖位 胸围(英寸)		乳房下 胸围(英寸)		差 (英寸)		罩杯大小	文胸尺码 (英寸)	文胸尺码 (厘米)
33	–	32	=	1	⇨	A	32A	70A
34	–	32	=	2	⇨	B	32B	70B
35	–	32	=	3	⇨	C	32C	70C
35	–	34	=	1	⇨	A	34A	75A
36	–	34	=	2	⇨	B	34B	75B
37	–	34	=	3	⇨	C	34C	75C
37	–	36	=	1	⇨	A	36A	80A
38	–	36	=	2	⇨	B	36B	80B
39	–	36	=	3	⇨	C	36C	80C

（续表）

最尖位胸围（英寸）		乳房下胸围（英寸）		差（英寸）		罩杯大小	文胸尺码（英寸）	文胸尺码（厘米）
39	–	38	=	1	➩	A	38A	85A
40	–	38	=	2	➩	B	38B	85B
41	–	38	=	3	➩	C	38C	85C
41	–	40	=	1	➩	A	40A	90A
42	–	40	=	2	➩	B	40B	90B
43	–	40	=	3	➩	C	40C	90C

同时，可以穿34B的女性，穿36A也可以合适，只是在文胸背部搭扣上要做松紧调整。

此外，确定合身的尺码后，如果要选择无肩带或半罩杯等特殊设计，还是应该试穿后决定。而由于内分泌或体重的变化，也会对乳房大小、形状产生影响，专家建议应该每年重新试身。

（二）根据不同的体型选择不同的内衣

1. 扁平胸部的女性

由于身体消瘦本身的脂肪不够，以至于乳房的脂肪很少，胸部特别平坦，也就是我们通常所说的圆盘型乳房。这类胸部扁平的女性在选择内衣时，可以挑有衬垫的厚模杯款，可以向上推托胸部，使之丰满圆润，3/4杯的文胸较适合，它能够斜向上牵制胸部。特别是有钢圈的文胸，有较强的固型性。

2. 乳房下垂的女性

第一种是丰满的下垂，女性一般年纪较大，乳房失去弹力；或是生育后体型恢复较差，形成胸部下垂；还有一种是非常丰满，平常穿着内衣不对导致乳房下垂。

第一种丰满且下垂的女性，全罩杯带钢圈、插棉或者3/4杯带钢圈、加侧插棉的软棉款较合适，因为乳房下垂的女性，脂肪流失到至夹弯位赘肉堆积，所以，在挑选文胸时要特别注意捆钢圈的夹弯位要高，这样包裹的效果才强。像这类特别丰满的女性就不太适合选用1/2杯来穿，1/2杯的包容效果不强，选用3/4杯时也要慎重，杯罩要深、肩带拉力够强。

第二种是不丰满的下垂，不丰满的下垂一般是女性哺乳后乳房脂肪回缩造成的乳房下垂，一般这一类女性体型较消瘦，或者整个底盘下移造成乳房位置不在正确的高度。可用带插棉和钢圈的3/4杯或者1/2杯文胸的渐厚式模杯围，在托起乳房的同时，用插棉推挤胸部，使之略显丰满。或者像这类下垂的乳房还可以通过选择穿着塑身衣来抬高，同时还可以固定胃部的脂肪，防止脂肪流失。

3. 胸距过宽（外扩型）的女性

一般女性两乳房之间的正常间离是1~2cm，如果超过这个距离，就可以称之为胸距过宽或者乳房外扩。对于胸距过宽的女性应挑选侧推效果好的文胸，通过侧面夹弯位的推挤，让两乳之间的距离缩短。选择3/4杯带钢圈、夹弯位高的渐厚式模杯围，钢圈的强制力不仅收拢和抬高胸部，而且可以针对胸距过宽的女性，使Bp点集中、胸位内移。还可以试穿有侧面衬垫的3/4杯立体杯软棉文胸，这种文胸借助于罩杯的立体裁剪，在收紧夹弯位赘肉的同时产生向中间的推力，使乳房靠拢，缩短乳房的间距。同时要注意对杯罩的选择，胸距过大、胸部又很丰满的女性，应穿全杯罩文胸；胸距大、胸部并不丰满的女性，才可以选择3/4杯的文胸。

4. 前胸高耸丰满型

丰满者如果文胸穿着不当，容易使乳房下垂或者脂肪外扩，造成体型走形。因此特别丰满的女性对于文胸罩杯的正确选择非常重要，最好选用软棉的带钢圈全罩杯内衣，罩杯要深才可以把乳房整个（地）包裹住，带钢圈可防止脂肪游走和乳房下垂。并注意穿着时把乳房圆满地塞入罩杯内，使胸部轮廓更为明显，保持乳房健美形状。对于这种前胸高耸丰满型的女性，一般情况下身体的赘肉也比较多，或者夹弯位的赘肉堆积比较多，有的还会有副乳，所以在测量定码时一定要把调整时要拨进罩杯的脂肪也计算进来，也就是说用我们按平时的测量方法测量时算出来的罩杯大小再加上一码或半码才不至于压迫乳房。还有一些前胸高耸丰满的女性因为受传统文化的影响，不喜欢穿出胸部挺拔的效果，或者喜欢舒适度较强的无钢圈款，她们的需求只是要有一件文胸能完全地包裹住乳房，以达到舒适、遮羞的感觉。

5. 胃部突出的女性

胃部突出是指从胸下围到腰围之间，前身上腹部突出的体形。这种身材适合穿中腰或低腰的连身文胸。

6. 腹部突出的女性

腹部突出的女性有两种情况：一种是体格丰满，腹部突出。这种体型的女性应穿着连身的塑衣，可整体调节和矫正形体；二是因为生育后，身材适中，但腹部没有完全恢复平坦，肌肉松弛，小腹突出。用中型或重型塑裤局部收紧小腹，使之平坦流畅。

7. 直筒腰身的女性

直筒腰身的女性有两种：一种是胸腔骨较宽而髋骨较窄，骨骼决定了直腰身；另一种是腰腹堆积脂肪过多，导致腰围曲线的消失。对直筒腰身最有效的是腰封。腰封能有效地束紧腰部的脂肪，显示凹凸有致的腰型，腰封针对腰部曲线不明显的体形，着重收紧从胸下围——腰围——中腰围位置的整体曲线，长期穿着改变和修正体形。

8. 臀部下垂的女性

臀部下垂大部分是随着年纪的不断增加，肌肉逐渐松弛造成的。有的人是体形的原因，臀胯宽大、臀部下垂，形成“三角形”的臀部。臀部下垂的女性当然首选塑裤来调节体形。塑裤的种类很多，适合臀部下垂的以长身、包腿和后片是“U”字形的塑裤最有效。通常臀部下垂会带动大腿部肌肉的下垂，而长身、包腿的塑裤在全面包裹、提高臀围后，对腿部也有一定的紧束力。“U”字形的塑裤是针对下垂的臀部而设计的，它利用塑裤后片臀侧和臀下围双层面料的紧束力，收拢和抬高臀部，改变下垂臀部外观。

9. 臀大腿粗的女性

臀部宽大的女性，大腿也会较粗，适合用长型的塑裤或连身塑衣来调节体形。长型的塑裤不仅包裹大腿，使之收紧、提高，而且在臀部用多层强弹力面料重叠的裁剪方式，有力地束紧臀围，展现有活力的体态。用连身的塑衣来调节臀大腿粗的体型，也是出于这个目的，只是从胸、腰、臀几个部位更全面、整体地矫正形体。如果臀大腿粗的女性想用过紧的塑裤来束紧臀部，会适得其反。因为过紧、过短小的塑裤会让臀部丰满的肌肉向下推挤到大腿部位，向上挤至腰部，更显出腿部和腰部的粗壮，无法塑造出优美的体形。

外扩型臀的女性：臀部脂肪往外侧下垂，整个臀部呈现“八”字状，这种臀形不论年轻的女性还是年龄大的女性都存在，且无论胖瘦都有可能出现。对于外扩型臀需要外下侧的托力才可以调整出一个比较标准的臀形，所以选择“W”型的塑裤穿着。

10. 内陷型臀的女性

因脂肪流失至臀部中央，导致臀部下垂，这种臀型主要是下垂。所以，可选择“U”型的塑裤来改善体型。

11. 臀部扁平的女性

臀部扁平的人或体形消瘦、臀部扁平，没立体感；或腰肢丰满、粗厚，反而臀部略扁平，没曲线感。体形消瘦、臀部扁平的人，只能穿有衬垫的束裤，利用衬垫使臀部穿出应有的弧度；腰肢丰满、臀部扁平的人，一方面要穿高腰的塑裤或重型塑衣，收紧腰部，同时，用塑裤后片的“W”字形的双层设计，从臀部后片的下侧向上托起臀围，塑造高翘、立体的臀型。

12. 臀部曲线不明显的女性

不要选穿比基尼式内裤，可选择具有包容性的塑裤，用塑裤的底边把臀与腿的界限明确出来，选择弹性充分、穿之又无紧张感的内裤。

三、内衣与外衣的搭配

（一）不同的场合内衣与外衣的搭配

1. 晚宴

为展现礼服最美的轮廓，应选择修饰性强的内衣。例如有衬垫、有钢丝的胸罩，可使胸部看来更丰满；腰封、连身塑衣或高腰塑裤，可使身形更婀娜。

盛装或晚装时，内衣显得尤为重要，玲珑有致的身体线条需要内衣进行塑造。若穿着露肩、低胸礼服，可选用无肩带的连身塑衣。这种场合正是重型矫形内衣的用武之地。

若穿前襟开口较深的礼服，可选乳沟显露的 3/4 杯的罩杯文胸或者塑身衣。

2. 日常工作学习

日常工作学习时内衣选择以舒适自然为主。上班时内衣的选择以简单合身、安全性高的款式为宜，内衣颜色以白、米、淡彩等色为宜，可给人端庄自重的印象。若衬衫过于透明，应加同色衬衣作为内搭。如配衬 T 恤与牛仔无缝胸围或全杯的简单设计最为合适，既能防止胸围线条显露于 T 恤，也能为双乳缔造出更浑圆的造型。穿着 T 恤或针织衣物时，双乳的线条会特别明显，因此需要营造自然的胸部线条。穿牛仔裤时，最好配衬质地柔软舒服的内裤，而不可穿束裤，但若真的嫌大腿太粗，则可以考虑长腿型的轻压束裤。

上班族长期坐姿容易导致腰酸现象，可加腰封以支撑腰部或者选择背背佳来达到挺背效果。若穿着紧身窄裙或长裤，应选择有裤管的塑裤，以掩饰内裤痕迹，且可预防因久坐而堆积脂肪于下半身。生理期接近时，穿着有弹性的内衣，可降低生理期间因胸部大小变化而产生的压迫感。此外，设计良好的生理裤或轻型塑裤很适合生理期间穿着。

3. 婚礼、庆典

婚纱的风采要依靠修饰性强的内衣进行诠释。但由于婚礼当天的紧张和忙碌，仍需注意舒适性。若礼服中有露肩的款式，则以 1/2 杯加半身塑衣为宜，可避免肩带外露，增加稳定感，且无须随着礼服的更换而更换。穿着时注意选择松紧适中、颜色近于肤色的（粉藕色、杏黄色）内衣款式更为恰当。

例如：配衬薄质的旗袍，衣服紧贴胴体、曲线毕现，因而内衣的选择更不可忽视。这时，选择一件修身的全身塑衣就显得很重要，它可使胸部集中并向上提升，收紧腹部及臀部的赘肉，同时整体调整身体各个部位使其趋于完美。如果胸高还不太够，可以考虑选择有垫的款式。要注意旗袍多是高衩设计，内裤的选择应避免平脚式，选用高胯型。

4. 居家

居家穿着以舒适以及营造气氛为原则，睡衣、家居休闲服、闺房内衣或衬衣皆为适合。纯棉质地内衣具有亲肤感，是穿着者得到放松；桑蚕丝、蕾丝材质的内衣则在舒适之余尽显魅力性感。选择一件合适的内衣，不仅能发挥其功能性，并且能为穿着者带来闲暇度假的乐趣。

5. 运动

运动时，以保护为主。在运动和健身的场合特别要选用纯棉质地的内衣，确保运动时舒适和吸汗。为配合运动时幅度较大的动作，运动服装讲究的是舒适性与活动性，内衣亦然。选择质料柔软、富有弹性的内衣，即使进行剧烈运动也不成问题。特制的运动用胸围交叉肩带的内衣款式能防止肩带滑落及乳房过度摇摆，令穿用者活动自如，最适合激烈运动之用。另外运动时会大量出汗，选择的内衣应具有吸湿、吸汗性。为了使运动中的胸部能得到更好地保护，应选用宽肩带或交叉肩带的运动文胸和全包的柔软塑裤，以适应运动的需要。

6. 休闲度假

休闲度假时可以尝试一下不同风格和情趣的内衣。细碎花纹或细条格的棉质文胸，流露出十足的纯清少女情怀；黑色蕾丝的胸衣和配套的束裤、吊袜带，则展现出一种魅力、成熟的女性风采。尝试不同风格和情趣的内衣，也是尝试不同的心情，以时髦、流行感强的内衣为主，选择较为胆大的款式和颜色。

例如长形胸罩、马甲、连身衣等内衣外穿的款式。但须注意内衣与外服的搭配问题。

（二）内衣与外衣的色彩协调搭配

人们常常认为夏秋季的浅粉色系、白色系及半透明衣裙，穿配白色胸衣最为保险。其实不然，纯白色内衣在浅色和半透明面料下会非常突出地显形。内衣穿着，以造型不留痕迹为最佳。粉色、浅黄等暖色系和半透明外装下，穿贴近肉色的内衣为最佳。比如嫩黄色、极浅的驼色、嫩粉色、牙白色、粉底色等，会给人和谐、自然、轻松、随意的舒服印象。

1. 嫩色系外装与浅色系内衣

嫩色系是指那些浅色中有鲜亮因素而绝无灰色因素的颜色，比如黄绿、橘黄、橘红、鹅黄、嫩粉等色系。这类外装穿上去亮丽可爱、楚楚动人。纯白色内衣与之搭配就很不错，选黄色、浅咖啡色、淡紫色、浅绿色等色系的内衣也未尝不可。如果是低领或露肩外装，最好选接近外装颜色的内衣。此外，不会流露内衣的外装，可任意与各浅色系内衣搭配。要注意的是，绝不可选深色系内衣穿在嫩色系外衣里面(图 6–43)。

2. 艳色系外装与亮色系内衣

大红、明黄、翠绿、宝蓝、玫瑰色等艳色系外装，可以搭配白色内衣，同时可以配金红、果绿、湖蓝、深粉、玫红等亮色系内衣。这不仅使内外一致，而且使人心情上有种明朗豁达的感觉。此时选肉色系或浅淡色系内衣，会略显普通，而选用深暗色内衣又横增沉重感。然而，艳丽就要从里到外的艳丽。在庆典、盛会、公众场合，艳丽与开朗是女子最美丽的表现(图 6–44)。

3. 深暗色系外装与相近色或反差色系内衣

在许多正规场合，黑色、墨绿、藏蓝、紫红、深咖啡、暗红、紫罗兰等色系都是既庄重又俏丽的颜色。与之搭配的内衣色彩可选择黑色、深蓝色、咖啡色、大红色、深绿色、玫瑰紫等相近色系。当然，穿在不袒露的外装里，纯白色也很好看。

还有一种选择，就是选反差色系内衣，如，黑色内衣配白色或红色外装，也很亮丽(图 6–45)。

总而言之，内衣色彩的选择不仅与季节有关，而且主要和外装的色彩与款式有关。无论你是哪种气质个性，多彩的生活使你可以穿各色的衣服，同时，以不同颜色的内衣来搭配，可以更加丰富的演绎出无穷无尽的美丽。

图6–43　嫩色系外装与浅色系内衣搭配

图6–44　艳色系外装与亮色系内衣搭配

图6–45　暗色系外装与反差色内衣搭配

第三节　服饰形象设计的款式搭配

一、服装的拆分重组

生活中能够给我们留下深刻印象的穿衣高手，不论是设计师还是名人，其主要原因就是他们创造了自己的风格，并能够很好的把握服装本身的风格。一个人不能妄谈拥有自己的一套美学，但应该有自己的审美品味。而要做到这一点，就不能被千变万化的潮流所左右，应该在自己所欣赏的审美基调中，融入当时的时尚元素，形成个人品味。当然我们也不可能把所有的衣服都买回来，所以需要学会将不同的服装拆分、重组、搭配，融入个人的气质、涵养、风格，就能够创造出个性、新颖、出彩的着装效果。

1. 基本款式是着装的基础

服饰的流行是没有尽头的，但一些基本的服饰是没有流行不流行之说的，比如及膝裙、黑直筒裤、白衬衫……这些都是“衣坛常青树”，历久弥新。不仅穿起来好看，穿着时间也长。拥有了一批这样的基本服饰，每年、每季只要根据时尚风向和个人特点，适当选购一些流行服饰来搭配即可。

2. 服装的风格重组搭配

服装风格的角度很多，我们以基本款为基础元素，和不同风格的服饰组合、搭配，会（给我们）营造出不同的着装效果。

（1）组合搭配（一）

- 服装轮廓多为X型和Y型，A型也经常使用，而O型和H型则相对较少。色彩多以藏蓝、酒红、墨绿、宝石蓝、紫色等沉静高雅的古典色为主。
- 面料多选用传统的精纺面料，花色以彩色单色面料和传统的条纹和格子面料居多。
- 丝巾、围巾是一项重要的搭配单品，女生可以多买一些不同尺寸、颜色、花样的丝巾，为服装造型加入变化。
- 裙子、七分裤或八分裤，微高度的鞋，前包后拉的款式。

这种风格端庄大方，具有传统服装的特点，是相对比较成熟、能被大多数女性接受、讲究穿着品质的服装风格，不太受流行左右，追求严谨而高雅，文静而含蓄，是以高度和谐为主要特征的一种服饰搭配方法（图6-46）。

（a）

（b）

图6-46　端庄的服饰搭配

(a)

(2)组合搭配(二)

- 服装造型轮廓多为不规则造型、交错重叠使用面造型、大面积使用点造型而且排列变化多样、夸张的体造型,如立体袋,膨体袖等。
- 使用奇特新颖,时髦刺激的面料。如各种真皮、仿皮、牛仔、上光涂层面料等,而且不太受色彩的限制。
- 服饰配件可使用夸张的毛皮、丝袜、金属链子、高靴等。
- 蕾丝上衣 + 短裙 + 毛皮围巾 + 漆皮小短靴

这种组合搭配追求一种标新立异,反叛刺激的形象,是个性较强的服装风格。它表现出一种对传统观念的叛逆和创新精神,是对经典美学标准做突破性探索而寻求新方向的搭配形式(图 6-47)。

(b)

(c)

图6-47 个性化的服饰搭配

(3)组合搭配(三)

- 服装轮廓多为 H 型,O 型居多,自然宽松款。
- 面料多用棉、针织或棉织的组合搭配等,可以突出机能性的材料,色彩明快。
- T 恤 + 宽松开襟外套 + 休闲长裤 + 白色运动鞋(图 6-48a)
- T 恤 + 宽松开襟外套 + 休闲短裤 + 黑色帆布鞋(图 6-48b)
- T 恤 + 围巾 + 茄克衫 + 牛仔裤 + 休闲(运动鞋)(图 6-48c)
- T 恤 + 帽子 + 马甲 + 牛仔裤 + 休闲鞋(图 6-48d)

这类搭配充满活力,是具有都市运动气息的服装风格。

图6-48 运动的服饰搭配

（4）组合搭配（四）

- 服装轮廓以H型，O型、T型等居多，造型多样。
- 面料多为天然面料，如棉，麻等，经常强调面料的肌理效果或者面料经过涂层，哑光处理。色彩比较明朗单纯，具有流行特征。

这类搭配视觉上以轻松，随意，舒适为主，年龄层跨度较大，适应多个阶层日常穿着的服装风格。具有外轮廓简单，讲究层次搭配，搭配随意多变的特点（图6-49）。

图6-49　休闲的服饰搭配

（5）组合搭配（五）

- 服装轮廓以 X 型、A 型等居多。
- 用料比较高档，色彩多为柔和的灰色调。
- 小 A 连衣裙 + 黑色皮包
- 小 A 连衣裙 + 外套 + 浅口高跟鞋 + 纯色皮包

此种搭配组合风格具有较强的女性特征，兼具有时尚感，较成熟，外观与品质较华丽的服装风格。讲究细部设计，强调精致感觉，装饰比较女性化，外形线较多，顺应女性身体的自然曲线，表现出成熟女性清新脱俗、优雅稳重的气质风范（图 6-50）。

（a）

（b）

（c）

图6-50　清新优雅的服饰搭配

3. 服饰搭配的协调美

“协调”一词是一个寓意深刻，涵义丰富的词语，在服饰着装中，我们把它引申为“得当，应该如此，合时宜，和外界环境统一”等类似效果的综合表达。

古今中外，着装从来都体现着一种社会文化，体现着一个人的文化修养和审美情趣，是一个人身份、气质、内在素质的无言介绍信。从某种意义上说，服饰是一门艺术，服饰所能传达的情感与意蕴甚至不是用语言所能描述的。在不同场合，穿着得体便会给人留下良好的印象，而穿着不当，则会降低人的身份，损害自身的形象。在社交场合，得体的服饰是一种礼貌，一定程度上直接影响着人际关系的和谐。然而，影响着装效果的因素可从三个层面进行分析，一是要有文化修养和高雅的审美能力，这是最为重要的影响因素，正所谓“腹有诗书气自华”；二是要有运动健美的素质，健美的形体是着装美的天然条件；三是要掌握着装的常识、着装原则和服饰礼仪的知识，这是达到内外和谐统一美的不可或缺的条件。

- 黑T恤＋红外套＋红短裙＋黑靴子＋短袜＋黑色皮包（青春时尚）（图6–51a）
- 黑色衬衣＋浅灰连衣裙＋小黑帽＋黑色雪地靴（可爱俏皮）（图6–51b）
- 小西服外套＋黄色针织衫＋黑褐色一字裙（庄重大方）（图6–51c）
- 明亮黄T恤＋七分紧身裤＋蓝色皮包＋金属感小帽（前卫靓丽）（图6–51d）
- 亮黄运动外套＋牛仔裤＋亮色运动鞋（运动活泼）（图6–51e）

（a）

（d）

（e）

（b）　（c）

图6–51　服饰搭配的协调美

（a）

4. 穿着倾向与个性表达

个性美的着装是通过着装表现个性的一种手段。追求服装的个性、品味和风格是着装的最高层次，富有个性的着装可以增加个人魅力，体现独特的风采。着装时应该充分结合个人性格喜好，还有他（她）的格调品味等。如果你不成熟而装成熟，如果你本属于成熟型却还着少女的装扮就会显得不匹配。一个人的个性虽然是内在的，但是可以通过行为举止表现出来。那么，举止与着装的协调也就显得十分重要了，用通俗的话说就是："穿了这样的衣服就不能干出不符合衣服形象的事"。如西装通常是与"严肃"、"正规"、"正式"等人物形象联系在一起。于是，在穿西装的场合干很随意的事会让人感到反感。

在服装重组搭配中，我们可以根据个性特点与服装特质进行混搭，塑造独特的着装效果。

- 休闲中长外套 + 毛料短裤 + 皮靴 + 毛料帽子 + 大手袋（图 6–52a）
- 灰色毛衫 + 英伦裤 + 礼帽 + 红色颈饰（图 6–52b）
- 白 T 恤 + 黑色小马甲 + 牛仔裤 + 休闲帆布鞋（图 6–52c）

（b）

（c）

图6–52

二、体型分类与着装

服饰的美感是以人体的美态为基础的。服饰的款式结构，必须要符合由骨骼和肌肉组成的人体自然生理结构。一般来讲，每个人都难以达到十全十美，或多或少都存在着形体上不完美的部分。人的体型多种多样，如何巧妙地扬长避短，衬托出人体的自然美，是服装的一大任务。因此，在着装之前，必须充分了解自己身体的各个部位，了解自己体型的优劣所在。根据体型特点选择服装、设计造型，就能扬长避短掩盖形体的不足。

（一）女性体型分类与着装

1. 体型量感与着装

从体型的体积量感上来划分，可以将体型分为标准型、矮瘦型、矮胖型、高瘦型和高胖型。

（1）标准型

女性身高为 168 公分。颈部、肩部、躯干、胸部、腰部、大腿、臀部和小腿等，都要有完美的比例。从体型角度上看，衣服的线条、款式、花型、色块等对体型影响不大。适应性较广，打扮时变化多，效果好。多要注重服装本身的色彩款式的合理搭配及风格的协调。

（2）矮瘦型

矮瘦型，一般是指身高在 160 公分以下的体型消瘦的类型，由于受到身长的限制，服装可变化的范围相比较高或健壮的体型要小得多。娇小体型的人如果以为穿上很高的高跟鞋或梳高耸的发型，就能使得身材瘦高，那是白费心机，而且会显得滑稽。最佳的穿着是朝向整洁、简明、直线条的设计。垂直线条的褶裙、直统长裤、从头到脚穿同色系列或素色的衣服、合身的茄克都会使得娇小型的人显得轻松自然。大型印花布料、厚布料、太多的色彩、松垮垮的衣服、大荷叶边、紧身裤等都应避免（图 6–53）。

所以，如果是体型细小型的人，可以选择颜色偏浅、质感强、有弹性、松紧适中、款式简洁的服装。而避免选用色泽深沉，质地硬括，线条复杂的服装。

（3）矮胖型

矮胖型，应该考虑利用衣服掩盖身材的不足之处。矮胖的人一般最好选择质地柔软重坠，花色素雅，腰身适合并有纵向感的服装。而不宜穿质地粗厚，色彩热烈，过于紧身或线条不流畅的服装。适合穿同色套装、连衣裙、风衣等给人视觉上造成高一点的错觉，不宜穿上下相等的分色衣，这样会造成视觉上的短矮感。穿深色暗直条套装，会给人感觉瘦长，但不宜穿短大衣，以减少视觉上的胖度；若上衣是花的，下衣是深色的，使整个人体面积分散，也能减少视觉上的胖度感。但不宜穿方格条纹布的衣服，方格、条纹布适合瘦者穿，不适合胖者穿。当然，可以穿着间隔不太大的深底细条纹西装，这样看起来身材能高大些。若上装的长度稍微短一些，能使腿部显得更长，穿着蓬裙或长裙会显得更为矮胖，所以在穿着裙子的时候，应该尽量选择合身的短裙。此外，也可以选择色彩明朗的运动衫，细小花格的洋装。打结的围巾，或装饰领口的小胸针，都是理想而可爱的配件。

矮小而丰满的体型：只要在上半身或下半身的某个部位，裁剪得贴身合适，其他的部位，则可以略显宽松，这样可使身体的感觉衬托得更为平衡（图 6–54）。

合适

不合适

图6–53　矮瘦型人群的着装

合适

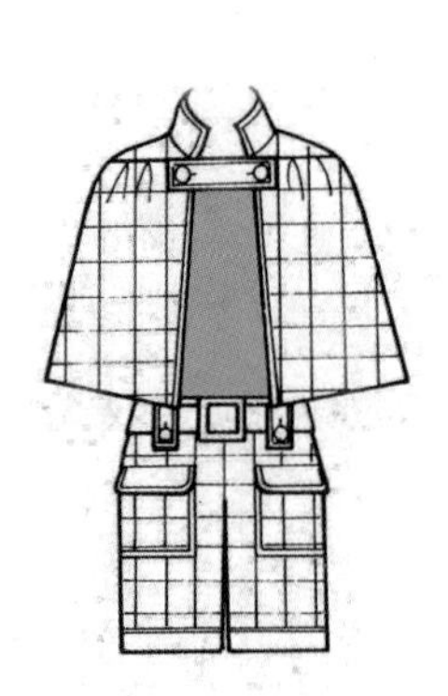
不合适

图6–54　矮胖型人群的着装

总之，体型矮胖的人，在穿着方面，应该尽量表现得清爽而且充满活力。

（4）高瘦型

高瘦型，在服装上可用深色和水平线因素来增加重量感。适合穿上下分色服装，给人的感觉不很高，但不宜穿直纹套装，以免增加视觉高度。例如：穿着西装，不宜选用细条纹的图案，否则会突出身材的缺点，而格子图案是最佳选择。此外，若上装与裤子的颜色对比鲜明，会比穿着整套西装的效果更好，将宽领衬衫搭配翻领背心，也会使体型更显厚实（图 6-55）。

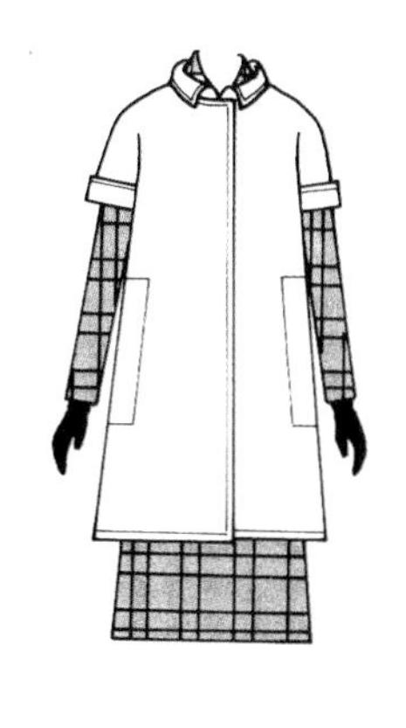
合适

不合适

图6-55　高瘦型人群的着装

（5）高胖型

高胖型，在着装上要减少膨胀感，可以通过两件套式的着装分散人们对于体型的注意力，在线条的选择上，穿带公主线的衣服显得苗条、秀气。不宜穿过紧身的服装（图 6-56）。

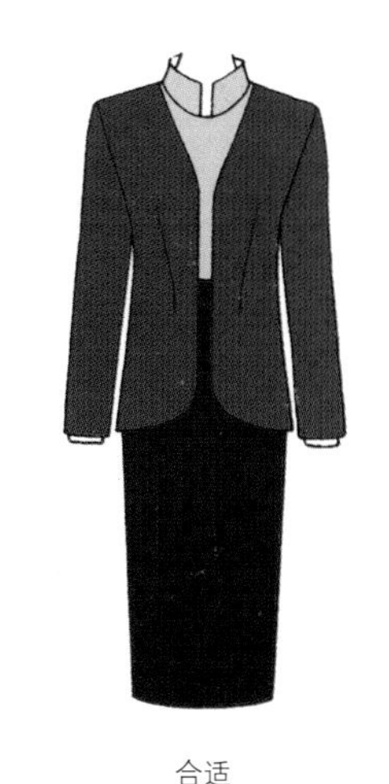
合适

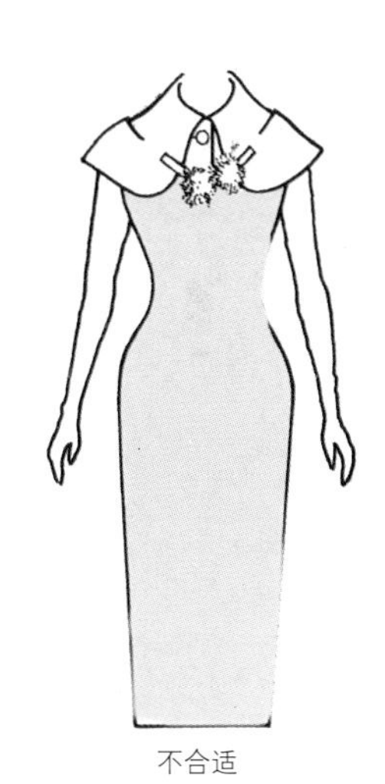
不合适

图6-56　高胖型人群的着装

2. 服装色彩与身材的关系

从体型的形状特点来分，除了标准型体型，还可以分为倒三角形（T 型）、X 型、I 型、A 型、H 型、O 型。

（1）倒三角形（T 型）

倒三角形的体型特点为上躯干较厚、臂粗、颈背处肉较多，投影显示为倒三角型。对于属于倒三角形体型的人来说，如果选择有设计亮点或者原料具有量感的上衣，人会比较沉闷。因此，上衣适合选择宽松，自然下垂的简单设计，但要避免胸线处有平行皱缝和褶边之类的宽松设计。为了最大限度地表现上衣的膨体感，同时把视线转移到中下半身，应该选择喇叭形或有碎裥褶的裙子，也可选择把衣袋等服装细部当作设计要点的宽松裤子。

此种体型在着装时应该注意多选择插肩式样的服装，下身选用宽松大摆的裙装，使整个体型在视觉上得以平衡。上身着装应避免水平线，而强调垂直线的视觉效果，以便取得整体的均衡。宜穿一字领，交叉肩的衣服，能缓和耸起的肩线，纵的条纹能显示它的长度。避免穿厚垫肩、肩上有饰物的上衣（图 6-57）。

T型　　合适　　不合适

图6-57　倒三角形体型人群的着装

（2）梨形体型（A 型）

梨形体型的特点为上身肩部较窄或溜肩、胸部瘦小、腹部或臀部和腿部肥大，投影显示形状就像一

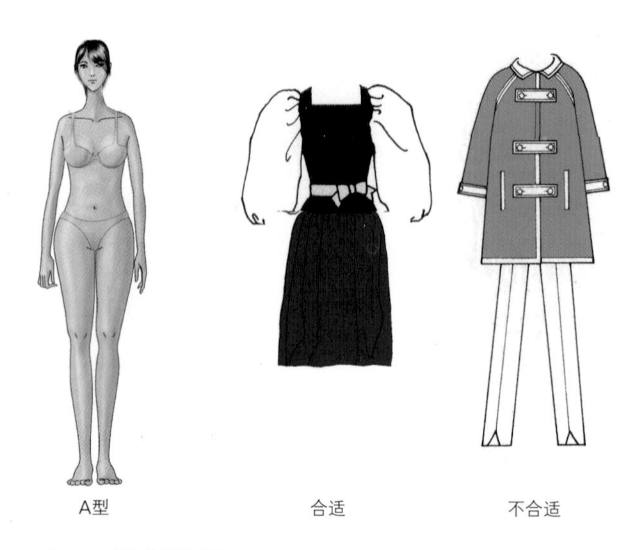

图6-58 梨形体型的着装

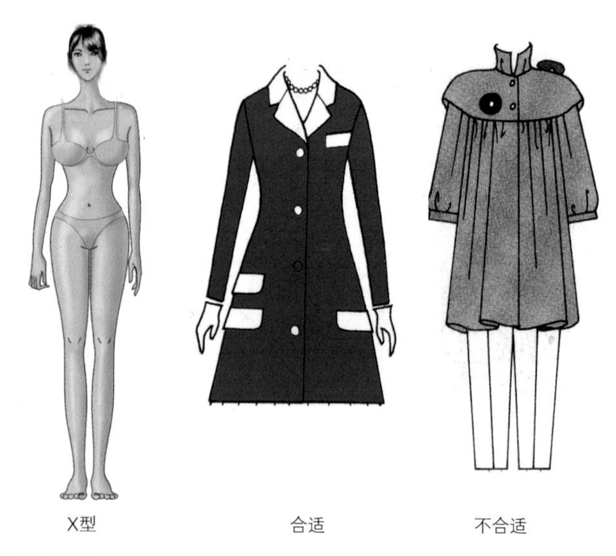

图6-59 沙漏形体型的着装

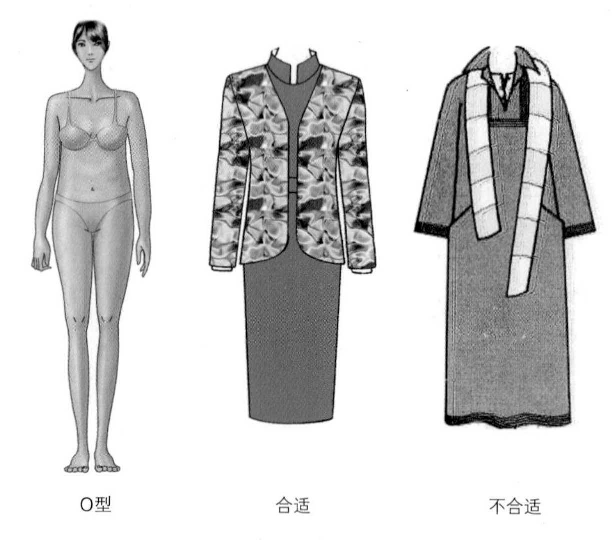

图6-60 O形体型的着装

个梨子形。此种体型在着装上要着重强调肩部和宽度，选择弱化下身的着装（图 6-58）。

这种体型着装时上衣要宽松，长度以遮住臀部为宜，打褶的长裤配上宽大的茄克，均可起到美化体型的作用。另外，由于腹部肥大的关系，往往造成腰线提高、上身较短、肚子较大的感觉。此类体型适合宽松的西服，目的是分散对腰部的注意力。应避免紧身衣裤、宽皮带、褶裙或抽细褶的裙子。

（3）沙漏形体型（X 型）

沙漏形的体型特点是身材就像葫芦一样，胸部、臀部丰满圆滑，腰部纤细，曲线玲珑，十分性感。这种体型的人适宜穿低领、紧腰身窄裙或八字裙的西服，质料以柔软贴身为佳，这是十分性感、丰满而女性化的穿着。葫芦形身材如果穿宽大蓬松的洋装，会减损许多魅力。总的来说这种体型比较匀称，着装范围广。沙漏形体型应适当缩小丰满的胸部和臀部以及纤腰三个部位之间的差异，塑造充满魅力的女性美。可在腰部搭配宽腰带，也可穿茄克或腰部曲线不明显的连衣裙，以弥补过细的腰身，使人显得神采奕奕（图 6-59）。

（4）圆形（O 型）

通常 O 型体型身体脂肪较多，背和臀较大和较圆，胸围、腰围、臀围、腿围等较大，身体的大部分部位因为肥胖而呈圆形。

这类体型的人可以利用直线和棱角表现轮廓，弥补因肥胖带来的笨重感。可以灵活佩戴将视线转移到脸部的饰品，通常不选亮色，而选择冷色。选择服装时建议不要选择过薄或过厚的材质。若穿着分身式服装时，上衣和下衣在色彩上应进行对照搭配，并在腰部扎款式简单的腰带将视线转移到身体中部。尽量避开圆领、肥大袖口等设计和圆形金项链等饰品，以免带来负面效果（图 6-60）。

（5）矩形（H 型）

矩形体型的肩部、腰部、臀部和大腿部位的宽度大致相同。这类人的体重通常不在标准范围内，虽然上下身比较匀称，但缺乏曲线美。

整体上，矩形体型适合塑造成带有宽松感的形象，并很自然地表现出身体的腰和腹部。将上衣像女套衫那样露在外面，能够带来不错的视觉效果，多层式服装搭配也适合此体型。还可穿着几何形曲线样式或有钮扣、滚边等细部修饰的服装，方便人们把视线往中间集中。与此同时，也可以用项链、耳环、围巾等饰品，将别人的视线集中在上半身，这样可以起到很好的修饰效果（图 6-61）。

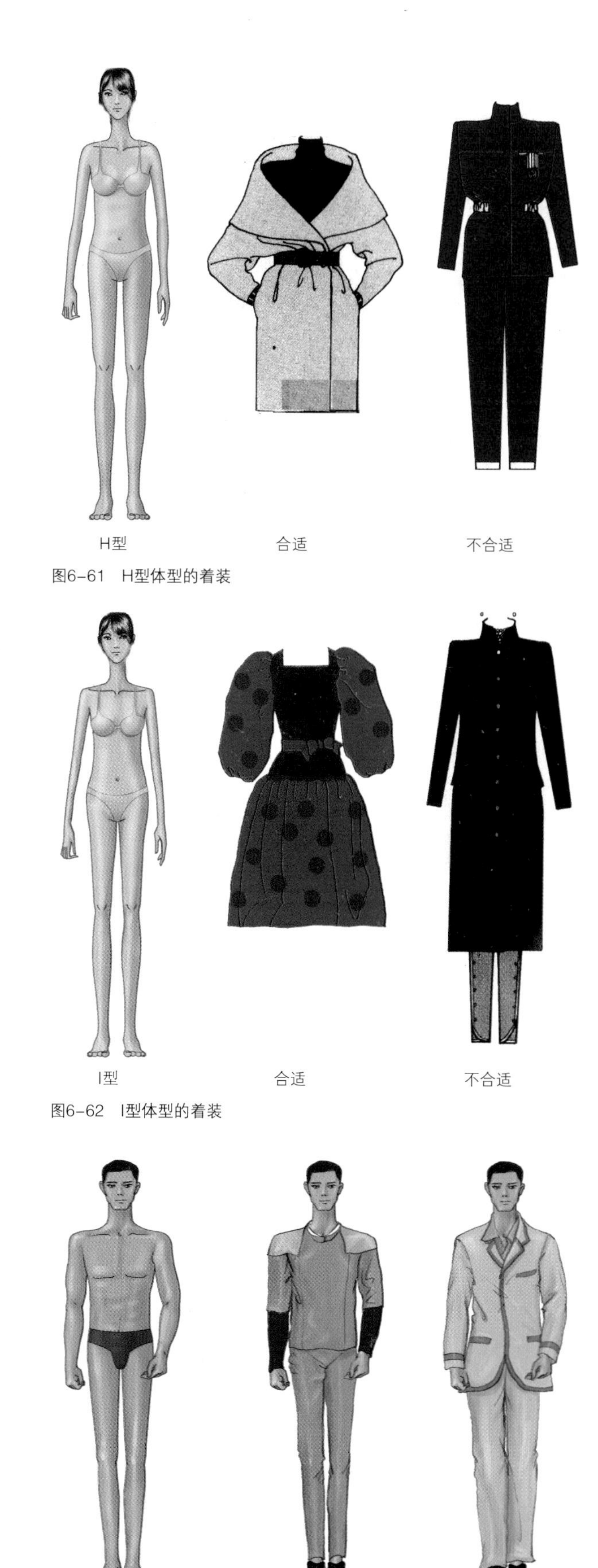

图6-61　H型体型的着装

图6-62　I型体型的着装

图6-63　倒三角体型

（6）I 型体型

I 型体型的全身没有过多脂肪，其特征是：较窄的肩部和臀部，平胸、细腰，手臂、小腿较细，从上到下呈I形，体重通常低于正常值，身形笔直又有棱角，因而显得苗条。

此类体型适合穿可淡化消瘦感的量感服装。暖色比冷色更有生气。利用服装细部（领子、口袋等）或围巾等饰品，可以把人们的目光转移到上半身。针织品不仅保暖，其原料本身带有量感，可以让身材更加柔美。与此同时，带有肩垫设计、略微细长的针织品配上双排钮茄克，感觉更好。最好不要选择过薄或贴身的服装。服装整体搭配的形态过于夸张或者极不对称都会带来负面效果（图 6-62）。

（二）男性体型分类与着装

1. 标准型

该体型是理想体型，肩部较宽、胸部肌肉结实、四肢纤细且充满肌肉和力量感，臀部曲线清晰。这种体型的胸围和腰围相差是 18cm。该体型给人一种健康美。这种类型的体态比较匀称，对服装的选择面较大。

2. 倒三角体型

该体型肩部最宽，胸部肌肉发达，腰部纤细、臀部窄小，整体体型形成上宽下窄的轮廓。通常这种体型的胸围和腰围相差 18cm 以上，这种体型充满男性魅力和健康美，男性可通过锻炼来塑形。这种类型的体态比较阳刚，相对对服装款式的选择余地较大，但要避免肩部造型过于夸张的款式（图 6-63）。

3. 三角体型

该体型肩部较窄且自然下垂，臀部、腹部突出并堆积较多脂肪，有时胸围和腰围相差不多。整体体型线条上窄下宽，该体型给人一种敦厚老成的印象。在服装搭配上，上身可用水平线因素来增加重量感，运用浅色调增加膨胀感，下身运用深色和纵向线条收缩身形（图 6-64）。

4. 矩形体型

该体型的肩部不是特别宽，胸部和臀部成直线，整体体型呈现一种矩形的线条感。一般胸围和腰围相差 15cm 左右。该体型给人一种智慧和现代感。只要不过于瘦小，很容易塑造出各式各样的形象。着装时可以利用腰部变化加强视觉的丰富性（图 6-65）。

5. 瘦体型

该体型的人身材比较消瘦，肩部单薄并且背部略微弯曲，四肢纤细，很少有脂肪堆积，肌肉平实。整体体型线条清晰，看上去让人缺乏一种安全感。有量感的服装款式能较好修饰此类体型，穿着浅灰色、棕色等中间色比深色效果好，不宜选择材质过薄的服装。穿着人字，小方格等纹样的粗花呢服装具有空间感。双排扣外衣，茄克与背心一起搭配的三件式套装也合适这类体型（图 6-66）。

6. O 形体型

该体型的人身材较圆，肩部自然下垂，颈部较短。腰围和臀围几乎相等，过于肥胖时，其腰围可能比臀围更大，整体体型形成一种圆形曲线轮廓（图 6-67）。O 形体型的人给他人较笨重的印象，应塑造充满自信和活力的形象。可以选择直线廓形的服装，因此面料不宜过于柔软或轻薄。穿着套装时宜选

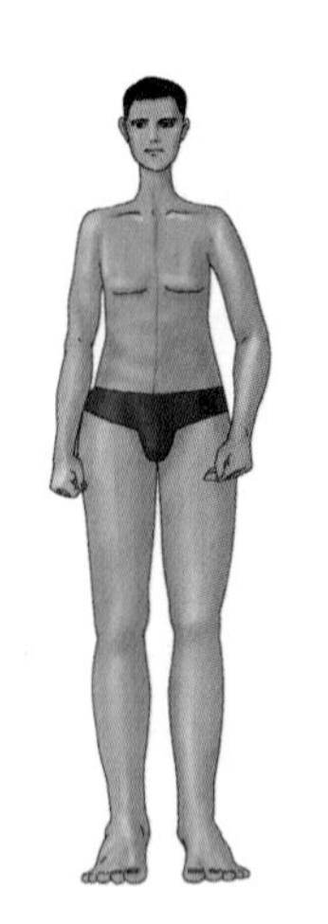
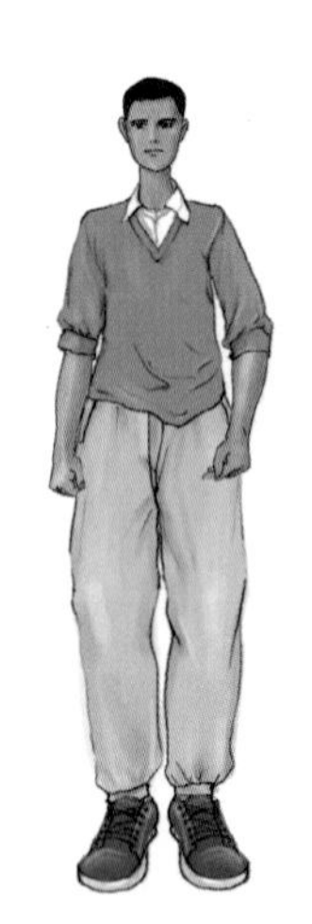

图6-64　三角体型　不合适　合适

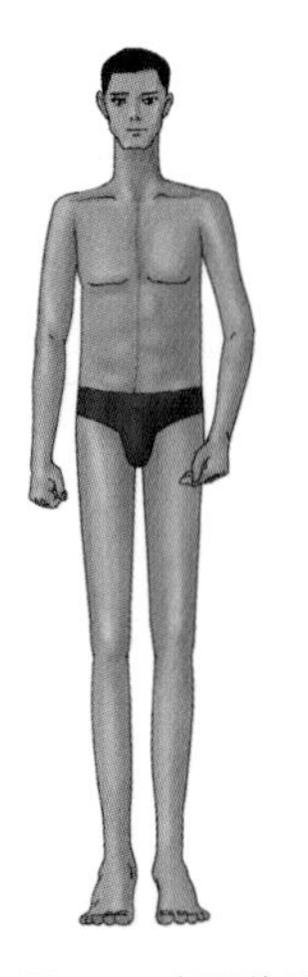

图6-65　矩形体型　不合适　合适

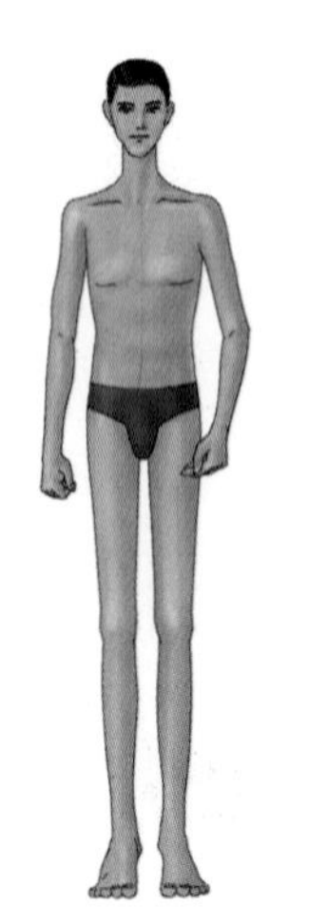

图6-66　瘦体型　不合适　合适

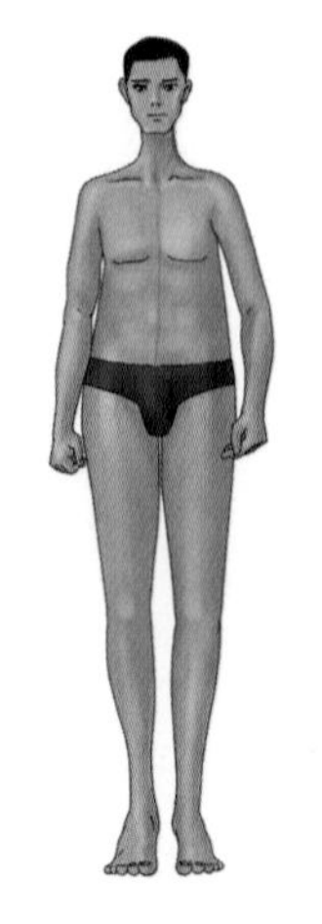

图6-67　O形体型　不合适　合适

择V形领且肩部硬挺的上衣，以便塑造爽朗的形象。如果在打领带时加入凹槽，将显得人充满活力。此外，深蓝色或黑色等深色的细纹正装也很适合O形体型。穿着上下颜色相近的服装可以凸显休闲风格。对于矮个的O形体型的人来说，下装颜色比上衣颜色深一些看上去会高大一些。

（三）特殊体型的修饰

1. 驼背的人后衣片要长一些。挺胸有肚腩的人前衣片要长一些。

2. 腰长体型：尽可能减少腰的长度，增加腿的长度，可采用腰部打褶的裙或裤。

3. 平胸体型：可采用门襟处有装饰的波浪花边，使胸部增加丰满感。

4. 腰腹部肥胖型：应选择直线的设计，宜穿上衣外套隐藏腹部；或穿A字裙，腰带不宜过紧。避免穿强调腰部的紧身裙、滑雪裤。宜穿套装大衣、长大衣、腰部线条不明显的连身装；腰带的颜色与上装或下装的衣服相一致。避免穿着短上衣、粗腰带及系太粗的腰扣。

5. “O”“X”型腿：尽可能避免穿紧身裤，可采用直身裤或长裙。

人们的体型千差万别，服装的款式也多种多样，选择服装的关键就是扬长避短，利用服装的款式、色彩及配饰，改善体型的不足，整体上呈现匀称感、和谐感，以达到最佳的着装状态。

第四节 服饰形象设计的饰品搭配

饰物，是服饰的附属品，主要包括领带、围巾、丝巾、胸针、首饰、提包、手套、鞋袜等等。在现代服饰形象中不仅可以遮掩服装、发型等方面的不足，还可以改变服装风格、提升整体形象，达到画龙点睛、锦上添花的效果。但如果饰品过于艳丽，就违背了搭配的初衷，反而会喧宾夺主，遮掩主人的光彩。因此选择饰品时既要与时间、地点、场合和目的相适宜，也要与发型、化妆、服装以及个性特点、气质风格等各种因素相适宜。这样所达到的形象设计效果就会充满吸引力，永远富有个人魅力。

一、首饰的搭配

（一）首饰的含义

首饰早期的定义：较早时期，首饰是指佩带于头上的持饰物。我国旧时又将首饰称“头面”，如梳，钗，冠等。现代定义即广义定义，指用各种金属材料、宝玉石材料、有机材料以及仿制品材料制成的起装饰人体及其相关环境的装饰品。依照装饰部位分类：1. 发饰：包括发卡，钗等；2. 冠饰：冠，帽微；3. 耳饰：耳钉，耳环，耳线，耳坠；4. 脸饰：包括鼻部在内的饰物（多见印度饰物）；5. 颈饰：包括项链，项圈；6. 胸饰：吊坠，链牌，胸针，领带夹；7. 首饰：包括戒指，手镯，手链，袖扣；8. 腰饰：腰带，皮带头；9. 脚饰：脚链，脚镯等。

首饰佩戴的原则：

1. 佩戴首饰要注意场合；

2. 佩戴首饰要与服装及本人的外表相和谐；

3. 佩戴首饰要注意寓意和习惯；

4. 不宜同时戴多件首饰，应该合礼仪规范。

（二）首饰的搭配

佩戴首饰应与脸型、服装相互协调。首饰不宜同时戴多件。比如，戒指是一种常见的手指装饰品，根据手形与肤色的特点来选择戒指，能为双手增添美感。一只手最好只佩戴一枚戒指，手镯、手链一只手也不能戴两个以上。多戴则显得庸俗，特别是工作和重要社交场合过分穿金戴银是不合礼仪规范的。

1. 项链

具有装饰美容作用，不仅能体现佩戴者的气质感觉，也会因为饰品的光学特性产生奇妙的光线变化，使人的肤色得到美化，更显美丽。佩戴项链要考虑颈的长短和脸型的胖瘦。脸盘宽大者要选择颗粒小而串线较长的项链，产生脖颈拉长的视觉效果；如果脖子细长，脸型窄小，要选择颗粒略大的串型项链，以增加体积感。此外，佩戴时还要注意与服饰相协调。一般来说，参加舞会、晚宴、婚礼和探访亲友等较正式的场合，适宜佩带项链，并要与礼服、套装、裙装风格统一。

（1）项链的款式

① 长款项链的搭配（图 6–68）

女性通过长款项链大面积的局部点缀，能成就出更加优雅婉约的风格，塑造出更高的服饰搭配品位。

身材高挑的女性，项链最好选胸部以下的长度，能令身材比例更加协调。

身材娇小的女性，项链长度最好戴到胸部稍上，不然在视觉上会显得越发娇小。

选择简单款服装的女性，可选择造型夸张、质地厚重的项链，这样可以令整体的服饰大放异彩。

而胸前有荷叶边、层叠装饰的服装，最好搭配细小、单色的长款项链，这样既时尚又不会过于凌乱。

② 层叠项链的搭配（图 6–69）

一般东方女性胸部没有西方女性丰盈，而造型夸张的层叠项链有很强的立体膨胀感，能很好地修饰胸部曲线。

身材娇俏的女性项链一定要选择简单、颜色统一的，例如珍珠或者纯银材质，这样才不会有累赘感。

选择深V领或是裸肩款式服装，最适合佩戴层叠款式项链，它不但能突出配饰，更能很好地修饰颈部曲线。

（2）项链与身体

脖子细长的人，不适合佩戴太长的项链，应选择佩戴项圈或者小巧精致的短项链；脖子比较粗短的人，往往缺乏挺拔的感觉，佩戴较长的项链或者带有长方形纵向延伸挂件的项链，会使脖子有被拉长的

图6-68　长款项链的搭配

图6-69　层叠项链的搭配

视觉效果。

胸部偏小的女性则适合选择组成元素小而精巧的项链，可使颈部吸引他人目光，如果选用长的项链，则会显得胸部更加"苗条"；胸部过大的女性应戴短项链，在视觉上通过强调胸部的"高度"，使胸部有一种缩小的感觉。

（3）项链与服装

佩戴项链应和服装取得和谐与呼应，包括质地、款式、颜色（图6-70）。

如：当身着柔软飘逸的丝绸衣裙时，应佩戴精致细巧的项链，看上去会更加动人；上衣领子是打成蝴蝶结式的，最好不要戴项链，否则会有累赘感；穿单色或素色服装时，应佩戴色泽鲜明的项链，能使首饰更加醒目，在首饰的点缀下，服装色彩也会显得更丰富。

2. 耳饰

在首饰中有突出的装饰效果。耳饰分为耳环、耳钉、耳坠三种。材

图6-70 项链与服装的和谐

质多样、款式繁多、色彩绚丽。选择耳饰要参照自己的脸型、肤色、发型等因素。从职业上看，从事行政工作的宜选用精致小巧的耳钉；从事文艺或服务性行业的可适当佩戴较大的耳饰品。从脸型上看，长脸型的宜佩带圆形、扇形等有扩张效果的耳饰；圆脸型一般要避免圆形耳饰，选择流线型、有细长感的耳坠；方脸型要避免有棱角的耳饰，一般选择弧线条的长坠为佳。

（1）椭圆形脸型（标准型）

此种脸型适应性较强，耳环的搭配应与服装风格协调（图 6–71）。

（2）方脸（国字型）

方型脸蛋的女孩适合佩戴直向长于横向的弧形设计的耳环，有助于增加脸部的长度、缓和脸部的角度，例如长椭圆形、弦月形、新叶形、单片花瓣形等，让它们的丽影成双地在脸颊旁闪耀珠宝动人的光芒。为了避免重复脸形，方形脸的人最好不要佩戴方形的耳环，或者三角形、五角形的等棱角锐利形状的耳环（图 6–72）。

（3）长方脸（目字型）

长方脸的女孩可佩戴圆形、方扇形横向设计的耳环，它们圆润方正弧线优美的特色，能够巧妙地为你增加脸的宽度、减少脸的长度；长脸的人比较适合佩戴具有“圆效果”的耳环，像传统的珍珠、宝石耳钉，紧紧地扣在耳朵上散发个人独特的魅力（图 6–73）。

图6–71　椭圆形脸型的耳饰搭配

图6–72　方脸的耳饰搭配

图6–73　长方脸的耳饰搭配

（4）圆形脸（团字型）

可陪衬长形耳环和垂坠耳环，塑造上下伸展的视觉效果，以避免给人有横向扩张的感觉，看起来更加成熟和俏丽。为了塑造出脸部长度增加、宽度减少的视觉效果，圆蛋脸的女孩应选择如长方鞭形、水滴形等类耳环和坠子，它们能让丰腴的脸部线条柔中带刚，更添几许英挺之气（图 6–74）。

（5）倒三角形（甲字型）

瓜子脸的下巴比较尖，适合佩戴"下缘大于上缘"的耳环，如水滴形、葫芦形以及角度不是非常锐利的三角形等，都可以增加瓜子脸美人下巴的分量，让脸部线条看起来比较直润（图 6–75）。

（6）菱形脸形（申字型）

属此种脸形的人，最宜配的耳环莫过于"下缘大于上缘"的形状了，如水滴形、栗子形等。应避免佩戴像菱形、心形、倒三角形等坠饰（图 6–76）。

（7）三角形脸形（由字型）

适宜选用长椭圆形、花形、新叶形、心形的耳环，可以很好地缓和并修饰脸部棱角和较宽的下巴（图 6–77）。

3. 戒指

从传统的习俗来看，佩戴戒指有较为规范的方式。虽无明文规定，但由于悠久历史的沿袭，已成为一种为大多数人所能接受的、约定俗成的形式。

虽然现在很多人并不讲究这些形式，但在有些场合或者某些特定的情况下，按一定的规定形式佩戴戒指，是体现身份、文化、修养所不可忽视的。

如果是订婚或结婚戒指，应戴在左手无名指上。传说无名指上的血管和神经是直接与心脏相通的。将一生中最珍贵的结婚戒指戴在无名指上，表示对爱情的忠诚以及心心相印。

选择戒指时要注意戒指与手型搭配。手指长而

图6–74　圆形脸的耳饰搭配

图6–75　倒三角形脸的耳饰搭配

图6–76　菱形脸的耳饰搭配

图6–77　三角形脸的耳饰搭配

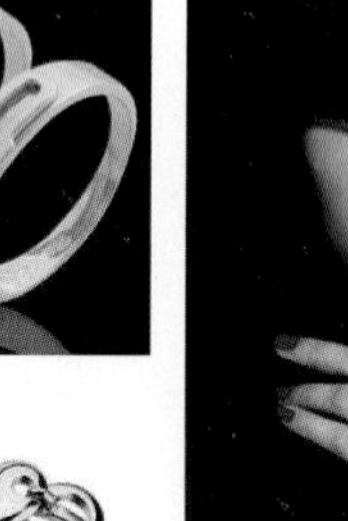
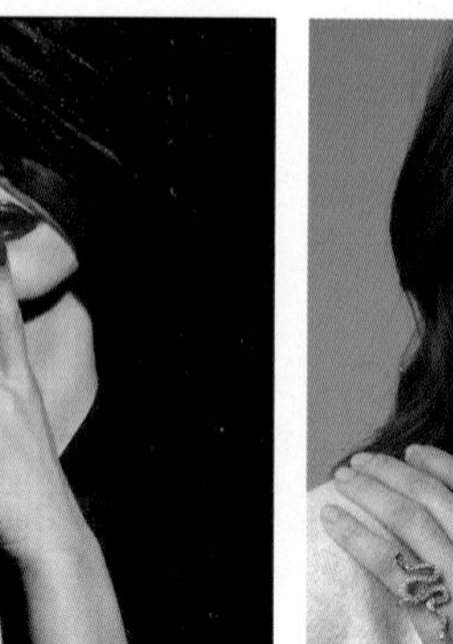

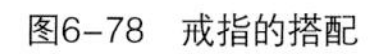

图6–78　戒指的搭配

纤细，并且拥有白皙细腻的皮肤，无疑是佩戴戒指的最佳手型。任何色彩、样式的戒指在这种手指上，都会熠熠生辉。手掌和手指粗大的人，在选择和佩戴戒指时，应该避免用细小而精致的戒指。可以选择中等大小的戒指，最好是镶宝戒、钻戒或玉戒（图6-78）。

4. 胸针

胸针是现代社会中女性常用的装饰品之一，质地多为银制或白金，镶以钻石和其他宝石，将其别在衣襟上，彰显自己的美好身材或身份地位。胸针适合女性一年四季佩戴。佩戴胸针应因季节、服装的不同而变化。

男士也可以佩戴胸针，以体现自己非凡的品味与个性。男士在正式场合佩戴胸针显得更庄重。区别于女士，男士的胸针佩戴方式是很严格的，穿带领的衣服时胸针要佩戴在左侧；穿不带领的衣服，则佩戴在右侧；发型偏左时佩戴在右侧，反之则戴在左侧；而且，胸针的上下位置应该在第一及第二钮扣之间的平行位置上（图6-79）。

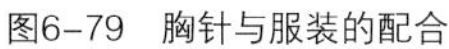

图6-79　胸针与服装的配合

5. 发饰

发饰一般有发卡、发簪、发花等，是辅佐做发型或装饰发型用的物品。发饰式样极多，有的艳丽、晶莹，有的简洁、庄重，同样可根据发型、服装、年龄、场合选配。

在选择发饰前要对脸型和五官仔细研究，配的恰到好处时不仅会为发型增辉，也会显著增加容貌的秀丽。脸型大的人，头饰宜配深色，最好是黑色、深蓝色等不太艳的颜色，免用红、紫、金、银等色。细长脸型的人，可用面纱盖上半截的脸，一来可在视觉上减短脸的长度，二来可增加神秘感，此种装扮非常适合晚宴的气氛（图 6–80）。

发饰的佩戴要与服装风格形成统一。职业装扮一般不佩戴发饰，如果需要也应以简洁、素净为原则；休闲装扮则根据服装类型、款式、色彩有效搭配，以形成整体风格的统一；社交装扮一般重装饰，如果选择晚装或是其他类型的社交礼服，发饰就应该在材料、工艺、档次上相协调。

图6–80　发饰与整体着装的配合

二、常用服饰配件的搭配

（一）围巾类

围巾的装饰作用越来越突出。可以根据场合、服装和当天的妆容、发型来选配围巾的色泽和款式。其功能性和装饰性在服装的搭配中是非常重要的。

1. 丝巾

丝巾的选择和个人的色彩类型及穿着风格是密切相关的。个人色彩是由个人的头发、眼睛、皮肤的颜色决定的，分为深、浅、冷、暖、亮、浊六大类。

深色女人在生活中经常被称做“朱古力”美女，有黑黑的头发及黑黑的眼睛和不太白的肤色，选择丝巾时就要选择一些颜色浓重、色彩浓艳的。不能选过于清浅泛旧的颜色，否则会让脸色显得苍白而没有精神；相反的，一些清浅颜色的丝巾，如浅桃色、浅金色等，适合“浅”色型人系，这类人大多是头发眼睛不太黑，皮肤较白，如果系了深色丝巾，只能显得老气而呆板；蓝色或紫色丝巾充满了浪漫色彩，适合脸上有青底调的“冷”色型人系，“冷”色型人不能系黄底调的丝巾，会显得憔悴而无神；橘黄色等黄底调的颜色是充满阳光般温暖的，但不是每个人用都好看，只有“暖”色型人用才漂亮，“暖”色型人可以选择南瓜色、鲜黄等色调的丝巾；黑黑的头发、白白的皮肤、黑黑的眼睛是“亮”型人，一些亮粉、苹果绿、水蓝等鲜艳度高的丝巾是“亮”型人的最好选择，这些高艳度的颜色会让“亮”型人折射出钻石般的光彩；“浊”色人则应选择饱和度、明度不要太高的中性色彩，较为雅致、古朴的花型可以衬托优雅气质。

丝巾除了颜色选择要选对，还要注意款式、质地和系法，不同的扎结手法使丝巾呈现出独特的迷人时尚，为服饰带来变化。例如：在娱乐场合，将丝巾在胸前打上个花结，显示端庄淑美。在正式社交场合，将大丝巾披在肩上，展示华丽与优雅。在休闲场合，将花丝巾系在颈后，便多了几分飘逸的动感；而且还将丝巾化为女士身上浪漫精致的上衣与优雅飘逸的长裙，甚至成为头巾、发饰与腰带，更可巧妙地系打成轻便的手提袋和腰包，或是作为帽子与皮包的装饰（图 6–81）。

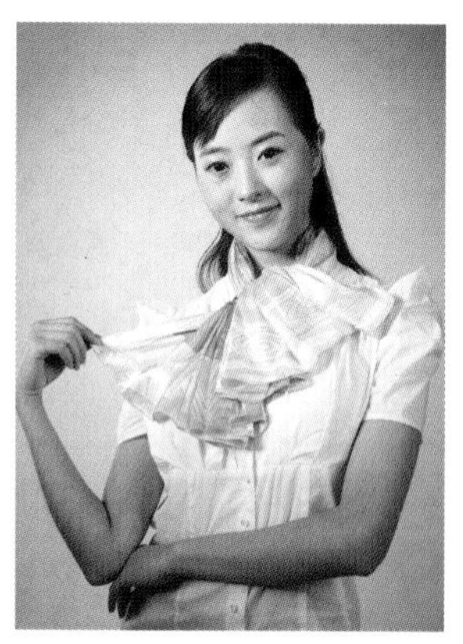

图6–81　丝巾的扎结方式

2. 普通围巾

围巾是围在脖子上的长条形布料，通常用于保暖，也可因美观、清洁或是宗教而穿戴。很多服装如果配有一条合适的围巾，会发生化腐朽为神奇的变化。一身黑衣固神秘，若配有一条色彩丰富的围巾，就会立刻迸发出生动亮丽的感觉。一身过于花哨的服装，如果有一条中性色的围巾相配，也会压住那份喧闹感，平增一份沉稳感(图 6-82)。

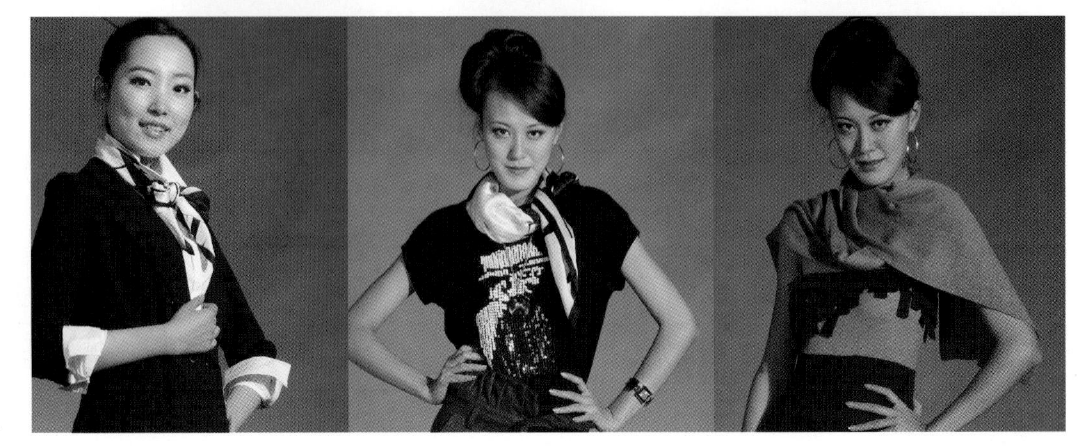

图6-82 围巾的搭配

3. 披肩

披肩也叫云肩，多以丝缎织锦制作，一般以方形为主，也有长方形的大披肩。不同的披肩材质，所造就的视觉、触感也会有所不同。例如：亮片布是常用来做披肩的材质，在印有花纹布面上搭配透明亮片，披肩的色泽可以随着印花布上的花纹呈现多种变化，整体布料相当具有质感。塔芙卡丝质布料材质轻柔，同时具有珍珠般的光泽，所以也常用来作为披肩的材质。另外，棉纺混合材质的披肩，由于含有棉的成分，所以搭配起来格外柔软、贴身，感觉相当的舒服。

在一些交际场所，如果有一条披肩会有礼服的隆重感。春秋用的披肩质地以真丝、纱质、缎质为主，突出亮丽、润滑的质感，衬托雍容华贵的气质。可以出席各种场合，如大型宴会、酒会、演出，着晚礼服出场，搭一披肩，既是装饰又可以弥补晚礼服的某些不足。冬季用的披肩质地以羊绒、羊毛、毛涤、针织为主，款式宽而厚，披在肩上可以抵御风寒。图案和色彩都应选择与服装相协调的。如果服装是花色的，披肩就要素色一些，如果服装是素色，披肩就可鲜艳一些。用好披肩，能很好的表现出女性的美感，也体现出女性高雅的品味（图 6-83）。

图6-83　披肩与服装的搭配

（二）包

包有实用性和装饰性两大功能。提包与服装的关系，首先体现在包的款式、造型要与着装者的体形协调和统一。包和服装在色彩、图案上存在着既对比又协调的美。当选择色彩和图案都很丰富的衣裙时，提包无论在形或色的表现上都要力求简洁、单纯，借此来突出服装的美，同时也反衬出提包的魅力，达到丰富与简单的对比美。如果服装的色彩纯度很低，提包的颜色就应采用较为明快的色彩，形成纯与浊、明与暗的对比，在不失服装灰暗色调的同时，增添了几分活跃气氛。有时常运用配套服饰设计，将提包、腰带、手套、鞋等几种配件均选同一种材料或颜色，产生了强烈的上下、前后的呼应和联系，给人以极强的统一感。手提式皮包通常适用于职业妇女，常用于社交场合。包的颜色要与季节、服装、场合、气氛相协调。正规场合应用羊皮、鼠皮、鳄鱼皮等珍贵的手提包（图 6-84）。

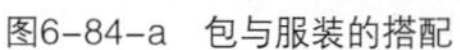

图6-84-a　包与服装的搭配

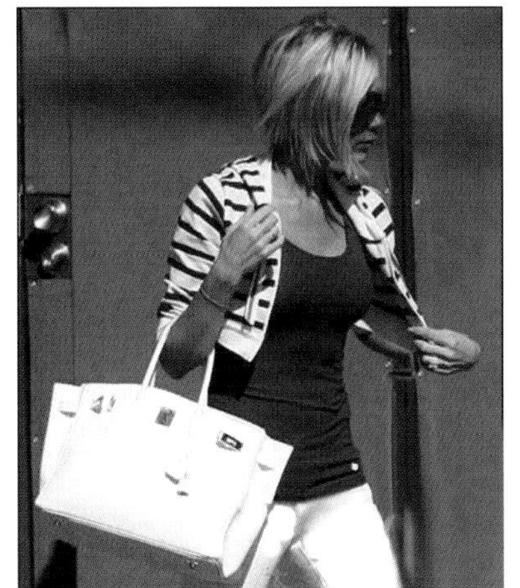

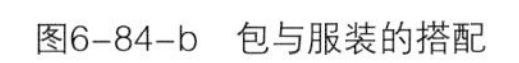

图6-84-b　包与服装的搭配

（三）鞋

一双经典实用款式的鞋子可以让着装者应付各种社交场合都不失礼，它既要具有容易搭配的特性，更要能衬托个人的优雅品味；一双适合与正式西装搭配的皮鞋更能衬托出人优雅的气质；一双适合与休闲服装搭配的皮鞋更能让人自然、洒脱、自信。服饰要达到整体和谐，即从头到脚的颜色、款式相互呼应，才能体现一个人的文化修养、审美情趣和潇洒风度（图 6-85）。

1. 鞋子与裤子的搭配

（1）款式、造型上的组合

通常锥形西裤应与椭圆形尖头皮鞋相配；直筒裤要与鞋面有 W 型接缝的皮鞋相配；猎装裤应配高帮翻毛皮鞋才显得帅气、粗犷。鞋与裤子搭配和谐的关键是鞋形、鞋夹与裤形、裤口的几何造型相近。

（2）颜色上的组合

现代服装讲究色彩，鞋和裤也不例外。最容易搭配的方法是裤、袜、鞋采用色系组合。另外，也可以裤子与鞋用同色系，而袜子用不同的颜色，但应避免反差太大的颜色，如黑和白就不宜采用。再有，裤子为一种颜色，而鞋和袜子用同色系，这样更能突出个性。每个人只有结合自己的特点和个性来选择，才可取得理想的效果。

图6-85-a　鞋与服装的搭配

2. 鞋子与服装的搭配

（1）鞋子与职业装搭配

鞋子与西装搭配的首要条件是款式简单、质地精良。选鞋时一般选购款式普通、品质高档、经得起潮流演变的鞋子，除非有特殊搭配需求尽量不选择具有强烈流行性的鞋子。

给西装配鞋，最不会出错的方法就是选颜色略深于套装的鞋。如果上下衣服颜色不同，那就先找出在全身占比例最大、分量最重的那个颜色，然后再找一双颜色相同的鞋和它相配即可。

（2）鞋子与休闲装搭配

柔软细腻的皮革材料、高科技材料被广泛地应用在鞋上，各种面料的衣服在秋季都会轻松地找到与之搭配的鞋子。

秋季的休闲鞋在颜色上除了延续了以往的黑色外，各种浅颜色的鞋不断增多，这正是为了迎合愈趋细致的服装而设计的。

（3）鞋子与时装搭配

时装的种类风格多样，首先要选择与时装风格一致的鞋子。当然，贵金属永远是时尚装饰品首选的原材料。一双由黄金、白银甚至是铜做成的女士高跟鞋永远不会退出时尚的舞台。金属高跟鞋释放出魅力无穷的色泽，也是高贵、典雅的象征，因此注重穿衣的女士也应该为自己挑选一款金属高跟鞋。

3. 鞋子与袜子的搭配

鞋袜的作用在整体着装中不可忽视，搭配不好

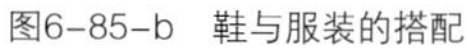

图6-85-b　鞋与服装的搭配

图6-85-c　鞋与服装的搭配

会给人头重脚轻的感觉。着便装穿皮鞋、布鞋、运动鞋都可以。而西服、正式套装则必须穿皮鞋。男士皮鞋的颜色以黑色、深咖啡或深棕色较合适，白色皮鞋除非穿浅色套装在某些场合才适用。黑色皮鞋适合于各色服装和各种场合。正式社交场合，男士的袜子应该是深单一色的，黑、蓝、灰都可以。女士皮鞋以黑色、白色、棕色或与服装颜色一致或同色系为宜。社交场合，女士穿裙子时袜子以肉色相配最好，深色或花色图案的袜子都不合适。长筒丝袜口与裙子下摆之间不能有间隔，不能露出腿的一部分，那样有失美观，不符合服饰礼仪规范。有破洞的丝袜不能露在外面。穿有明显破痕的高筒袜在公众场合总会感到尴尬，不穿袜子倒还可以。总之，饰物的选用也应遵循和谐的原则。

在时尚着装的搭配中，袜子选择彩色印花袜系时，鞋子一定要选择与袜色相近的纯色款式，以免造成搭配过于繁杂而没有了重点（图 6-86）。

图6-86　鞋与袜子的搭配

（五）帽子

帽子有遮阳、装饰、增温和防护等作用。种类很多，选择亦有讲究。首先要根据脸型选择合适的帽子。其次要根据自己的身材来选择帽子。戴帽子和穿衣服一样，要尽量扬长避短，帽子的形式和颜色必须和服饰相配套。

帽子的选择要根据人的性别、年龄、职业等因素来决定，特别是要同脸型相配。一般情况下，脸型较小的人带帽子较为适合。长瘦脸型戴鸭舌帽会显得脸部上大下小，胖圆脸戴鸭舌帽就比较合适；胖脸型的人如果戴圆顶帽就会显脸部大，而帽子小，若选用宽大的鸭舌帽就比较合适。总之，帽子一定要与脸型搭配得当，才能体现出匀称的美感。

其次要根据自己的身材来选择帽子。身高的人帽子宜大不宜小，否则给人头轻脚重的感觉。身矮的人则相反。个子高的女性不宜戴高筒帽，否则给人的感觉是更高。个子矮的女士不宜戴平顶宽檐帽，会显得个子更矮。

帽子的款式和颜色等必须和衣服、围巾、手套及鞋子等配套。戴眼镜的女士们，不要戴上面有复杂花饰的帽子，不宜将帽子遮住额头，帽子要高一些，这样能显出个人潇洒风度和高雅气质（图6-87）。

图6-87 帽子的搭配

（六）手套

手套不仅御寒，而且是衣服的重要饰件。手套颜色要与衣服的颜色相一致。穿深色大衣，适宜戴黑色手套。女士在穿西服套装或时装时，可以挑选薄纱手套、网眼手套。女士在舞会上戴长手套时，不要把戒指、手镯、手表戴在手套外，穿短袖或无袖上衣参加舞会，一定不要戴短手套（图6-88）。

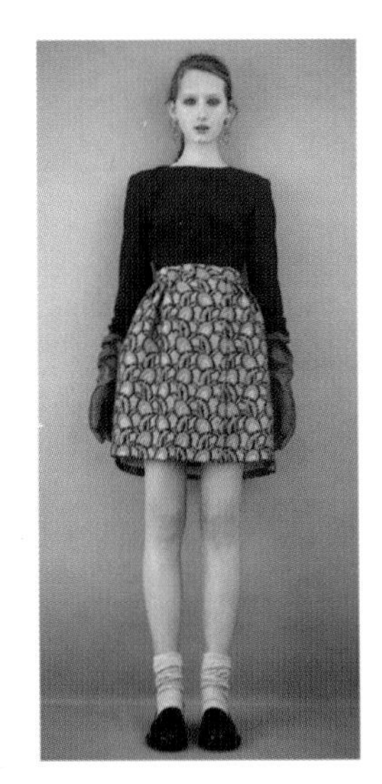

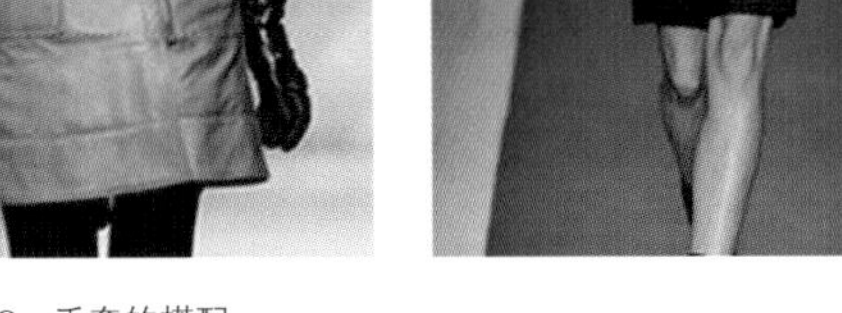

图6-88　手套的搭配

第七章　现代服饰形象设计的创意实施

第一节　服饰形象设计创意的内涵

古今中外，服饰形象从来都体现着一种社会文化，体现着一个人的文化修养和审美情趣，它是一个人的身份、气质、内在素质的表达。从某种意义上说，服饰是一门艺术，服饰所能传达的情感与意蕴甚至是不能用语言所替代的。在不同场合，穿着得体、适度的人，能够给人留下良好的印象，而穿着不当，则会降低自身的身份，损害自身的形象。

服饰形象的内涵分为狭义和广义，狭义上讲是单纯的研究衣服、配件的色彩、款式、风格等协调的搭配。广义的服饰形象是指与服装的款式、材质及穿着对象、使用场合、环境、实用功能等方面联系起来，取得综合的一致。

一、服饰形象设计创意路径

（一）服饰形象设计构想

服饰形象设计从灵感诞生到构思设想再到方案拟定等一系列活动的完成都是以创作者的艺术性思维为基础的，包括了逻辑思维、抽象思维、具象思维、发散性思维、收敛性思维的开发和综合运用。从设计思维运作模式看，是把现象作为时间、空间的过程来评判、考察、分析，并以一种新的意象作为表象固定下来而得到具体的形态计划。

系统科学中把人脑的这一系列设计思维活动称之为"黑箱模式"。形象艺术创作通过思维系统中的输入、输出再经由艺术语言的表达，才能创造出可感知的艺术作品。虽然艺术思维的具体运作过程无法捕捉，"黑箱"内部的东西无法展现，但是唯物主义历史观告诉我们，任何艺术作品都不是凭空诞生的，均有其原生形态。大到一个具体的服饰形象，小到局部形式要素的设计都可以找到其原生的形态（用服装专业语言概括就是灵感来源），再经由组织原则（即设计师造诣水平和审美观念在思维形式上的反映和积淀）以及视觉语言的作用就形成了新的物质形态。

（二）服饰形象设计构想的形成过程

我国形象设计理论的奠基人孔德明教授在他的学科理论著作《形象设计》一书中曾指出："构想是形象设计的动力，也是形象设计的起始点，它贯彻于形象设计的始终……"在服饰形象设计运作过程中，构想从其发生到完成必须经历三个阶段：

1. 初步形成阶段

在现有素材准备的前提下，这是形象设计的第一步，即点子的形成过程。我国著名美学家王朝闻说过："卓越的、富于典型意义的形象的形成，使艺术家在对生活进行反复的观察、体验、分析、研究的过程中，为生活的某些人物、事件或自然景象所强烈吸引，从中领悟到生活的某种意义、价值和美，产生了要把它在艺术上表现出来的念头或冲动而进入到创作的过程……"由此可见，当设计师由景生情触发创作的灵感和念头，所谓的点子就因此诞生了。形象设计从灵感诞生、到创意提出，前期要经历一个或长或短的创作准备阶段。不管这个初始的是突然而发又或者稍显稚幼，却都有可能成为设计的原动力和诱发始因，成为设计过程中的一个依据。当然这个最初的构想在设计中不一定都能够实现，有的甚至经过考验会被放弃。但只要是深思熟虑、切实可行的,往往最终是能够兑现的。

2. 逐步完善阶段

有句谚语"拨开云雾见太阳"正是对这一阶段的形象描述。在第一阶段构想初步形成的基础上,经过修正、重审、再构思,就进入到相对明确化、具象化的第二阶段。设计的主题、内涵、特征、形式、语言、框架等伴随着思想的明确开始形成并构架成一个完整的系统。从第一阶段到第二阶段是一个逐步深化的过程,由偶发到必然、由抽象到具体、由模糊到明晰。

3. 加工完善阶段

这一阶段也是构想落实的阶段。在经历过反复商榷、权衡以及多方实践过后,最终选择趋于合理、完美的思想方案,并把它落实在设计图纸上,至此构想才尘埃落定。

从设计构思上看,为了更好地协助设计对象完成新形象的塑造,形象设计要尊重设计对象的意见但并不会完全按照设计对象的意愿来完成。设计中有大量创造性的部分,需要设计对象做出改变,包括言行举止、行为习惯、穿戴打扮等等方面都有大量的改变,而这种改变不是一个短时间内的模仿或者演出,而是一种由内心真正理解并自然接受而形成的转变,这要求我们必须有合理的执行方案,才能保障设计的成果。

从根本上讲,服饰形象设计需要像医生为病人准确地把脉开方一样,找出个人形象塑造上存在的问题及原因,并为之提供解决问题的办法和途径。

(三)构想的实践过程

具体落实到服饰形象设计的实践中,设计师在接到一个诉求案例时,首先会分析设计对象的基本需求,要知道他(她)较为详细的个人资料。然后就开始进入到初步的构思阶段,充分发挥想象,并引导设计师进入到构思的第二阶段——概念完善阶段。根据设计对象的具体情况确定出设计的主题。例如:如果主题是一位气质卓越的女性出席晚宴场合,就该权衡是选取旗袍的东方典雅形象还是选取礼服的西方华贵形象,主旨一经确定,就该考虑设计的内容,包括服装主体的选择、饰品的选择、头饰或发型的选择、鞋的选择、面妆的选择,既要兼顾款式造型又要考虑色泽、质地。最主要的还要统筹全局,使搭配尽善尽美。最后,当一切胸有成竹之时,经过和设计客体的商榷,敲定出最为满意的方案,并将它运用绘画语言表达出来。

从设计过程看,首先要研究个人形象的基本因素(身体条件、心理因素,个人所处的社会环境等),再同设计对象进行交流,考虑其对自我形象的感受、经验及生活目标,再凭设计师的经验和艺术创造能力建构一个新的形象。新形象在生活中与社会受众交流,社会受众对新形象的印象及感受表现在对新形象是否接纳,在设计师和设计对象共同感受社会受众的态度过程中,对设计进行调整、修改使之趋于完善。设计者、设计对象和社会受众是角色互换的关系,通过社会进行交流,这种沟通设计渗透在整个流程中。

服饰形象设计创意的方法,重点强调人的内外形象的一致性,侧重于实用性。方法的流程如图 7–1 所示。

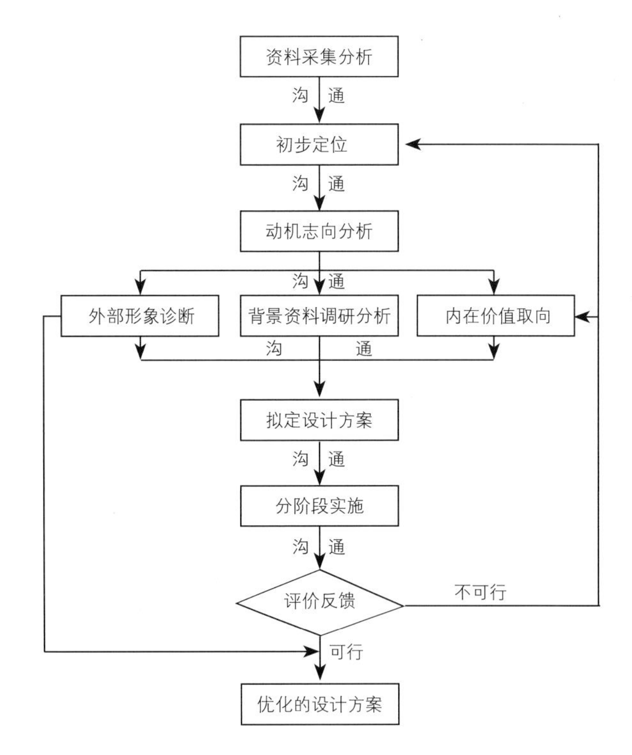

图7–1 服饰形象创意方法流程图

二、服饰形象设计创意方法的特点

（一）规划性

所谓规划性，是指形象设计要把握全局，将远景目标和阶段目标有机地统一，整体规划，通过递进式的长期工作，不断改进与调整个人形象，不能只顾及短期的效果。个人形象设计的系统方法贴合个人的实际生活，不是简单地模仿或套用其他的理论，而是结合个人自身的现状与发展目标，强调在认真搞好与自身形象相关调查的基础上，构建或完善个人形象设计方案。

（二）整体性

整体性是指系统方法具有指导个人思想、行为，规划生活的综合作用。完整的个人形象设计既着眼于外在的可视性研究，同时也关注内在精神的研究部分，是对个人形象不同层面的设计表达。个人形象设计方法不能被简单地理解为某几个方面的构成，而是理论与实践的整体、协调、统一，实现形象与环境、形象与个人追求、生活理念的一体化，形成富有整体感的形象影响力以及整体的感染力。

（三）渐进性

个人形象是外在视觉因素以及内在精神因素的综合反映，无论是个人的行为习惯还是表现出来的气质特征，都是长时间形成的。个人形象的改造不可能取得立竿见影的效果，局部的改变有时会暂时达到较好的效果，例如：化妆、发型之类。但从整体的角度上来讲，这些只是换了包装而已。系统方法更加强调新旧的过渡与融合，个人本身积累的东西已经形成了自己的格调。个人形象随着时间推移、环境变迁又会不断提出新的要求，旧形象与新需求之间该如何协调，在系统方法中强调辩证地处理两者的关系。至少在一段时期内，应保持在一个相对稳定的状态中，在受众的群体中也形成了某种习惯印象，突然改头换面就会使自己难以适应，受众群体也会自觉不自觉地产生某种排斥形象。就是说，个人形象的系统方法提倡渐进性，以求达到潜移默化的效果。

（四）科学性

创意方法以人为本，强调对设计对象本身及环境进行客观理性的分析，不盲目否定，也不会凭空想象，是为不同的设计对象制定各自适合的设计方案和执行计划。个人往往是由于某个方面的不协调而影响到外在的整体感觉：一方面，可以是天生的外形条件、着装等人们时常都可以意识到的；另一方面也可以是动作、表情、言语等并不容易被意识到的。设计中会运用以某个侧重点的突破来带动整体的方法，因为重点突破是解决问题的有效方法，也是容易实现的设计途径，对于问题寻找突破口，选准突破口，再制订方案，以达到良好的效果。

（五）实践性

个人形象设计系统重在落实设计方案，把纸上的设计概念转化为个人的具体行为，始终坚持形象设计的实践性与可操作性。它不仅是单纯的理论模式，也是一个开放的、发展的、不断完善的实践操作流程，使理论部分在实践中得以良好实施。

三、服饰形象设计创意方法实施原则

对于个人形象设计的研究要注重整体性，任何一个环节的缺陷都将使整体受到影响。个人形象设计不是简单的为设计对象包装一个外壳，而是用一个外在的具体的设计行为来体现设计对象的特质，并服务于设计对象的生活和工作目标。我们设计的目标成果需要在执行中体现，如果没有一个成熟的执行方案，再好的设计也是空谈。个人形象设计不同于一个室内装修的设计或者一个时装发布会的现场策划设计，它更加类似于一个大型企划案，一方面需要一个好的设计策划；另一方面，我们也需要具体到这个设计策划的执行过程。让个人形象设计在执行中相互渗透，互为因果，使策划方案和实施过程形成辩证统一的有机整体。

（一）个人内在因素与外在条件相结合的原则

从心理学角度讲，影响形象的因素有内外两大类。例如：在外在身体条件达到较标准的水平情况下，内在因素也许就会占主导。通过形象策划，要帮助透过表象来看待形象问题，从社会审美规范、人际关系、群体氛围等文化现象入手来分析形象，同时也帮助个人走出“自我”，观察周围环境，找到形象上的问题所在，为提高整体形象水平创造条件。

（二）注重个体差异的原则

个人形象设计系统方法的一个重要特征就是强调个体差异，个体的差异决定了个人在外观表现的不同，比如文化水平、生活习惯、外貌等等，设计需要找出差异，并在实施过程中加以激励和灵活调控，把个人形象设计的过程作为不断发展的能动过程，为不同个体充分发展设计有序空间。依照设计标准合理定位，激发个人完善自我的自觉意识，最终完成形象发展的自我认可。

（三）目的分解梯形结构的原则

在形象设计执行过程中，应根据形象设计目的分解成一个个阶段性目标来操作程序，强化阶段性的培养过程。在这里，设计的“最终目的”与“阶段性目标”是不同的两个概念，他们分处于形象设计、培养过程梯形结构的上下端，阶段性目标是设计实施过程中需要完成的具体环节。而梯形结构顶端的目的是生活实践目标，也是阶段性目标的总结和提升，它充分体现了形象设计目的在实施过程中是发展的、能动的。例如：某女性想要在事业上有所成就，而事业的成功需要全方位的努力和许多综合因素的影响，而她首要解决的问题是职场形象的成功，这就需要形象的改造，我们将改造分成不同的目的块，从了解自己的外貌、局部修饰、训练开始等综合培养，步步提升，成功塑造职场形象来为个人事业服务（图7-2）。

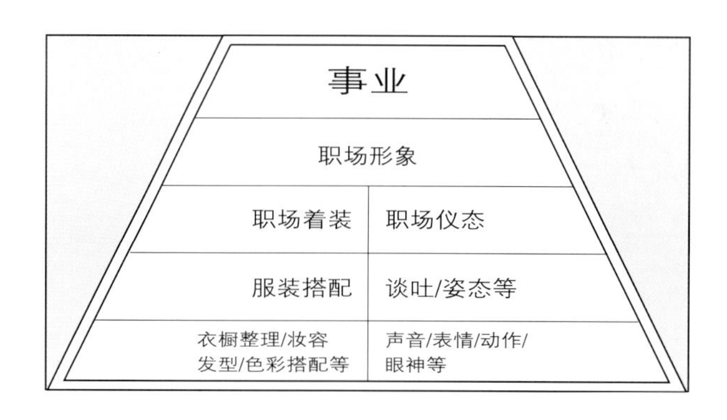

图7-2　形象目标

第二节　服饰形象设计创意的美学要素

一、形式美法则

形式美法则是设计艺术的灵魂，对视觉形象塑造成功与否具有决定性的意义。在服饰形象设计中，色彩、造型、材质、图案、形体等形式要素按一定的方法规律组合后，使服饰美与人体体态美密切统一，才形成了形象的美感。这些因素在服饰形象设计中的组合情况非常复杂，富于变化，但却遵循基本的美学形式法则，映射出不同时代不同民族的共同审美心理。

图7-3　对称平衡

（一）平衡与对称

在自然界，相对静止的物体都是遵循力学原则，以稳定的状态存在的。同理，审美的秩序稳定也是遵循对称与平衡的原则，符合人们视觉均衡的心理要求。

在造型艺术中，“平衡”指同一艺术作品的不同部分和要素之间的量比关系。引申到服饰形象设计领域，通常是指感觉上的量感、明暗、质感、面积、长度等的均衡状态，强调服饰部件与人的体态特征、服饰部件与人的妆型发型、服饰部件与人的气质、服饰部件与人的姿态仪态的高度协调，相互呼应的关系。

平衡有三种情况：

一种是对称平衡，也称之为正平衡。从均衡的角度看，对称就是一种两侧保持绝对均衡的状态。正平衡在心理上偏重于严谨和理性，因而具有安定感和庄重感，是造型设计中最常使用并被受众普遍接受的一种审美形式。

如图 7-3 所示，人物妆面采用对称的小烟熏妆，在发型设计上选择披发并中分，呈现一种对称均衡的感觉。在服装中，胸部和腰部均有对称的口袋装饰，左右呼应、上下对称，使整体形象从上至下对称均衡，在视觉上给人一种平衡感。

图7-4　不对称平衡

另外一种是不对称平衡，也叫做非正平衡。它是以不等质或不等量的形态求得的一种相对均衡状态。非正平衡偏于灵活和感性，运用在造型设计中易于打破对称平衡的沉闷而增加线条的变化，具有动感、轻快感和柔和感。

如图 7-4 所示，模特的面妆采用的是左右对称的方法，在发型设计上左右对称，但是发髻在大小、位置上稍稍有变化，这样在平稳中有了变化，不会显得太过于呆板，整体造型上给人一种均匀、平衡的视觉印象。服装中运用褶皱面料叠加制造出层层的量感，上身右肩的夸张设计与下身左部裙摆的蓬松设计形成不对称平衡，体现出均衡之美。

其三是重力平衡。它是通过视觉感知和心理经验获得的关于重量感的判断。一般来说，较大的形体、较浓的色彩或冷色调、较暗的光影易产生重的视错觉。反之，较小的形体、较淡的色彩或暖色调、较亮的光影看起来则较轻。

如图 7-5 中，人物上身颜色深、体积感小，下身服装的款式中有大面积的褶皱出现，褶皱从上至下增强了服装的体量感，颜色为白色。上身的较小体积、较深颜色，与下身的较大体积、较浅颜色体现出重量的均衡感。

“对称”是平衡法则的特殊表现形式。在造型艺术中多用于表现静态的稳重和沉静。人们在长期的社会实践和艺术创作中发现但凡对称的事物都具有一种相对稳定、长久的美学特征。这种对称美首先来源于人类对自身形体美的发掘：以人的脊柱为中心线，其左右两边人体结构的要素眼、耳、左臂和右臂等处于完全对称的状态。运用到造型艺术或人体包装艺术中，对称能使观者产生稳定、庄重、严谨、肃穆的印象。

对称的形式一般也包括三种：

其一，左右（上下）对称。只要顺着想象的中心线移动过来则双方完全吻合。国服中山装的衣领结构、左右衣片就属于典型的左右对称形式。从服饰形象的角度来看，不仅包括服装款式结构、材质、色彩、纹样的吻合，还包含其他装饰附件的完全对等。这种视觉上高度均衡的状态迎合了传统的审美需求，但由于形式的高度统一，易产生呆板、单调的印象。

如，图 7-6 中人物的面妆选择蓝色眼影、红色腮红与唇色，发型选择左右对称，服装的选择中上装左右的装饰兜对称，下装的裙子上也有对称的口袋，整体服装的装饰左右对称。给人们一种对立，相等的感觉。

其二，近似对称。顾名思义就是讲求宏观、大体的对称效果，在局部或构成要素之间进行细部的变化处理，寓动于静、以变求新。近似对称的视觉印象偏重于活泼、灵动不拘一格，是现代视觉形象设计中的常用表达方式。

图 7-7 中，模特的妆面选择蓝色与红色的主色调，服装在款式上，选择褶皱花边来设计服装，褶皱的装饰性活泼、跳跃，服装从左到右用渐变的褶皱来

图7-5 重力平衡

图7-6 左右对称

图7-7 近似对称

过渡设计，服装整体充满活力。

其三，旋转对称。设置一个中心点，在形象构成的轮廓内顺时针或逆时针旋转，重叠时所获取的元素完全一致。平衡与对称是视觉传达艺术中经常使用的形式美法则，运用到服饰形象设计领域不仅要注重单一元素内部的稳定关系，更要考虑元素之间、元素与主体人的平衡、对称关系。例如：在穿着质地较稀薄的裙装时应尽量减轻头部饰品的分量，避免头重脚轻的不稳定效果。

如图 7-8 中，模特的妆容色彩与服装色彩相互统一，服装重点在裙装部分，裙装的左右相呼应，左边采用褶皱层层堆叠，右边形成蓬松的裙褶，在中间形成衔接，使得整体的裙装不会因为太多的褶皱花边而显得太繁复。

图7-8　旋转对称

（二）节奏与韵律

节奏是指运动过程中有秩序地连续，有规律地反复，构成节奏有两个重要关系，一是时间关系，指运动过程；二是力的关系，指强弱变化，强弱变化有规律地组合起来加以反复，便形成节奏；节奏在变化中显示出美。艺术设计常常借助艺术手段表现对象的运动形态，显示出力度、速度和对比因素的有规律的重复、交替的现象。各门艺术的创作语言不同，形成节奏的基本方式也不一样。服饰形象设计运用形、色、线、轮廓、肌理等的反复呼应和对比、构图的安排、形象的特征展示以及动态显示其节奏。

如图 7-9 所示，模特的发型由圈状发环形成，给人一种跳跃感，服装的重点在亮片的设计上，亮片的点缀由多至少、由大至小、由密到疏，产生了由点到线、由线到面、整体形象的节奏感与韵律感。

点、线、面、色和各种物质材料的特性等要素的间隔不同是产生节奏强弱变化的重要原因，在造型艺术中具有相对独立的艺术效果和审美价值。节奏产生于运动，体现运动的连续性特征，其丰富而有规律的变化给人连贯流畅明快严整等审美感受，形成不同的力感和动感。如：运用在服饰形象构图中通过材质的交相呼应、色彩的冷暖阴晴、块面的分解综

图7-9　节奏

合等，可将物象结构成一个艺术整体，在这些因素之间可以显示出一定的、符合审美规律的格局与韵律，从而形成节奏美感。

如图 7-10 所示，服装的面料有多种颜色组成，碎花面料给人一种跳跃的感觉，在服装的款式设计上褶饰装饰起到了重要的作用，服装的胸部、腰部、裙摆处皆有褶饰点缀，使得服装整体增添了节奏感与韵律感。

当设计元素有规律的抑扬变化，使形式具有律动的、有规律的变化美时就形成了韵律。韵律美融合了诗歌的韵味浪漫和音乐的律动感，使形式产生情趣，具有抒情的意味。节奏和韵律是服饰形象设计中富有灵气的点睛之笔，是艺术形象的一种组织力量，通过点的排列、线条的流动或转折、结构要素排列的疏密关系、色块质感的拼接、光影明暗的转换等要素之间的动态组合体现出来。

如图 7-11 所示，设计作品整体选择黑色和红色作对比，妆面中眼妆的黑色与唇部的红色形成对比；在发型上，选择装饰物做造型，通过装饰物的长短、粗细来形成不同的节奏感；在服装设计中，服装主要通过颜色的渐变表达出色彩的节奏，通过服装褶饰的堆积渐变和色彩的变化，整体表达出服装的韵律感。色的节奏变化，褶的量变堆积，相互结合，增强了服装的节奏感和韵律感，使得服装更具丰富的内涵。

具有节奏美和韵律美的服饰，整体形象充满趣味感和生动感，就像抑扬顿挫的乐曲，或跌宕起伏，或平缓安静，充满变化。例如旗袍的服饰形象：贴紧人体的款式设计、光滑的缎面织物搭配恰到好处的高跟鞋（用以收直腿部线条、提升人体高度）勾勒出女性柔和的曲线美，富有舒缓的节奏和韵律美感。与之背道而驰，20 世纪 60 年代崇尚的波普艺术、欧普艺术，体现在服饰形象上，通过大块面高纯度色彩的反复运用或者图案的强对比效果产生极为激烈的节奏感，就像欣赏一曲震撼人心的重金属乐章。

（三）比例与协调

比例是指事物的此一部分与彼一部分，或部分与整体之间在大小、长宽、多少、粗细等多方面的数量关系所构成的平衡。比例关系最早源于黄金分割，古希腊的毕达哥拉斯学派从数学原理中提出的一种形式美法则，它指事物各部分之间的比例关系为 1∶1.618 或 0.618∶1。一般说来，按此种比例关系组成的任何事物都表现出其内部关系的和谐与均衡。例如：服饰形象设计中服装长短、肥瘦与人体体态有

图7-10 节奏与韵律

图7-11 节奏与韵律

直接关系。构成比例在常规范围之内，才可能让人产生美感。当这些比例符合观者心中所习惯的数理关系时，就会觉得这样的人体是匀称的，是美的。给人以美感的数量关系就称为比例适度；反之则称为比例失调，而突出的比例失调只会产生畸形。服装比例首先要吻合穿衣人的身体，如果下肢比较短，就要尽量使上下衣服的长度比例值稍小一点，这样才能使别人的注意力重心不至于下移，起到拉长腿的视觉效果（图 7-12）。

协调是指事物各部分之间、部分与整体之间的对立统一关系。他强调的是人的一种视觉舒适感受，可以给人一种连贯流畅的美感。一般符合适度比例的事物必然也是协调的。在着装艺术中，面积的划分、长短的安排一般都应当符合一定的比例，才会显得协调，给人以美感。但完全按照标准人体的比例设计出来的衣服，未必穿在每个人身上都会产生美感，因为不是所有人都有标准的体型。有时适度的改变一下服装的比例，可能更能把人体不理想的部分遮蔽和美化起来，弥补先天不足，从而产生协调感。

（四）调和与对比

调和与对比反映了矛盾的两种状态。调和是差异较小的事物之间的配合关系，在差异中趋向于“同”。同一色中的层次变化（深浅、浓淡）以及相近色彩之间的搭配（红与橙、青与紫）都属于调和，使人感到融合、协调。一般着装搭配时，我们会选择调和色彩的服装与配饰，大致有同类色与近似色两种。同类色是由同一种色调变化出来的、明暗深浅不同的颜色。如墨绿与浅绿、咖啡与米色等。上穿浅蓝衬衣、下着深蓝裙子，给人以协调柔和、统一整齐之感。近似色是指在色环上比较相近的颜色，如红色与橙色。由于近似色都是相邻近的颜色，色调变化不强，用在服装上，给人感觉很和谐，与同类色相比更富于变化，因为它除了明度、色度的变化外还有色调的变化。

如图 7-13 所示，整体服装的色彩丰富、艳丽，多种色彩融合在一起，各种颜色通过面积对比、色相对比等，以及通过色彩的明度与纯度的调和，最终使得服装整体色彩丰富，视觉效果好，对比中有调和，整体印象活泼、浪漫。

仅从感觉上讲，服装的调和色彩搭配应该优于单一色彩的搭配，因为调和色在具和谐性的同时又有所变化，更能满足视觉神经的需要。服装形象设计中不仅要注意色彩的搭配调和，风格的统一也是不可忽视的要素。在日常生活中人们往往为图方便而忽略了主体风格的一致协调。

图7-12 比例与协调

图7-13 调和与对比

对比是差异较大的事物之间的并列与比较，在差异中倾向于“异”。在人们的审美欣赏中，常会遇到两种不同的事物并列在一起，由于它们之间的差异与互补，使事物显得更美了。如色彩的明与暗、冷与暖，形体的大与小、曲与直等，都可以使两类事物互相强调、相互辉映，形成鲜明反差，产生对比美。如红与绿、白与黑的搭配，能够给人以鲜艳明快之感，造成视觉冲击力。

如图 7-14 所示，服装的色彩选择白色和黑色两种对比色彩，为了避免过于强烈的对比关系，在黑的裙装上运用了白色镂空花边装饰，来使服装的上装与下装形成呼应与对比，给人整体统一的视觉效果。

对比手法的把握较为多样化，除了色彩的对比，还包含材质纹样、造型特征的对比。例如：面积小与大的对比；缎纹织物光滑于麻织物粗糙质感的对比；方形轮廓线条与圆滑曲面的对比；单独纹样与连续纹样的对比。这种对比是有趣的、新奇的、充满装饰意味的。

如图 7-15 所示，服装在色彩上保持了统一的关系，为了避免单调与重复的感觉，服装在面料的选择上运用了雪纺纱和羽毛相互点缀来完成服装的视觉效果。小面积的羽毛点缀可以增添服装的丰富性与韵律感。材质的对比与调和应用到服装中可以起到装饰服装的效果。

对比与调和虽然是对立的，但它们却都是服饰形象设计中常用的形式原理。当需要活泼欢快的效果时，一般运用对比的形式；当需要庄严肃穆的效果时，则运用调和的形式。

（五）主次与强调

主次是指各种形式要素之间，主体与宾体、整体与局部之间的数量或分量组合关系。一般情况下，如果在一个系统中，没有主次关系，各要素都是对等并列的，则整体上会显得杂乱无章，没有明确的主题。在造型艺术中主要部分应具有一定的统领性，它决定并制约着次要部分的变化；而次要部分服从主体的安排，并对主要部分起到烘托映衬的作用。

如图 7-16 所示，服装整体由单一的色彩设计而成，为了避免服装的单调与平庸，特意增添了胸部的装饰，使整体服装看起来主次分明，重点突出。

图7-14 调和与对比

图7-15 调和与对比

图7-16 主次与强调

主与次的分配不能单凭所占的面积大小或数量的多少来评判，它取决于各种形式因素，如色彩、轮廓、质感、纹样、明暗、饰品在整体形象中的作用。如图 7-16 所示，显然，由于色彩的高度统一、线条的安静柔和，服装在整款造型中已经退居到从属地位，不再成为决定审美印象的主要部分；配件部分（腰间的皮草、手中的拎包、盾形装饰物、颈间的项圈、背部的藤条）以其夸张的造型成为了视线中的亮点，这些细节部分的点缀，改变了面积决定主从的关系原则。由此可见，主次关系复杂多变，并由人们视觉印象的强弱来决定。

如图 7-17 所示，服装颜色由单一的淡蓝色设计而成，但是在细节设计上别出心裁，胸部的褶饰突显了服装的魅力之处，强调了服装的设计重点，使整个裙装富有韵味与活力。

强调是指在构成整体的各要素之间，运用与众不同的创作手法突出局部，烘托主题。它能使视线一开始就关注在特定的部分，然后才向其他部分逐渐转移。强调是在系统中加入的变化，用以衬托主体部分的意境、内涵及风格。从形象审美的角度来看，强调的运用是不可或缺的，它是加强视觉印象，吸引眼球注意力的浓墨重彩。

图7-17 强调

上面所提及的形式美基本法则在具体操作中并非绝对。平衡与对称、节奏与韵律、比例与协调、调和与对比、主次与强调的美学原则，在审美情趣中具体表现为视觉的和谐、舒适、统一、优美等种种美的感受；相比较而言，所谓的“丑”则违背一般美学原则，具体表现为用色杂乱、比例失调、搭配不合理。通常我们认为美与丑是绝缘的，但实际上美与丑既是对立的两极，又有着千丝万缕的联系。例如：由于某一特定服饰形象立旨于标新立异、追求个性，会故意打破传统的审美经验，去追求所谓的“形式丑”。丑并非恶，当丑的事物符合一定的目的性时，它也就成为了美。因此，在形象设计中决不能照搬美学原理的条条框框，灵活运用、借鉴一定的法则，融入个性化语言才能使美的概念丰富、深化、变化多端。

二、服饰形象的审美性

培根将人的美划分为三部分：服饰美、姿态美、容貌美。

服饰美是指服饰空间内部所呈现出来的美感特征，通俗地讲就是人们的穿着打扮所体现出来的美。服饰形象的审美愉悦，除了要符合美学原理的基本法则，即服饰应当具有物质美的属性外，还应用辩证的眼光来看服饰形象，作为物质文化的产物，服饰不与人体结合，是难以飞跃成为一种精神文化的，只有当服饰品满足了穿着者在社会活动中和自我欣赏上的审美需求时，服饰才会由保护肌体的基本功能向满足个人社会性需求的功能飞跃。

服饰美与人的体态、容貌美是相辅相成的，没有美的人体，构成不了服饰的美感。正如一套服饰品陈列在橱窗中，我们只能评价它是不是一件好的商品而不具有任何实际的意义，只有穿着在具体的人身上，结合人的气质形象、体态特征，才能评论它是否具有美感，是否真正发挥了扮美人体的作用。由此可见，塑造服饰形象美的关键在于最佳地展示人体体态美的信息，融合人体美和服饰本身的属性美。

主要有以下两方面的衡量指标：

1. 服饰必须能够与人体完美结合并且对人体起到扬长避短的作用。人的最佳体态美是由人体和衣饰共同构成的。人体是按照美的规律所创造出来的，是蕴含着对称、平衡、比例、节奏、和谐以及多样统一等形式美规律和法则的，因此，巧妙地利用服装的包裹遮掩、裸露突现等服饰手段，突出显现人体美的特长，遮掩克服人体先天的缺陷和不足的部位，能使人体的自然美、人体的社会美和人体的修饰美在和谐统一中更加完美。

2. 服饰的外延和内涵应该能够强化着装者的身份地位，展现其审美情趣及个性。从某种意义上说，服饰是思想的外衣，人们的衣着打扮不仅是其身份、地位的表征，还可传达出其品味、追求、修养、气质、性格等相关信息。意大利名作家兼导演克莉丝提娜·康嫚希妮（Cristina Comencini）有一句名言“当人们与他们的穿着和谐一致时才可称为高雅”，他传递出一个浅显易懂的道理：无论衣饰是否名贵，重要的是不要让观众感觉到衣在穿人，而一定是人在穿衣，并与之融为一体，在举手投足间，散发给人和谐统一的美感。

人的形体是集灵、肉于一身的外在表现形式，人的心灵性格必然要通过人的表情、行为、动作反映出来。所以，充分利用人的心灵美和性格美语言表现出的形体美，是有助于突现服饰美之魅力的。通过强化穿着者心灵美和性格美的品德修养，提高对服装特点的理解和对美的追求，来掌握人体的姿态美、动作美，这是用形体表情不断赋予服装色彩、线条、造型以内的生命，是使服装在人体语言的表述中更具生命活力的关键。

总而言之，只要不破坏人与衣的和谐美，不破坏衣与境的和谐美，只要衣饰符合社会的审美观，朴素淡雅是美，富丽堂皇也是美，雍容华贵能称美，标新立异也为美。

第三节　形象定位与创意实施

形象定位,即个人在社会中的位置、在公众中的位置、在职业领域中的位置。现代个人形象只有准确定位,才能进一步突出并提升其形象。准确的形象定位是个人形象设计中十分重要的一环。应根据个人的基本情况概述(姓名、职业、年龄等)、个人的自身特点以及个人形象期望确定自己在社会中的整体的、综合的形象。

形象定位要了解设计对象的需求,针对不同的个体进行不同的设计定位。对设计对象的职业特点、习惯、兴趣爱好都应进行调查分析,同时也应包括身高体态、生活状况等各个方面。对设计对象的分析是设计定位的基础。

一、关于设计对象的分析内容

1. 形象期望、心理需求分析

一方面,要分析引起设计对象改造形象的原因,比如个人生活实践目标、外界的建议等;另一方面,分析一些潜在的形象影响因素,包括学识、爱好、人生观、价值观和两性观等。

心理学家认为:"理解一个人行为的最好方式就是了解他所在的地点以及他当时所扮演的角色。"了解设计对象也同样要了解他的周围环境、社会角色。对设计对象的分析调研往往能进一步加深设计师的思维与方向,从而提出针对性强的设计方案,达到良好的设计效果。其中应根据个案分析调研来对设计对象的个人形象发展方向进行预测,加深对个人空间的广泛性了解。

(1)外部环境:包括目前的生活环境、居住环境、家庭环境、亲友环境。

(2)工作环境:工作单位、工作交往环境。

(3)社交环境:社交的对象、社交的目的。

2. 个人人格气质测量

气质是稳定的、习惯化的思维方式和行为风格,它贯穿于人的整个心理,是人的独特性的真实写照。这个环节的分析中主要包含了个人的气质倾向、个性特点等。

3. 形象诊断

个人色彩、风格特征的观察、分析与测量。这部分需要进行个人体型的分析,具体就是:通过测量分析五官特征、比例、身材特征等,明晰身体各部位的优点和缺点。

二、形象设计与测量评估

个人身体的基本条件是进行形象设计的原型基础。要通过快速、简便、实用的工具测量计算,与目测、对比测量评估相结合来实现基础测量,以了解设计对象的身体条件,作为设计方案的参考依据。针对人与生俱来的肤色、发色、瞳孔色等身体色基本特征和人体身材轮廓、量感、动静和比例的总体风格印象,通过专业诊断工具,测试出人的色彩归属与风格类型,为人找到最合适的服饰颜色、款式、搭配方式和各种场合用色及最佳的妆容用色、染发色等,通过咨询指导方式帮助人们建立和谐的个人形象。

评估个人形象时,可以利用一些有趣的心理测试来帮助了解设计对象,以较好地完成设计。

个人形象小测试:你的个人形象怎么样?

请回答下面的24个问题,经过评分后就可判断你的个人形象怎么样,仔细阅读每一个问题,凭第一感觉,选择一项符合你实际情况回答。其中:

A=非常符合我的情况、B=比较符合我的情况、C=不一定、D=不怎么符合我的情况、E=根本不符合我的情况。

测试题：

1.你可以把自己的想法用语言完整地表达出来。(　)
2. 别人都说你有风度。(　)
3. 你觉得自己的表情表现有时有点过分。(　)
4. 因为有特殊性原因没有尽到自己的责任是可以原谅的。(　)
5.你有自己的处世哲学，而且随时间不断成长。(　)
6. 你对外来文化很反感，不愿意接受。(　)
7. 别人都说你知道的东西很多。(　)
8.在你紧张或高兴的时候，就会有点不知所措。(　)
9. 你认为化浓汝可以充分体现自己的优点。(　)
10.经常有人向你请教一些专业性比较强的问题。(　)
11. 遇到一点不好的事，你就有点手忙脚乱了。(　)
12. 你的性格别人难以接受。(　)
13. 你对自己的长相感到满意。(　)
14. 再怎么困难的东西，你很快就能学会。(　)
15. 从记事起，你就有很明确的世界观。(　)
16. 你特别钟情于传统文化。(　)
17. 你能很好地控制自己的表情。(　)
18. 你的语言表达不怎么流利。(　)
19. 你认为，道德比人的生命都重要。(　)
20. 你对自己的身高感到不满意。(　)
21. 你的身体动作很协调。(　)
22. 你认为适当的化妆可以使自己更自信。(　)
23. 你觉得自己的知识比较丰富。(　)
24. 你经常不能控制自己容易激动的情绪。(　)

评分方法：

题号为3、4、6、8、9、11、12、18、20、24者，选A=1分、B=2分、C=3分、D=4分、E=5分；其余题号选A=5分、B=4分、C=3分、D=2分、E=1分。

结果分析：

本测试的满分为120分，得分越高，证明你的个人形象越好。

如果你的得分为24-60分，证明你的个人形象欠佳，你对自己也缺乏信心。

如果你的得分为61~75分，证明你的个人形象一般，你对自己也不太满意。

如果你的得分为76~100分，证明你的个人形象较好，你只是对自己存在的一些小问题感到不太满意。

如果你的得分为101~120分，你不但是一个俊男或美女，你还是社交高手，拥有丰富的知识和社会经验。

1. 形象评估

(1)形象评估(图7-18)

期望目标：与气质相符的多元的职场及生活着装形象

目标差距：单一的形象特点

(2)形象评估(图7-19)

期望目标：商务休闲

目标差距：职场的亲和力

2. 外观形态分析

下面我们以两个例子来介绍形象设计的流程与方法。

(1)面部分析(原型女)(图7-18-a,图7-18-b)

皮肤类型：敏感型

脸型：圆脸

眉型：扫把眉

鼻型：塌鼻梁

唇型：薄线形

表情特征：甜美

头发分析

发型：直发　发色：黑

发质：中性　发长：长发

体型分析(图7-18-c~e)

类型：标准型

特点：体型匀称

(2)面部分析(原型男)(图7-19-a,图7-19-b)

皮肤类型：混合性

脸型：长方脸

眉型：一字眉

(a)

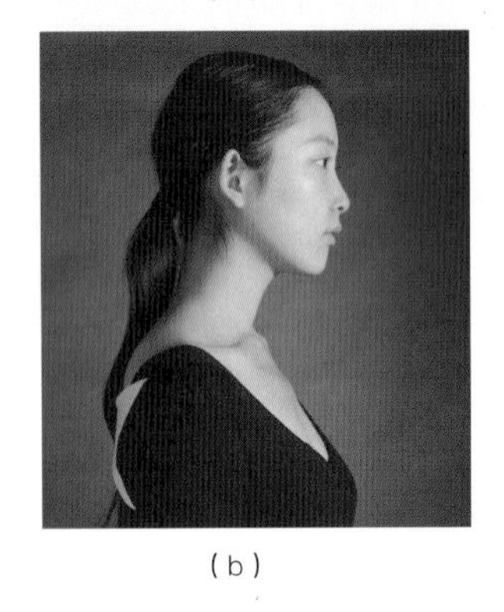

(b)

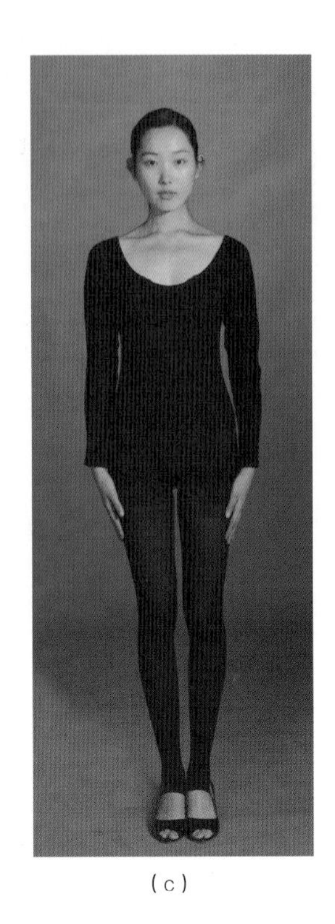

(c)

(d)

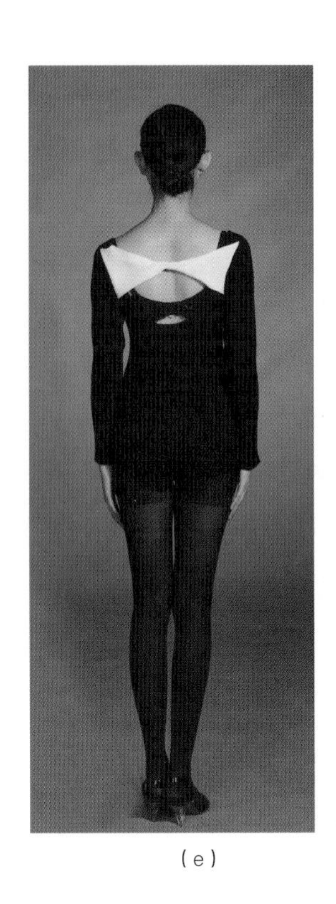

(e)

图7-18 原型女

(a)

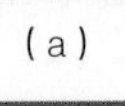

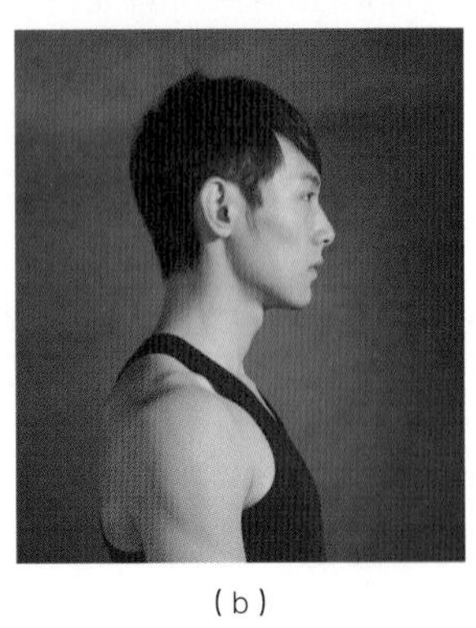

(b)

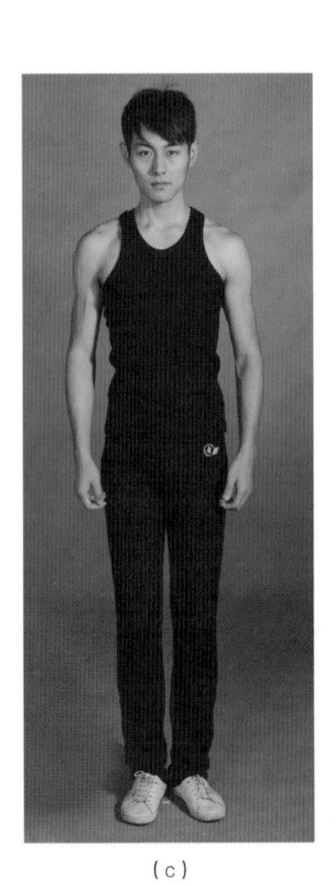

(c)

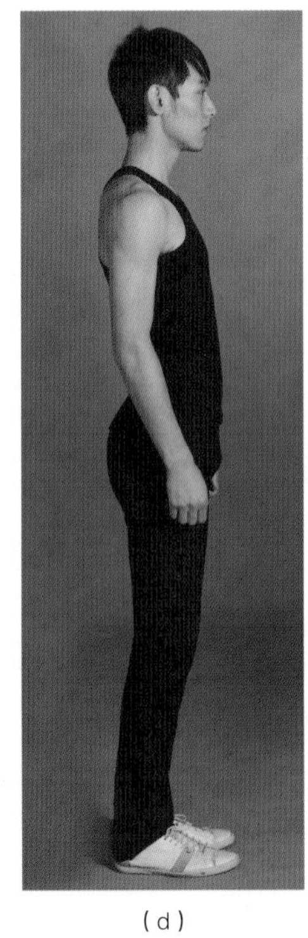

(d)

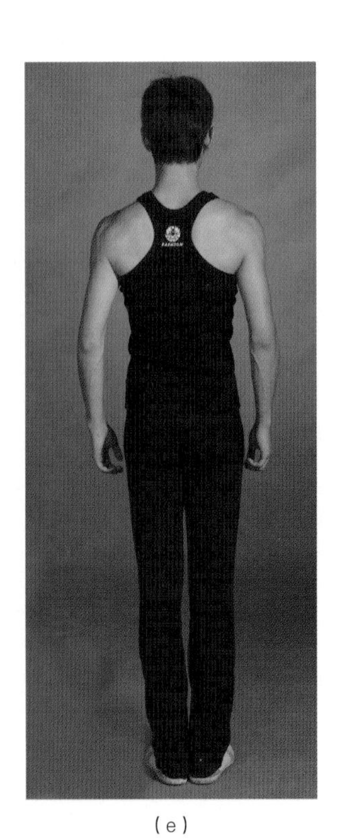

(e)

图7-19 原型男

鼻型：翘头鼻

唇型：双峰型

表情特征：阳光灿烂

头发分析

发型：偏分直发　发色：灰黑

发质：油性　发长：短发

体型分析（图 7–19–c ~ e）

类型：T 型

特点：匀称

期望目标：商务休闲

目标差距：职场的亲和力

3. 色彩诊断

关于色彩要根据个人的生理特点以及心理偏好来综合诊断，不能过于客观而忽视了个人的喜好，否则，如果着装者选择了适合而自己却很讨厌的颜色，那么着装者心理也必然会不舒服，仍然会影响着装的整体形象，所以要综合起来考虑，以求达到较好的效果。

（1）基础色彩（女）（表 7–1）

肤色：米粉色　头发：黑色　眼睛：褐黑色

色彩属性：亮色人

Y 代表适合的色彩，P 代表偏好的色彩系数

表 7–1　个人色彩参考表（女）

色族	适合的色彩	偏好	参考色彩
黄	Y	P	适合
橙黄	Y		
橙	Y	P	适合
橙红	Y	P	最佳色
红	Y	2P	最佳色
青黄			
绿	Y		
青蓝			
紫红	Y		适合
紫	Y	P	
紫蓝			
蓝	Y	P	适合
白	Y	2P	适合
灰	Y		浅灰（适合）
黑			
棕			

适合的服装色彩（图 7–20）

图7–20　适合的服装色彩

（2）基础色彩（男）（表 7–2）

肤色：古铜色　头发：黑色　眼睛：黑色

色彩属性：深冷色人

Y 代表适合的色彩，P 代表偏好的色彩系数

表 7–2　个人色彩参考表（男）

色族	适合的色彩	偏好	参考色彩
黄	Y	P	暗黄色（适合）
橙黄			
橙			
橙红		P	
红	Y	P	深红 暗红（适合）
青黄			
绿			
青蓝	Y	P	适合
紫红	Y		
紫	Y	P	适合
紫蓝			
蓝	Y	P	
白	Y	2P	适合
灰	Y	2P	最佳色
黑	Y	2P	最佳色
棕	Y		

适合的服装色彩(图 7-21)

图7-21　适合的服装色彩

三、形象定位与方案制定

可以从社会定位(包括个人的收入与阶层状况)、年龄特点、个人性格爱好等方面进行综合分析,然后制定方案。

根据个人情况不同,制定的设计方案要随之调整,一般将设计分为三阶段:(1)基础改造阶段;(2)分段试行阶段;(3)全面推行阶段。

(一)第一阶段:基础改造阶段

1. 表情、姿态练习

内容:包括基本的仪态训练——基本训练包括坐姿的要领;站姿的变化;坐姿变化;走姿训练;引领及指示的手姿与体位(不同方向要领);鞠躬礼要领及练习;握手礼要领及练习;表情练习;目光凝视规范与视线控制;身体语言等关于职场、生活场合的多种知识更新与形态训练。

时间:2 周 ~ 3 周(依情况调整)。

形式:仪态培训光碟自修与实地培训指导相结合(由于设计对象工作繁忙,没有过多时间专门进行培训学习)。

2. 简单的面部修整、基础化妆训练

内容:基础皮肤保养与面部修整基础(提供本人肤色参考);化妆步骤及要领训练。

时间:2 周。

形式:培训光碟自修与实地培训指导相结合。

3. 在现有服饰中选择较接近期待形象的进行重新组合搭配

内容:(1)个人体型气质色彩的服饰参考解析;(2)衣橱归类。主要根据个人的色彩属性和风格、特性喜好,整理出职业场合、休闲场合、运动场合、宴会场合等多种场合的服装搭配方案,让其衣橱条理有序;(3)陪同购物。适当的在原有基础上的风格转变选购,以实现搭配上的美丽渐变。

时间:2 ~ 3 天。

形式:根据设计对象的服饰拍照归类。

4. 组合场景练习

内容:参考经典案例解析;聚会场景、办公场景训练。

时间:60 分钟。

形式:模拟训练与冥想训练结合。

(二)第二阶段:分段试行

1. 根据个人的训练结果及接受程度进行初步的改变

内容:依据个人着装习惯进行类似或交替风格的购衣计划;化妆品添置计划;陪同指导购物。

时间:30~100 分钟 / 次

2. 新旧交替试行计划

内容:新风格与旧风格搭配着装;面部透明妆、发型微变。

时间:2~3 周

3. 短期目标针对性地改造试行

内容:职场形象试行;朋友聚会形象试行。

时间:1~2 周。

4. 试行调研、反馈

内容:个人反馈;受众人群反映情况,尤其是异性的反馈情况。

时间：1～2 周。

（三）第三阶段：全面推行

1. 逐步展示个人生活新形象

内容：全方位的形象转变行动，以月为单位，让形象逐步靠近形象期望。

时间：3 个月以上。

形式：设计对象自己内部调整与设计师沟通相结合。

2. 跟踪记录反馈

内容：检验效果；完善方案；延伸方案计划。

时间：3 个月以上。

形式：设计对象自我记录，与设计人员及电子跟踪记录相结合。

四、不同场合服饰形象的实施

（一）商务场合

1. 普通商务场合

在商务活动中，着装形象以强调和体现出人们睿智干练、积极进取的精神气质为准则。服装的样式以简洁大方为主要风格特征。

男装的标准样式：暗色的普通西式套装。服装的造型挺拔规范，体现出男性坚毅稳健的个性。此类西装领以枪驳领和平驳领为主，搭配中等大小方直线条的衬衫领型；领带可以随流行而有不同的宽窄变化，但在色彩和图案上尽可能选择中性色相的颜色和中等大小的纹样（图 7-22）。

女装的标准样式：修长的领型和一颗扣子的处理使得整件服装的视觉中心汇集在腰部，加上 A 字形的裙子使得整件衣服显得女性味十足，是晚宴小礼服的简约款，彰显独特的气质（图 7-23）。

2. 高级商务场合

这种场合主要是指特别重要的商务洽谈、出访以及各种论坛等。在这种场合中，作为男性的服装，除了要表现出其在职场中专业的一面，还要表现出其在重要场合中智慧的一面。一套裁剪精良、做工考究的经典黑色西装便是最佳的选择。与之搭配的也是简洁大方，线条挺直的白色精梳棉纤维衬衫，色调和谐却能画龙点睛的丝绸质地的经典款型的领带，起装饰作用的手帕和扣钉也要与领带的色彩协调一致（图 7-24）。

女装适合的职业：教育界（搭配有领衬衫及裙装），商业经理（搭配有领衬衫及直筒裤）（图 7-25）。

图7-22 男士商务场合服饰形象设计

图7-23 女士商务场合服饰形象设计

图7-24 高级商务场合服饰形象设计

图7-25 高级商务场合服饰形象设计

图7-26 社交礼仪中晚宴场合服饰形象设计

（二）社交礼仪

1. 晚宴场合

这里所指的晚宴场合并非是亲朋好友之间的轻松相聚，而是指商务范畴的宴请和政府间甚至是国家间的宴请，因此十分的正式和重要。在现代社会中，由于生活节奏的加快，在这样正式的场合中，人们不再穿着古典的有尾礼服，而是以相对轻松的无尾小礼服代替。因此，无尾礼服成为当今男士们参加正式场合时的必备装束。依照礼仪，参加正式餐宴的男士最好穿着黑色素面的西装，除了领子与长裤侧边外，应避免任何花哨的装饰。而且，唯有白色的百页型衬衫、黑色的领结、黑色的宽布腰带（百页褶向下）、黑袜以及黑色的短筒漆皮鞋，也可以是高级白衬衫和造型简单大方的黑色亮皮绑带皮鞋可与之搭配（图 7–26）。

时尚变化型非同寻常的细节变化是这类职业装束的典型特征，在整体上强调干净整洁的观感前提下，以细腻的变化手法丰富服装的整体感觉，向观者传递一种专业但不呆板的晚宴感觉（图 7–27）。

图7-27 社交礼仪中晚宴场合服饰形象设计

图7-28 典礼场合男士服饰形象设计

2. 典礼场合

这类场合包括各种大型典礼、歌剧首映以及婚礼等隆重豪华的场面。在这种场合中，礼仪要求虽然不如高级商务场合和晚宴场合那么正式和严谨，但是用最考究的装扮向所有在场的嘉宾表示敬意和尊重的心情应丝毫不亚于前面两个场合（图 7–28、图 7–29）。

（三）社交休闲

1. 俱乐部休闲

如今，一些成功人士十分喜爱在闲暇的时间去自己心仪的俱乐部，与三五好友或同仁一起畅所欲言，这样的风气越来越浓，并已经形成了都市生活中一道独特的风景线。由于俱乐部文化是由欧洲传入，它是一种身份和品位的象征，因此进入到一些高品位的高端俱乐部也成为精英人士的追求。俱乐部服装便是男士在这样的场合中穿着的服装品种。由于是属于休闲场合，故而服装的整体气氛以凸显男性豁达洒脱

图7-29 典礼场合男士服饰形象设计

图7-30 男士休闲场合服饰形象设计　图7-31 女士休闲场合服饰形象设计　图7-32 男士休闲服饰形象设计　图7-33 男士休闲服饰形象设计

的随性气质为首要任务。俱乐部服装也是以西式套装为主要款式，主要是在材质和细节上区别于其他的西装品种。例如选用类丝绒、粗纺毛呢面料。一些高端的俱乐部是身份和地位的象征，因此将这些俱乐部的会标刺绣在服装上也是这类服装的特点之一。为了表现休闲的气氛，下身的裤子多与上衣的颜色有所区分，常用比上衣浅的颜色。衬衫也是休闲类的，在细节上与外套配合传达洒脱的运动感。

2. 时尚休闲

时尚休闲场合着装是出席特殊休闲场合穿着的一种较为随意的着装，既让你感到舒适，却又不失得体。最重要是要凸显个性，着装应适宜场合的需要（图 7-30 ~ 图 7-33 ）。

五、形象设计创意结果的总结评定

服饰形象设计要求在设计时必须考虑人物的性情、职业、身份、年龄、爱好和习性，同时还要顾及人物所处的环境以及时代背景、经济条件等诸多因素。日常生活中，我们通过一个人的着装习惯和爱好（偶然性除外），大抵可看出他的性格特点和职业特征，服饰的选择对人物形象尤为重要。倘若服饰与人物个性、气质环境等不符，人物形象就会受到影响。

现代服饰形象设计要考虑个人的需求、形象的期望、可持续发展具有的作用和意义以及能为社会公众所接受，个人的形象直接涉及到受众对它的评价和接收性，受众有很重要的评价地位。对于个人本身的形象问题，要保持自己的特点与细节设计差异化的特征，形象既要满足不同受众的形象期待，又要立足本身实际特点与形象期望。

服饰形象设计从设计分析——设计——实施——适应是一个较长的过程，它涉及到个人、社会、环境等各个层面与各种关系，个人形象设计必须解决好这种层面与关系，才能达到设计的目标与要求。形象设计要追求内外一致，和谐统一。按照这个主张构成基本思路，提出设计原则，以形成形象设计的系统方法。

个人形象设计系统方法研究为形象设计提供了可操作化的途径，提供了可参照和借鉴的框架。此方法强调在研究个人的心理需求的同时，注重环境的影响，研究时代审美、研究社会与人的共性与个性之间的关系，突出地反映个人的内在和外在特征，在与环境的结合中展开设计活动。

第八章　现代服饰形象设计的解读

每个人在不同场合中的服饰形象应当体现出个人的职业特点、性格特征和个性魅力。根据礼仪的规范，在社会交往中，个人接触的各种具体场合，大体上可以分为三类，即公务场合、社交场合和休闲场合。在这三类不同的场合之中，个人所选择穿着的服装，在款式、色彩、面料等方面应当有所区别，所形成的服饰形象应给人不同的视觉观感。

服饰形象观感是一种综合性的视觉指标，是用来衡量和评价人体着装状态下，由服饰形式要素及服饰空间内部人体自然体态相互作用、相互协调所形成的视觉情绪特征。服饰形象观感是服饰形象设计所形成的综合视觉情绪特征，或舒缓或强烈，或柔和或奔放，或简单或复杂，或优雅或浪漫，不同的着装形象必然引发不同的情绪体验。例如：波浪卷发、X型线条轮廓、悬垂褶皱、粉红色调、花卉图案，所形成的视觉印象必然是优雅、柔和的女性特质，这就是整体的服饰形象观感。

服饰形象观感的分类是根据成年人基本审美规范，从诸多纷繁复杂的视觉印象中提炼出共性的视觉特征。关于服饰形象观感的解读，对于个人服饰形象的设计、传播推广和服装生产实践有一定的指导意义。在进行形象设计时应根据个人风格倾向、年龄等因素在不同场合呈现不同的服饰形象观感。

第一节　职业服饰形象设计

随着社会的发展，普通职场人士对自己的形象也越来越重视，因为好的形象可以增加一个人的自信，对个人的求职、工作、晋升和社交都起着至关重要的作用。所谓职业形象设计，就是根据从业者的职业要求、行业整体形象要求和个体特征，运用多种科学理论、方法和技术对其职业形象的各要素进行系统的设计和开发，并进行训练的过程。

在欧美国家的商业界有这样的说法："you are what you wear!"。这说明成功的职业服饰形象对自身有暗示作用。在当今激烈竞争的社会中，一个人的服饰形象远比人们想象的更为重要。形象无时无刻地在影响着周围人对你的评价以及个人自信心的树立。美国心理学家乔伊斯认为"服装可以造就男人，也可以造就女人，最好的、最强烈的印象就是由穿着造成的。"在职业场合不同的服装会给人以不同的形象。世界著名大型企业对职工的服装要求一向都很严格，也很讲究。有人认为，日本企业的集团主义源自企业的制服文化，看来不无道理。服饰的雅致和整洁有一种无形的魅力。有人说："服饰左右你的成就。""对一个企业家来说，西装就等于你的名片，等于是公司的徽章。"可见服饰对个人形象的塑造起着十分重要的作用。正如美国形象设计大师罗伯特·庞得所说："服装是视觉工具，你能用它达到你的目的，你的整体展示——服装、身体、面部、态度，为你打开凯旋的胜利之门，你的出现向世界传递你的权威、可信度、被喜爱度。"

在当今市场经济竞争十分激烈的情况下，形象力已经日益成为一种核心竞争力。形象之功，堪胜千言万语。塑造完美的职业形象，不仅能彰显个人的专业实力，也是提升组织整体形象的重要基础。形象力已经成为一种新的生产力资源，成为一种对公众的凝聚力、吸引力、感召力、诉求力和竞争力。职业服饰形象设计帮助职场人塑造良好的个人职业形象和企业形象，赢得客户好感，在竞争中从容胜出。同时能提升个人整体素质，给人留下深刻的专

图8-1 良好的职业服饰形象彰显职业风采

业形象，彰显职业风采（图 8-1）。

一、职业服饰形象设计要点

（一）成熟稳重是职业服饰形象关键

一般公务场合是职业女性、男性上班处理公务的场合。在工作岗位上，服装要与团队成员达成和谐，着装应当重点突出“庄重保守”的风格。职业服饰形象应围绕两个核心坐标点，一是成熟、稳重、优雅，二是含蓄、低调、简洁。例如：两名女同事，同时在办公室想同一个工作问题：一位穿得花枝招展，而另一位则大方、美观、稳重，在别人眼里，第一位会被误解是在胡思乱想，而另一位则会被认为是在考虑重大公事。

工作时个人是群体中的一员，服饰形象在满足自我情趣的基础上，也要考虑工作环境中其他人的视觉感受，所以那些色彩刺眼，过于暴露的服装是不适合上班穿的，高明度的色彩会给人以骚动、不安之感；太短的裙子、过低的领口、薄透的面料出现在工作场合中都显得不雅观，职业装宜选用款式含蓄庄重、色彩中性的服装。

（二）整体设计力求和谐

我们评价个人形象美的标准是“和谐”二字。和谐的职业形象要从以下几方面装扮：

1. 色彩适宜，明暗适度。选择适宜的色彩能体现职业特点，衬托人的肤色。最适宜公务场合穿着的服装颜色是：灰、炭灰、深蓝、驼黄、黑、铁灰、深褐、灰褐、深黄、深红色、白色、米色等中性色彩（图 8-2-a）。

2. 着装与体型要恰当，衣服款式与个人风格要一致。个人应找到合适的衣服造型款式，穿属于自己风格的服装，更好的展示个人风格，突出个性（图 8-2-b）。

3. 遵循黄金分割法则，调整好着装轮廓线。轮廓是由身体的内在骨架和外在的服装修饰决定的，外在的轮廓靠服装外型塑造。较好的运用服装分割线能扬长避短、突出形体线条、塑造服饰形象整体美感（图 8-2-c）。

4. 注重服装品质的选择，讲究服装面料质地和花纹。服装是人的第二皮肤，也是个人形象招牌，优良的服装品质有助于营造高雅的服装品味。职业服饰形象讲究精良的面料、完美的版型、合体的裁剪、精湛的工艺。服饰品牌的附加值大小，都将体现着装者的身份（图 8-2-d）。

5. 服饰搭配决定职业形象的成败。搭配包括鞋、帽、包、丝巾、饰品等服饰配件。正确的搭配起到画龙点睛的作用，错误的搭配则会前功尽弃。男士在职业场合领带的选用上最保险的颜色是暗红色、灰色、蓝色。女士可以适度地用一些首饰作为装饰，但切勿选用过于花哨的装饰物（图 8-2-e）。

6. 发型和妆面更是职业形象的重中之重。职业女性化妆应遵循自然、协调的原则。妆面颜色和造型的选择应与服装色彩、款式相呼应（图 8-2-f）。

（a）适宜公务场合的服饰色彩

（b）生动的服装造型与浪漫的个人风格的统一

（c）服装外形轮廓塑造出服饰形象整体美感

（d）职业服饰形象注重装品质

（e）职业服饰形象注重搭配的协调统一

（f）妆面、发型对职业形象起到画龙点睛的作用

图8-2

（三）错误的职业服饰形象设计

1. 过于时髦型

现代人热爱流行的时装是很正常的现象，即使个人不去刻意追求流行，流行也会左右着每个人。但有些职场工作人员几近盲目地追求时髦，完全不顾周围环境，是十分不妥的。例如：某家贸易公司的女秘书在工作时身着夸张另类的时装，指甲上同时涂了几种鲜艳的指甲油，当她处理公务时，给人一种不严谨、不庄重的感觉。一个成功的职场工作人员对于流行的选择必须有正确的判断力（图 8–3）。因而在职业场合不要盲目的追求时尚，如果时尚与个人的权威和可信度相冲突，请选择保守、有权威、有可信度的服装。作为职业女性和男性应该建立一套有可信度和权威感的基本“衣橱”。

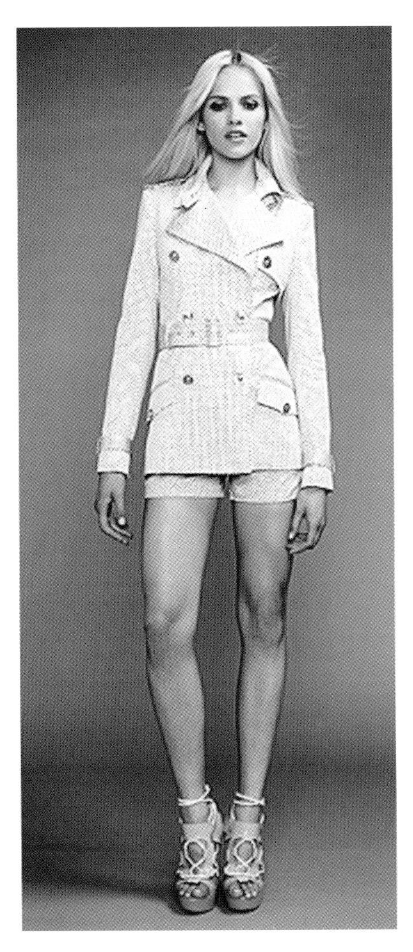

图8–3 职业场合错误的穿着——过于时髦

2. 过分暴露型

旧时代的女性注重服装的动机较单纯，其目的无非只是想获得他人的赞美，或是增加对异性的吸引力。在讲求男女平等的时代里，女性处处希望与男性平等竞争，简单追求外表的吸引力，已不能满足这些职业女性的着装要求。女性竞争者在着装方面必须要更具道德魅力、审美魅力、知识魅力及行为规范的魅力，使服装无形中为协调人际关系、提高工作效率、增加职位升迁的机会起到良好的作用。

在职场场合的形象设计中，对于女性的首要着装建议是，突出女人性感的服装是削弱信任和职业化程度的第一杀手。加拿大形象设计师海伦 · 布朗杰认为：“裙子越短，权利越小。领口越低，权利越小。”我们大概很难发现一个公司的女总裁穿着吸引人们的目光、高出膝盖两英寸的裙子，穿着裸露半个胸部的紧身衣坐在总裁办公桌后面。当然，值得一提的是，海伦定义的相反论（裙子越长，权利越大）并不成立，职业化的着装一切都是本着“适中”的原则。

无论是世界杰出的男性领导人的伴侣，还是在公司总裁办公室里的女性权威，没有一个是依靠女人的性感来取得其成就的。无论是希拉里、南希 · 里根、肯尼迪夫人（杰奎琳 · 肯尼迪），还是惠普公司的总裁，她们展示给世界的都是一个端正、可信、不可触及的高贵形象。

不合时宜的性感毁坏一个女性的权威和可信的形象。2002 年英国的一次“最糟糕的十位女性形象”电视评选中，进入前十名的知名女性中，不是由于过于性感的服装，就是由于过于不修边幅，过于缺乏品味、混乱搭配服装而遭到了观众的反感。过分的性感是商业会晤和事业成功的杀手，引人注目的、高质量的、有品味的外表让别人尊重你，女性的着装反映了一个女性的能力（虽然这并不是真理），出色的外表对女人的事业起着推波助澜的作用。美国著名形象设计大师英格丽认为，对于女性而言，在职业的服饰形象设计理念中，基本原则应该是“为了成功而穿着”，而不是为了性感、时尚而着装。

夏天的时候，有些职业女性不够注重自己的身份，喜欢穿颇为性感的服装。这样的形象可能会使个人的才能和智慧被埋没，甚至还会被看成轻浮。例如：露背装、低胸、迷你裙、透明衣等服装款式，都是维系良好人际关系的障碍，男士们或许对含有性意识的服装有所迷惑，但据统计这种迷惑时间是极其短暂的，紧接

图8-4 职业场合错误的穿着——过于暴露

图8-5-a 职业场合不适宜的裙子长度

图8-5-b 职业场合适宜的裙子长度

下来便是轻视，因此特别建议职业女性，不妨将性感留在家中的卧室里，让办公室的形象显得健康、大方、得体、端庄(图 8-4)。

职业服饰形象三忌：

(1)短：职业女性的裙子不能太短，一般长度至膝盖，或者在膝盖上下 3 公分，上衣的长度在伸手时不能露腰肢(图 8-5)；

(2)透：上班装不能太透，一般上衣都要穿有袖的服装；

(3)露：低胸、露背、露肩的服装会在工作中不方便，不雅观；而男性也不能将短裤、背心等服装穿到办公室里，否则给人以不庄重之感。

3. 过分"潇洒型"

这种服饰形象的"潇洒"是形容服饰形象邋遢或随便，将休闲场合的服饰穿入公务场合。最典型的装扮就是一件随随便便的 T 恤或罩衫，配上一条泛白的破牛仔裤，丝毫不顾及办公室的规律和体制，在办公室里如有听到别人评价"穿得好潇洒"时，其实是指个人服饰形象太随意或是形象太过于休闲，这些话里蕴含着有意或无意的批评，当然也表示个人的服饰形象发生了问题(图 8-6)。

图8-6 职业场合错误的穿着——不注重场合

图8-7 职业场合错误的穿着——色彩繁杂

图8-8 职业场合错误的穿着——过分可爱的装扮使人对工作能力产生质疑

4. 色彩过于繁杂

职业服饰形象的色彩不能太杂，色彩以素色、中性色彩为主，身上颜色包括袜子颜色不应超过三种色彩。花哨、反光的服饰是办公室服饰所忌用的，服饰款式的基本特点是端庄、简洁、持重和亲切(图 8-7)。

5. 过分可爱型

在服装市场上有许多可爱俏丽的款式，但不适合工作中穿着。很多女性都喜爱淑女、可爱的服装，放眼市场内销成衣中，少女装所占比例很大，其中又有不少是可爱、花哨的款式，但是这类服装若出现在政府机关、企事业各部门的主管人员身上就显得不伦不类了。因为这样会给人不成熟、不稳重的感觉(图 8-8)。

二、常见职业服饰形象分类

(一)制服风格型设计

制服风格是国际化职业服饰特定范围中的风格理念阐述，是在国际服饰着装礼仪、禁忌以及相关国际惯例指导下，对服饰形象进行的风格定位。制服风格的职业服饰形象有着统一的符号语言，通常在同款、同色、同料的设计中变化出系列的延伸设计，这样易于创造出系统化且具有标识作用的服饰形象。

上衣、下裤式为典型男套装的着装方式，同时也适用于职业女套装。衣服和裤装通常使用统一的色彩，避免中间截断的感觉。搭配方式有衬衫、裤装，衬衫、制服套装，衬衫、马甲、西服套装等。

设计特征：

面料——羊毛、天鹅绒、斜纹软呢、混纺面料、化纤面料等。

样式——纯色为主，有暗纹、格子等具象花纹。

颜色——根据不同的职业，服装颜色多种多样，多以纯色为主。

饰品——领结、领巾、领带、丝巾、腰带等。

适宜人群和场景——公务员、企业管理人员、空乘、军警、金融业、服务行业特定职业岗位的人群在执行公务及特定工作环境中穿着(图 8-9)。

（a）酒店大堂经理的服饰形象

（b）企业管理人员的服饰形象

（c）保安人员的服饰形象

（d）空乘人员的服饰形象

（e）军警的服饰形象

（f）银行工作人员的服饰形象

图8-9 各类制服风格型的职业服饰形象设计

（二）现代简约型设计

现代简约型的特色是将设计的元素、色彩、材料简化，但对色彩、材料的质感要求很高。现代简约型服饰形象的表达非常含蓄，往往能达到以少胜多、以简胜繁的效果。而现代人快节奏、高频率、满负荷的工作和生活状态，已让人到了无可复加的接受地步。人们在这日趋繁忙的生活中，渴望得到一种能彻底放松、以简洁和纯净来调节转换精神的空间，这是人们在互补意识支配下，所产生的亟欲摆脱繁琐、复杂、追求简单和自然的心理。

现代简约型的服饰风格以都市化感性和高科技氛围为中心，追求富有探索进取心的干练形象。在服装领域，追求反对浪费的简约风格把突出表现现代都市气质作为主要特征。在服装造型上，整体搭配要简洁，尽量消除柔和感和强装饰性。颜色以白色、黑色、灰色等系列为基调，偏向有强烈的色彩对比和明暗对比的配色。采用沿水平、垂直、倾斜等方向的结构线，力求达到服装的适体性。现代简约外观风格既不是正统的，也不是前卫极端的，它所要表达的是一种对现代文明的多面意识与感受。

现代简约型风格特征：

面料——精梳羊毛、纯棉、蚕丝、混纺面料、化纤面料等。

样式——服装造型简约、剪裁合体、搭配具有时尚感。

颜色——无彩色系列搭配有彩色系列，配色简单。

饰品——造型精致的耳环、项链、手表、小手包等。

适宜人群和场景——白领、教师、科研机构、企事业单位行政人员等人群在办公室办公、出席会议、正式接待等场景中（图 8-10）。

（a）

（b）

（c）

（d）

（e）

（f）

（g）

图8-10　各类现代简约型的职业服饰形象设计

（三）庄重典雅型设计

庄重典雅型服饰形象是既高雅又端庄并富有品位的职业形象。它不受流行影响，具有超越时代的价值和普遍性，服装造型古典、传统。

在女性着装方面，套装打扮的传统风格通常被认为是典型的典雅式形象，其中包括展现女性形体曲线美的高雅套装。适合此类形象的服装在设计上选择略紧身的设计风格，如夏奈尔套装、开襟羊毛套装、洋装、布雷泽外套等服装。衬衫多用花边、褶边、丝带等镶嵌物表现女性矜持、高雅的气质，或用丝绸、人造丝等既有弹力，又手感柔软和富有光泽的面料做成柔软的褶裥，也多用纤细的人造丝和天鹅绒做外套。服装颜色沉稳、丰富，以白色、灰色、米白色、绛红色、宝蓝色、深紫色为主要服装颜色，并用柔和的色调防止色泽之间的对比。如果使用不鲜明的淡色调和亮色调，则更加着重表现其形象的高雅感。饰品上通常选择能突显高贵的金饰品、铂金、珍珠等。

男性庄重典雅型服饰形象外观给人以高雅、稳重，款式承袭传统造型，多选择裁剪得体英式西服套装，面料质地优良，面料选择多为精美纯毛料、或是至少 70% 的毛料、或毛与丝的合成材料、或真丝、亚麻等质感华贵的高档材质，而且以纯色、暗色格子、条纹等样式为主。颜色选择上以深灰、深蓝、灰色、褐棕灰、熟褐、灰褐、酒红等有深度的颜色为主。服装搭配在颜色选择上对比不强烈，多用同一色、相邻色系列进行自然搭配，塑造的男性具有品味、典雅的形象。服装剪裁合体，做工精，穿着讲究与服饰品的配搭。

这种外观给人以成熟稳重，诚信可靠的感觉，也是智慧、理性与权威的象征，主要体现在男士职业上班装或社交礼服类服装方面，庄重典雅外观可以是一个成功的商界精英，也可以是一位诚实勤恳的银行管理人员。总之，男性庄重典雅型服饰形象外观所代表的都是彬彬有礼，温文尔雅的现代绅士形象。

庄重典雅型风格特征：

面料——羊毛、斜纹软呢、丝绸、雪纺纱等。

样式——服装造型古典、款式传统经典，以条纹、方格、暗色具象花纹为主。

颜色——以灰色、褐色系为主的葡萄酒色、深绿色、藏蓝色、黑色等有深度的颜色。

饰品——造型精致的胸针、耳环、项链、手表等。

适宜人群和场景——商界高层管理、IT 行业、政界、高校教师、企事业单位管理人员等（图 8-11）。

（a）

（b）

（c）

（e）

（d）

（f）

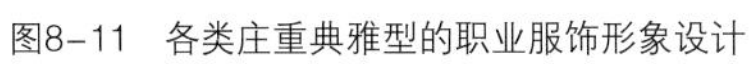

图8-11 各类庄重典雅型的职业服饰形象设计

（四）柔和秀丽型设计

柔和秀丽型服饰形象是指反映出职业女性善良、温柔、端庄贤淑的装扮，是专门适用于女性的服饰形象观感特征。配合个人风格通过大量使用花卉图案、抽纱褶皱、线型分割、荷叶花边、纱质面料以及柔和淡雅的色彩，强化女性至善、至美、至真的特质和文静纤弱的气质特征。使观众产生柔和、舒适、亲切、细腻、惬意、静谧的视觉情绪反应。整体形象需要具有刻画人体曲线美的形态特性，表现出圆润的肩线、纤细的腰部、丰满的胸部等身体曲线，并用细节部分装饰来突显女性之美。

柔和秀丽型服饰形象的主要面料有柔软光滑的针织品和丝绸、柔滑的纯棉或雪纺绸、天鹅绒、安哥拉山羊毛等。色彩上较多使用柔和色和亮暖色，充满温柔感，饰品上搭配一些环形耳环、闪闪发光的珠宝、小款手提包、丝带装饰以及有亮点的鞋子。

柔和秀丽型风格特征：

面料——天鹅绒、丝绸、雪纺绸、羊毛等。

样式——款式较为丰富，花形图案、具象花纹。

颜色——柔和色调和亮暖色。

饰品——环形耳环、闪闪发光的珠宝、小款手提包、丝带装饰以及有亮点的鞋子等。

适宜人群——教育界、医疗界、文艺界、服务行业、时尚行业等人士（图 8-12）。

(a) (b) (c) (d) (e) (f) (g)

图8-12 各类柔和秀丽型的职业服饰形象设计

第二节　休闲服饰形象设计

所谓休闲场合，就是人们在公务、工作外，置身于闲暇地点进行休闲活动的时间与空间。如居家、健身、娱乐、逛街、旅游等都属于休闲活动。由于现代人生活节奏的加快和工作压力的增大，使人们在业余时间追求一种放松、悠闲的心境，反映在服饰观念上，便是越来越漠视习俗，不愿受潮流的约束，而寻求一种舒适、自然的新型外包装。

今天，休闲服饰形象已经不再仅仅局限于青少年一代，从十几岁的少年到六七十岁的老年人，休闲形象无处不在。跑步、轮滑、骑单车、登山、游泳……各种有益人们身心健康的休闲运动方式为人们所热衷。休闲服饰形象表达出对生活乐观的态度并充满无限的热情，同时也表达出热爱大自然，喜欢自然随意的生活方式。在着装中选择宽松舒适的"H"形造型，自然舒适的棉、麻、针织面料，来自大自然的原麻色、天蓝色、本白色、岩石色、森林色等都是休闲型人的最爱。

一、休闲服饰形象设计要点

（一）重点突出"舒适自然"的原则

在休闲场合，着装形象应当重点突出"舒适自然"的原则，设计要点为舒适、方便、自然、个性。最忌讳穿着与周边环境不融洽的套装、套裙或制服出现在休闲场合。在休闲场合的着装，主要有牛仔装、运动装、茄克衫、T恤衫、短袖衫、短裙等等。在休闲场合的着装中，男女的分界并不很明显。休闲服饰迅速崛起并备受消费者的青睐，在于它强调了对人及其生活的关心，以及参与人们改造现代生活方式，使他们在部分场合和时间里，摆脱了来自工作和生活等方面的重重压力。休闲服饰形象的设计并非是另一种生活方式，而是人们对久违了的纯朴自然之风的向往。

（二）休闲服饰形象设计注重与场合、环境的对应性

服饰形象参照西方便常服的造型基础及设计元素。服饰形象特征为简洁的线条、宽松的轮廓、能减则减的装饰、舒适挺括的面料、中性自然的色彩，简约利落的美感特征，能够使大众产生随意、大方、淳朴、悠闲的审美情绪。休闲场合涉及面较广，因而服饰形象应根据具体出席场合而有针对性的设计。最常见的休闲场合包括居家休息、健身运动、旅游观光、街市漫步、商场购物、烧烤聚会等等。例如：家居服饰形象舒适、随和、温馨、自然；旅游时服装选择原则是轻便、结实、耐磨、透气、易洗，应选用明朗活泼的色调来装扮，高度鲜艳的色泽，能够与大自然的景色相适宜，使整个气氛轻松愉快，服饰形象给人以轻松、自然、舒适之感；健身运动时选择透气性、吸湿性、安全性好的服饰，服饰形象活力、健康乐观；朋友聚会时服饰色彩宜明亮丰富些，要尽量适合都市流行气息，可以在人流中尽情地表现自我风格，充分发挥服饰搭配的个性；访友时可视访问对象、季节等因素，穿着符合时令色彩的服装，服饰形象大方得体（图 8-13）。

二、常见休闲服饰形象分类

（一）活力运动型设计

活力运动型服饰形象带给人们一种健康、乐观、积极的具有活力的形象。是将运动装做休闲装以及改良的运动装，这是人类对运动和自身价值的新观念。这一形象首先给人们的感觉就是充满朝气与活力，他们在运动中获得健康，在运动中感受青春。服装往往具有明显的功能作用，以便在休闲运动中能够舒展自如，它以良好的自由度、功能性和运动感赢得了大众的青睐。服装在款式设计上围绕简洁、舒

（a）家居服饰形象

（b）健身运动时的服饰形象

（c）休闲度假时的服饰形象

（d）商场购物时的服饰形象

图8-13 四种场景的休闲服饰形象设计

适、随身等因素设计出适合运动、方便人体活动、符合人体穿着需要的服装。整体形象装扮上表现出明亮生动感和年轻感。背心、短裤、短袖T恤、运动鞋、拉链上衣等都是爱好运动者首选的搭配。

服装多选择纯棉、莱卡等弹性较大、舒适性高、吸水性强、耐磨等特质的面料；在色彩上多选择活泼、亮丽、鲜明等特征的色系搭配，例如：赤、橙、黄、黄绿、紫等色系，使整体形象充满活力；在配件上多搭配颜色适宜的袜子、运动棒球帽、运动包等使服装的整体感表现的极具感染力。

活力运动型风格特征（图8-14）：

面料——纯棉、莱卡、氨纶、腈纶等。

样式——纯色、字母图案、具象花纹。

颜色——色彩丰富、色彩的饱和度高。

饰品——鸭舌帽、运动手表、运动鞋、运动背包等。

适宜场景——旅游、健身、日常休闲运动。

（二）青春时尚型设计

青春时尚型服饰能表现出年轻人的青春活力，同时在服装的搭配上融合了当前流行的时尚元素形象。青春时尚型保留了年轻人内在的青春气息，又表现出他们渴望成熟的外在形象。在服装的选择上符合年轻人的审美，在搭配上总有一些亮点出现，表现出他们开朗活泼的风格。

在服装的颜色选择上，多选择一些色彩明亮、对比度明显的鲜艳色彩；在服装的搭配中，会选择一些造型夸张的项链来提高整体服装的亮点。在看似

图8-14 各类活力运动型的休闲服饰形象设计

简单普通的服装搭配中总有一处或两处吸引人的眼球，表现出与众不同的风格。青春时尚是年轻人的一种专有的美，是一种年轻人激情的表现，是一种真正的美，一种年轻人特有的精神状态的美。

青春时尚型风格特征（图 8-15）：

面料——纯棉、雪纺绸、牛仔、化纤面料等。

样式——通常设计新颖、造型较为夸张、塑造强烈的个性，喜用纯色、有图案和花纹等流行元素。

颜色——色彩明亮、对比度明显的鲜艳色彩。

饰品——造型夸张的项链、吸引人眼球的特色装饰品等。

适宜场景——逛街、聚会、休闲活动场所。

图8-15 各类青春时尚型的休闲服饰形象设计

(h)

(i)

(j)

(k)

(l)

(m)

图8-15 各类青春时尚型的休闲服饰形象设计

（三）休闲随意型设计

休闲随意型形象是指那些喜欢满足于服装的舒适性、随意性，表现出一种自在怡人的形象。在生活中有更多人会选择休闲随意的服装穿着，这类形象的人群不喜欢被拘束，不自在的感觉。休闲随意型形象的设计主要是表达出他们的随和性，使之能更好的和环境融合在一起。面料大多选择纯棉、雪纺纱，以方格、条纹、具象花纹等样式为主。颜色上偏爱无彩色系和有彩色系的搭配。

全球化环境保护启发了这一主题。这类服饰外观新颖、自然，上装以稍加变化的便西装、链装和茄克为主，裤装宽松皆可、柔和利落、修长安逸，配合其自然时尚的设计形向。在选材上，沙质效果的麻料、清爽的棉布、凉爽的毛料等纯天然的纤维及各种质感磨绒面料都较适宜。颜色上以浅色为主，绿色、黄褐色最为常见。

休闲随意型风格特征（图 8-16）：

面料——纯棉、雪纺绸、麻质面料等纯天然纤维。

样式——方格、条纹、具象花纹等。

颜色——无彩色系和有彩色系。

饰品——设计简单的项链、手链、背包等。

适宜场景——观光、私人聚会、闲逛。

（a）

（b）

（c）

（d）

（e）

（f）

图8-16　各类休闲随意型的休闲服饰形象

(g)

(h)

(i)

(j)

(k)

(l)

图8-16 各类休闲随意型的休闲服饰形象设计

（四）前卫叛逆型设计

前卫叛逆型服饰形象具有超前意识或出格行为，异于主流社会规范的群体或派别。这是象征现代人的生活态度和审美观念，在二战中发生的转折性突变，各种反叛文化以穿着表达个性与主张所形成的服饰形象风格。服装在形态、色彩、设计等方面超越常规，带有试验性，只有少数人喜欢。随着人们欲望的不断增加，前卫叛逆式形象开始在一般大众中亮相，并越来越多地参与其他服装进行混合搭配。如果人们想要展示个性，可以适当的利用这种形象来表现现代感。

前卫叛逆式服装的设计以破坏为目的，而与功能不太相关。比如，将主要用于连衣裙的剪裁方法运用到茄克上，改变茄克的一般款式风格，或者破坏和剪切服装的原有构成形态，或者最大限度的改变茄克的大小。此外，还采用一些制衣时通常不使用的面料。

前卫叛逆服饰形象外观并非表现某种特别的款式，它实际上是由各种现成的服装、饰品所营造出的着装风格，其手法多为分解、破坏，然后组合拼装，而灵感则多来自神秘文化、异教文化的崇拜，对现代文明秩序的嘲弄，以及对性别概念的刻意模糊。五彩头发、黑色皮衣、各色钉鞋、巨型拉链、闪光的铁链、流苏奖章、弹力面料、喷绘、撕扯、穿洞、扣环，并和震耳欲聋的流行音乐挂钩，追求强烈的视听震撼。是西方社会矛盾在服装形象文化上的反映，是颓废虚无的象征，同时也给主流男装以强烈冲击和影响，产生积极互助的作用。

前卫叛逆型风格特征（图 8-17）：

面料——皮革、毛绒、纺纱、呢子等。

样式——有部分的裸露、拼缝、剪切等。

颜色——色彩鲜艳、配色多种多样。

饰品——造型夸张的耳钉、唇环、脐环，款式夸张的鞋子等。

适宜场景——酒吧、娱乐场所、主题 Party。

（a）

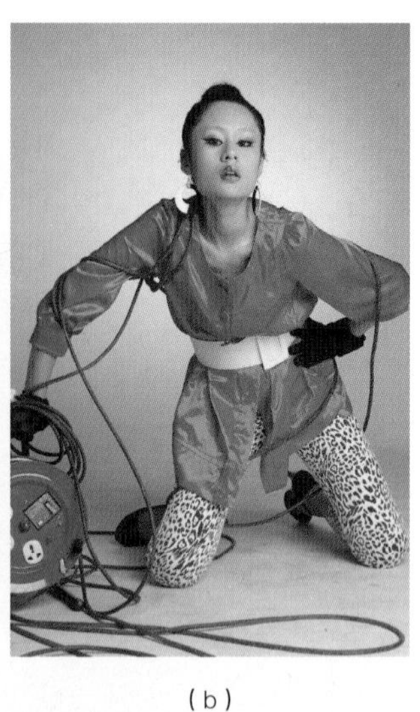

（b）

（c）

（d）

图8-17　各类前卫叛逆型的休闲服饰形象设计

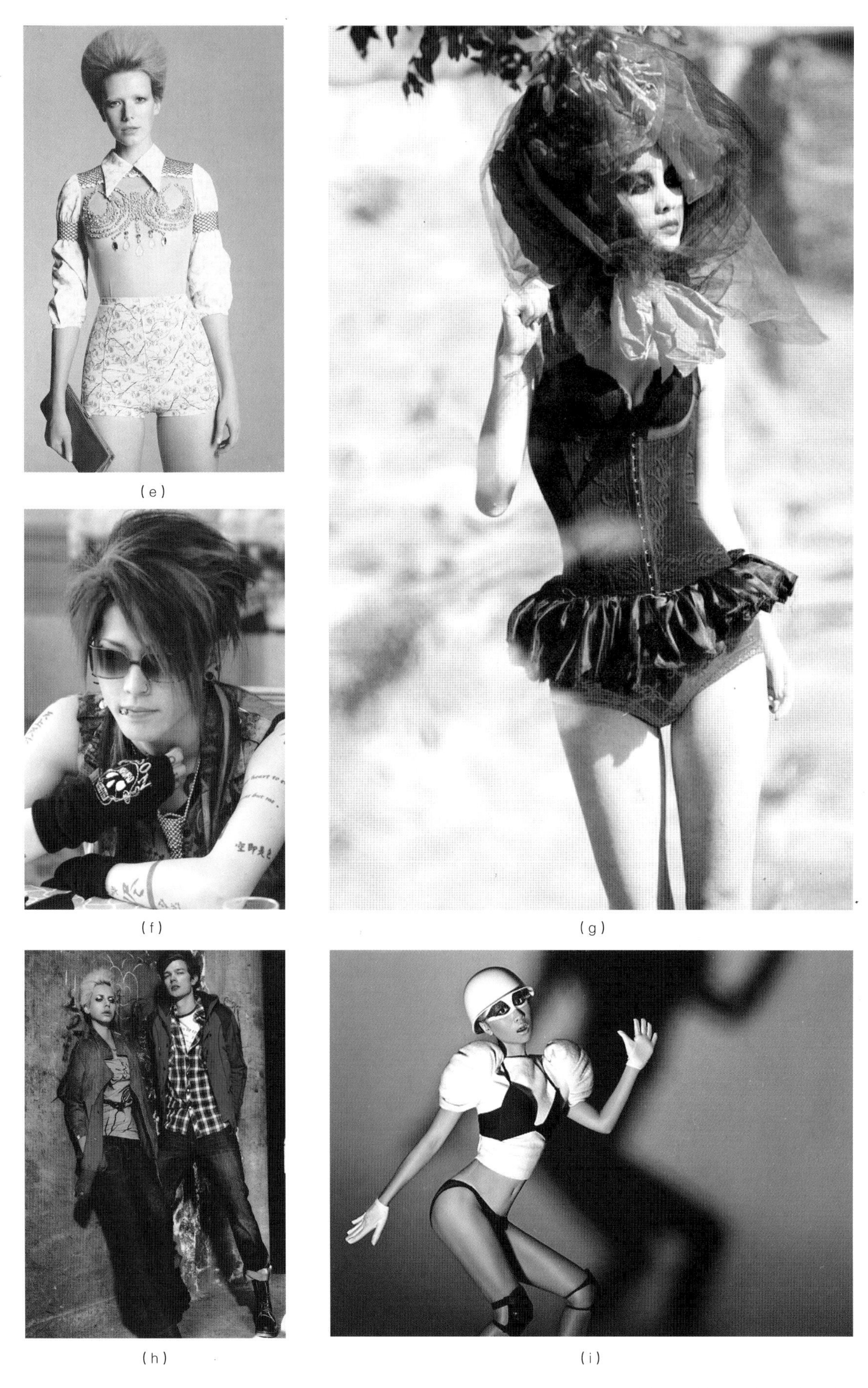

(e)

(f)

(g)

(h)

(i)

图8-17　各类前卫叛逆型的休闲服饰形象设计

（五）时尚创意型设计

时尚创意型的形象是指穿着时尚、服装搭配中富有创意的形象。以都市化感性和高科技氛围为中心，追求富有探索进取心的干练形象。这类形象超越实用功能，形象处理上将新颖奇妙的设计升华为时尚风格来表现。

其设计具有一定的超前性，偏向于带有个性和憧憬未来之感。在服装搭配上打破常规，习惯于把各种有特点的服装与配饰结合在一起，在色彩的选择上，色彩丰富，偏向有强烈的色彩对比和明暗对比的配色，使得整体造型在变化中又有统一。

时尚创意型风格特征（图 8-18）：

面料——混纺、雪纺绸、牛仔、羽毛、纯棉等。

样式——款式丰富，剪裁精良，时尚个性化的设计理念。

颜色——色彩鲜艳、配色丰富。

饰品——环形耳环、腰带、围巾、手包等。

适宜场景——工作之余的休闲娱乐场所。

（a）

（b）

（c）

（d）

图8-18　各类时尚创意型的休闲服饰形象设计

(e) (f) (g) (h) (i) (j) (k)

图8-18　各类时尚创意型的休闲服饰形象设计

（六）中性型设计

中性型服饰形象设计在视觉效果中往往常见建筑感的造型效果，它体现了一种简练、挺拔，无明显性别特征的审美感受。在女装中，中性风格的服装很少使用纯女性化的装饰语言，甚至将装饰的性别取向减弱，只体现概括、直线条、帅气洒脱的视觉效果。男装中则注重细节的处理与整体感的统一，强调外表细腻精致的视觉享受。在男装领域中则出现了越来越多的女装元素。例如：花哨的图案、紧身的剪裁、更讲究层次的搭配方法等，男性的装扮也变的丰富多彩起来。中性风格没有明确的性别取向，更多的在表现一种跨越之美和融合之美。

中性型风格的服装在女性形象设计中的色彩上倾向含灰色调或冷色调。常用棉麻材质或比较硬挺、厚实的面料。造型突出直线条、大轮廓的效果。装饰品较少，局部的设计有时较为夸张，但也遵循简洁、硬挺的效果。服饰的设计中较多的使用折线、尖角等造型突出中性风格的特征。

中性风格特征（图 8-19）：

面料——皮革、牛仔、纯棉、麻类织物等。

样式——男女都适宜的造型设计、简约图案、花纹等。

颜色——以无彩色系列色彩和中性冷色调为主，搭配有暖色等色彩。

饰品——墨镜、腰饰、手包等。

适宜场景——工作之余的休闲活动。

（a）

（b）

（c）

（d）

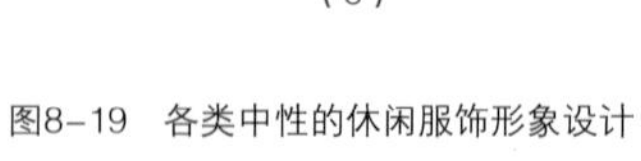

图8–19　各类中性的休闲服饰形象设计

（e） （f）

（g） （g） （g）

图8-19 各类中性的休闲服饰形象设计

（g） （g）

第三节　社交场合服饰形象设计

社交,即人的社会性交往活动和行为。社交场合是工作之余在公共场合和同事、商务伙伴友好的进行商务活动或者应酬的场合。社交场合中进行社交活动以信息的传播为主要方式,所以在社交场合中注重着装就显得更加重要,良好的社交形象能够更加顺利的传达个人信息,有利于商务活动的完满完成,最终赢得更加丰厚的利润。在社交场合中,一定要注重自己的形象,切忌穿的太随意,让别人感觉到你的形象过于随意,进而联想到你的个人能力不强,最终没能达成良好的沟通。所以,良好的形象是成功交往的第一步。

我国古代有特制的各式礼服,欧洲有的国家也有专门的礼服,我国现今暂时还没有明确的制服规定。男式中的西裤、中山装等,女式中连衣裙、旗袍、套装等,只要整齐、大方、穿着合身、面料精良,都可作为社交场合的服装。

一、社交服饰形象设计要点

1. 符合规范

社交场合的服饰形象具有很强的规范性和较广泛的认同性。社交场合的形象是多样化的,它的形象设计的重点就是根据出席的时间、出席的场合、出席者的身份结合自身的条件特征来选择合适的服装。

2. 社交服饰形象根据不同的社交对象、不同相互关系、社交内容讲究等级性

应当尽可能事先了解社交活动的档次,尤其是对赴宴宾客的穿着要求,确定选择穿着正式礼服还是让人感觉轻松随意的服装类型。除了参考邀请函上的服装要求外,还应尽可能的了解主人的衣着品味、喜好以及参加活动的上级领导的可能穿着,以免喧宾夺主。

西方国家的服装分为礼服和便服。传统男士礼服分为:大礼服、晨礼服、小礼服;女性礼服分为:常礼服、小礼服、大礼服。中国传统文化具有“男尊女卑”的特点,男性在隆重的场合穿着讲究;女性很少出没于社交场合,多在深闺。偶尔出现,也是那个时代典型的、合于严格等级身份的中式服装。现代设计会随着社交礼仪的从简趋势发展,社交服饰向着既职业化、又丰富多样,表现个性魅力方向发展。

二、常见社交服饰形象分类

(一)浪漫优雅型设计

浪漫优雅型形象是指着装形象品味高雅、具有浪漫气息,甚至充满幻想、富有诗意和梦幻般的形象。

男性服饰款式承袭传统礼服造型,除黑、白、灰、蓝外,更多的选择熟褐、灰褐、酒红等暖色调,面料选择精美毛料、真丝、亚麻等质感华贵的高档材质。服装剪裁合体,做工精,穿着讲究与服饰品的配搭。男性要塑造浪漫优雅型的服饰形象可以遵循 T.P.O 原则,按照聚会的时间、聚会的地点和出席的场合选择合适的礼服。根据出席者的身份,确定礼服规格、档次和标准等。例如选择燕尾服、大礼服、黑色套装、两件套装等。

女性服饰形象带有的柔和、梦幻和浓浓的女人味,是这类风格容易给人的第一印象。在社交场合举手投足间散发出成熟女性的矜持、奕奕神采、充满自信。服装款式以大礼服、小礼服、洋装、旗袍等裙式服装造型为主,设计中主要使用轻柔的面料搭配花形图案和水珠花纹,用粉色、黄色、紫色、米色等柔和色调的颜色来着重表现女性优雅的气质和浪漫风格。

浪漫优雅型风格特征(图 8–20):

面料——针织品、羊毛、丝绒、真丝、雪纺绸、纯棉、天鹅绒等。

样式——女士选择晚礼服、旗袍、洋装等服装款

式，男士选择燕尾服、大礼服、套装、中山装形式的服装款式。

颜色——女士选择色调柔和的色彩，男士以中性色为主。

饰品——精致耳饰、项链、手链等首饰，带有装饰的手提包，有设计亮点的鞋子。

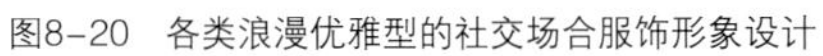
图8-20 各类浪漫优雅型的社交场合服饰形象设计

(g) (h) (i)

(j)

(k)

(l) (m)

图8-20　各类浪漫优雅型的社交场合服饰形象设计

（二）性感妩媚型设计

性感妩媚型形象是女性所特有的社交形象。与职业场合的女性相比，社交场合中的性感妩媚型的女性能够更好的展示出女人的魅力，能够更加深入的吸引对方，从而给对方留下更加深入的印象，也能更多的赢得交往的机会。在服装的款式上表现出女性圆润的肩线、纤细的腰部、丰满的胸部、修长的腿部线条等身体曲线，塑造出女性妩媚、高贵的气质形象。在面料的选择上多选择柔软光滑的丝绸、针织品、纯棉、雪纺绸、天鹅绒等。使得整体形象充满温柔、妩媚的感觉。

（a）

性感妩媚型风格特征（图 8-21）：

面料——丝绸、针织品、纯棉、雪纺绸、天鹅绒等。

样式——大礼服、小礼服、收身短裙等。

颜色——颜色纯度较高，以宝蓝色、红色、玫红色、黑色、紫色等色调为主。

饰品——设计精致的珠宝项链、美玉、手链等。

（b）

（c）

（d）

（e）

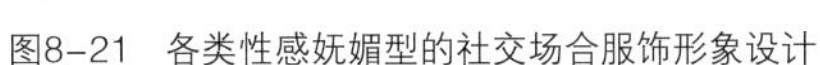

图8-21 各类性感妩媚型的社交场合服饰形象设计

(f) (g)

(h) (i) (j)

(k)

图8-21　各类性感妩媚型的社交场合服饰形象设计

（三）可爱俏丽型设计

可爱俏丽型形象是既可爱又俊俏的女性美丽形象。这类形象能够更好的表现出女性活泼可爱、调皮乖巧的性格。该风格有明确的消费对象，因此会充分研究和体现穿着对象的心理特点。服装款式多为连衣裙，也会有卡通图案的T恤等。在造型上多搭配褶饰、花边、泡泡袖、蝴蝶结等。

服装在色彩上多选择明亮活泼的颜色，多为暖色系列，色彩柔和或时尚。局部的造型复杂程度不一，但装饰性很强。常搭配一些小碎花来进行装饰，在饰品方面会搭配一些小耳钉、小耳环、串珠项链、小手包等来增加可爱度，同时起到画龙点睛的作用。

可爱俏丽型风格特征（图8-22）：

面料——丝绸、纯棉、雪纺绸等。

样式——泡泡袖、花边、荷叶边、褶皱。

颜色——以纯度高、色彩鲜亮的暖色系列为主。

饰品——小耳钉、小耳环、串珠项链、小手包等。

（a）

（b）

（c）

图8-22 各类可爱俏丽型的社交场合服饰形象设计

(d) (e) (f) (g) (h) (i) (j)

图8-22 各类可爱俏丽型的社交场合服饰形象设计

第四节　创意形象设计

创意形象设计是针对某一设计和创作的主题，运用创造性的思维、艺术表现手法，通过对人物的视觉效果的强化和包装，准确地再现和传达这一主题的信息，以达到突出和升华该主题的人物形象设计。创意形象设计与选用的造型元素是分不开的，无论设计是简单还是复杂的，都应该突出主题，将寻常的服装、饰品、发型经过细节的点缀、创意的处理，变幻出具有时尚感和视觉冲击力的创意造型，以强化造型的主题概念。创意形象设计的特点是把握特定人物形象中的个性化品格，将其中的内涵本质进行外在的视觉化包装，通过内在意蕴与外在形式的融合，来表现作品的感染力，以完成主题的要求。

一、创意形象设计要点

创意形象设计是在做人物的形象设计时围绕一个明确的主题进行人物形象定位，围绕主题展开丰富的想象，结合主题元素进行创意形象的设计。这就要求设计者事先必须要有明确的主题定位，定好主题后围绕主题进行联想并且丰富各个元素，结合形象设计的要素完成最终的形象设计。在创意形象设计中切记只凭借主观想象随意把想到的东西添加到创意形象中，创意形象的完成一定是在大量的调研和实践中，按照美学的法则进行的创意形象制作，每个创意形象中都要围绕一个明确的中心展开联想与制作。一个好的创意形象一定是符合美学的要求，有自己的创新、创意之处，每一件作品的完成包括人体的形体条件、妆面的技法表现、服装款式的形式表现以及配件、饰品等各个方面。

二、形象创意设计的步骤

在形象创意设计过程中，整体与局部的协调关系是重要的设计因素。表现形式大致可以分为从整体到局部和从局部到整体两大部分。其具体的工作包括以下几个步骤：

（一）理解设计对象、明确设计目的

这是形象设计的准备阶段，是进行创意设计的基础。不同的人有不同的设计要求，同一个人在不同的社会角色和背景下有不同的需求，只有对设计对象有充分的了解，才可以在设计过程中做到心中有数，得心应手。我们经常提到的“T、P、O”条件是观察的主要内容，具体指时间、场合和目标三个内容。

（二）构思阶段

形象设计构思包括：构想的初步形成、逐步完善和构想加工完美三个阶段，具体的步骤如下：

1. 选择设计题材：形象设计的题材要突出的特点是着重展现人的外貌、性格、气质等。

2. 确定设计主题：设计主题是形象设计的核心、灵魂和统帅。在设计构思中，最重要的是确定设计主题。确定设计主题一定要有明确的中心和对主题进行提炼的能力，不能满盘皆抓。

3. 构建整体框架：整体形象设计应该体现完整、和谐、统一的设计框架，体现在对人体的整体包装，包括发型、化妆、服饰、体态等的分析和深入了解。

（三）设计具体表现

设计具体表现包括材料准备和最终完成阶段两个方面。

材料的准备相当重要，不同材料的应用会带来不同的设计感觉。材料准备的过程也是产生新的创意思维的过程。在形象创意设计过程中还应注意以下几个方面：

1. 选择与主体相吻合的服饰：服饰是烘托人物形象和气氛的重要因素。不同时代、不同民族、种族以及不同主题风格的服饰都具有各自鲜明的艺术特

质。所以,只有选择相应的服饰才能鲜明的突出主题。

2. 化妆造型也要符合主题的要求:化妆可直接采用复制原时代的造型特点,也可以用打破常规的方法进行演绎,只要有助于主体设计的表现,就可以不用局限于有限的想象空间。

3. 细节处理决定创意品位:细节处理主要包括服饰的应用和搭配以及道具氛围、化妆、发型等的处理,都应该做到尽善尽美,否则的话,可能会影响整个设计的全局,使整体的设计失去原有的设计要求。

三、创意服饰形象分类

(一)仿生形象创意设计

仿生形象的创意设计包括了植物、动物、建筑等等具象的形象创作,仿生形象创意的目的就是分析植物、动物、建筑等形象的外观形象和内部结构,以及分析仿生形象在未来中的发展设计。仿生设计法是设计师通过感受大自然中的动物、植物的优美形态,运用仿生学手段创造性地模拟自然界生态的一种造型方法,概括和典型化的对这些形态进行升华和艺术性加工,结合人物形象特点创造性地设计出人物造型。

仿生设计法在人物形象设计中的应用规律主要有人物整体造型仿动、植物的形态造型和在人物局部造型中模仿动、植物的纹理。通过视觉上的色彩、触觉上的质感以及各种形态的变化,从形态和神态上达到统一,能够表达出仿生形象的思想。通过化妆技法、服饰与配件、道具、场景等元素间优化和相互间的协调,最终通过人体形象表达出逼真、形象的仿生创意形象。例如:进行动物——猫的仿生形象创意,在创意的过程中就要保留猫所表现出来的慵懒的气质,在五官的塑造上要细致的描绘出猫的神韵,最后在服饰配件上达到整体造型的统一。

仿生形象创意设计特征:

目的——分析植物、动物、建筑等形象的外观形象和内部结构,以及分析仿生形象在未来中的发展设计。

设计要点——通过化妆技法、服饰与配件、道具、场景等元素间最优化和相互间的协调,最终通过人体形象表达出逼真、形象的仿生创意形象(图 8–23)。

图8–23–a 仿生形象创意设计案例一

图8-23-b　仿生形象创意设计案例二

图8-23-c　仿生形象创意设计案例三

图8-23-d　仿生形象创意设计案例四

(二)复古形象创意设计

复古法是指人物形象的设计参照了历代的人物形象的服饰、装饰、纹样、化妆等元素，设计中运用了一些古典风格的图案进行装饰，并根据现代设计的特点，重新筹划人物造型，体现出古典韵味的一种设计方法。

在复古形象的创意中要求设计者了解各个时代的人文背景、习俗、宗教文化、社交礼仪等知识，并通过该时期的形象特点进行现代创意复古形象的设计。在创意的过程中首先要保留该时期的典型形象特质，其次进行创意发挥，最终完成的形象设计不仅能够流露出复古的时期特点，而且传递出现代创新意识。例如：以唐代女性形象作为设计素材时，妆面设计可利用唐代女性的妆面中流行的面靥元素、娥眉造型元素，在发型上运用唐代流行的高髻，服装利用唐代广袖、披帛等造型元素特征进行设计。在具体设计时，设计者应把握这些明显的设计点进行创意发挥，最终达到完美的复古创意形象。

复古形象创意设计特征：

目的——运用古典元素进行装饰设计，根据现代人物形象设计的特点，重新筹划人物造型，体现出一种古典韵味。

设计要点——在创意的过程中首先要保留该时期的形象特征，其次进行创意发挥，最终完成形象时不仅能够流露出复古的时期特点，而且传递出现代创新之处(图 8-24)。

图8-24-b 复古形象创意设计案例二

图8-24-a 复古形象创意设计案例一

图8-24-c　复古形象创意设计案例三

图8-24-d　复古形象创意设计案例四

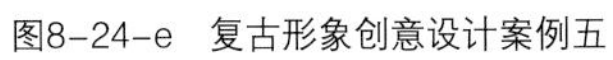

图8-24-e　复古形象创意设计案例五

（三）民族形象创意设计

民族形象创意就是针对各个民族人们的形象特征从服装、配饰、习俗文化进行深入的了解，是表现文化的综合设计。在进行创意时，保留该民族的文化特征，结合民族的流行元素，把民族的特征元素融合到设计中。在进行民族形象创意的过程中，首先要把握该民族的明显特征，针对特殊的设计点，充分开发传统文化资源，把该设计点融合在整体的人物形象创意中，创造出具有浓厚历史沉淀的设计作品。

民族形象都不陌生，但是在进行民族形象创意时就不能单单的只是模仿该民族的服装、配饰等简单的外表形象。而是要把民族形象中服饰或配件包含的元素结合现代技术进行创意制作。民族风格借助形象设计特有的表现手法，通过某一种颜色、某一块面料等形式，来诠释民族性的造型艺术的精髓。设计师完全可以通过一个民族的绘画、音乐、用具、面料甚至宗教的特征等诸多具有民族特色的素材，进行独到的创意设计，而更重要的是要表现民族元素的现代价值。时代的影响使民族风格融入了更新的元素，所以，民族风格也是顺应时代的发展而不断变化的。

民族形象创意设计特征：

目的——针对各个民族人们的形象特征从服装、配饰、习俗文化方面进行深入的了解，进而表现民族元素的现代价值，是一种表现民族文化的综合设计。

设计要点——民族风格借助形象设计特有的表现手法，通过某一种颜色、某一块面料等形式，来诠释民族性的造型艺术的精髓（图 8-25）。

图8-25-a 民族形象创意设计案例一

图8-25-b 民族形象创意设计案例二

图8-25-c 民族形象创意设计案例三

图8-25-d 民族形象创意设计案例四

图8-25-e 民族形象创意设计案例五

图8-25-f 民族形象创意设计案例六

（四）装饰类形象创意设计

装饰类形象创意就是充分利用装饰图案、装饰物所进行的形象创意。进行形象创意时，同样要求要明确一个主题，从而围绕主题进行联想与创意发挥，不能是简单的运用各种装饰部件进行组合。装饰艺术是人类社会最普遍的艺术形式。它不是一种纯艺术现象，它首先是人类为生存而进行造物的创造性活动，无论是在任何年代、任何地方，人类发展中的每个时期，装饰艺术往往都能体现该时代的文化和艺术水平。在设计上，它与现代设计的风格也有着惊人的一致性，因此，装饰艺术成为现代设计创作灵感的宝贵源泉。

在传统的装饰类形象中，大多数以身体裸露为美的原始部落居民非常重视身体各部分的装饰。例如：纹身、绘身、彩面以及耳、鼻、唇饰等多种多样的装扮形式，均被大多数裸体民族的人们作为装饰身体的理想部位和形式，并将这种形式视为民族的象征和美的标志。除此之外，还运用一些其他的装饰性材料，比如扣子、亮片等能达到装饰效果的材料，按照一定的美的需求进行设计和制作，用这些现代的方式和制作方法来完成装饰类形象设计的主题。现代的装饰类创意形象沿袭了传统的装饰艺术，并且利用现代生活中丰富多样的装饰材料进行创意制作，丰富了现代装饰类艺术形象。

装饰形象创意设计特征：

目的——沿袭传统的装饰艺术，并且利用现代生活中丰富多样的装饰材料进行创意制作，丰富现代装饰类艺术形象。

设计要点——按照一定的美的需求进行设计和制作，用这些现代的方式和制作方法来完成装饰类形象设计的主题（图 8-26）。

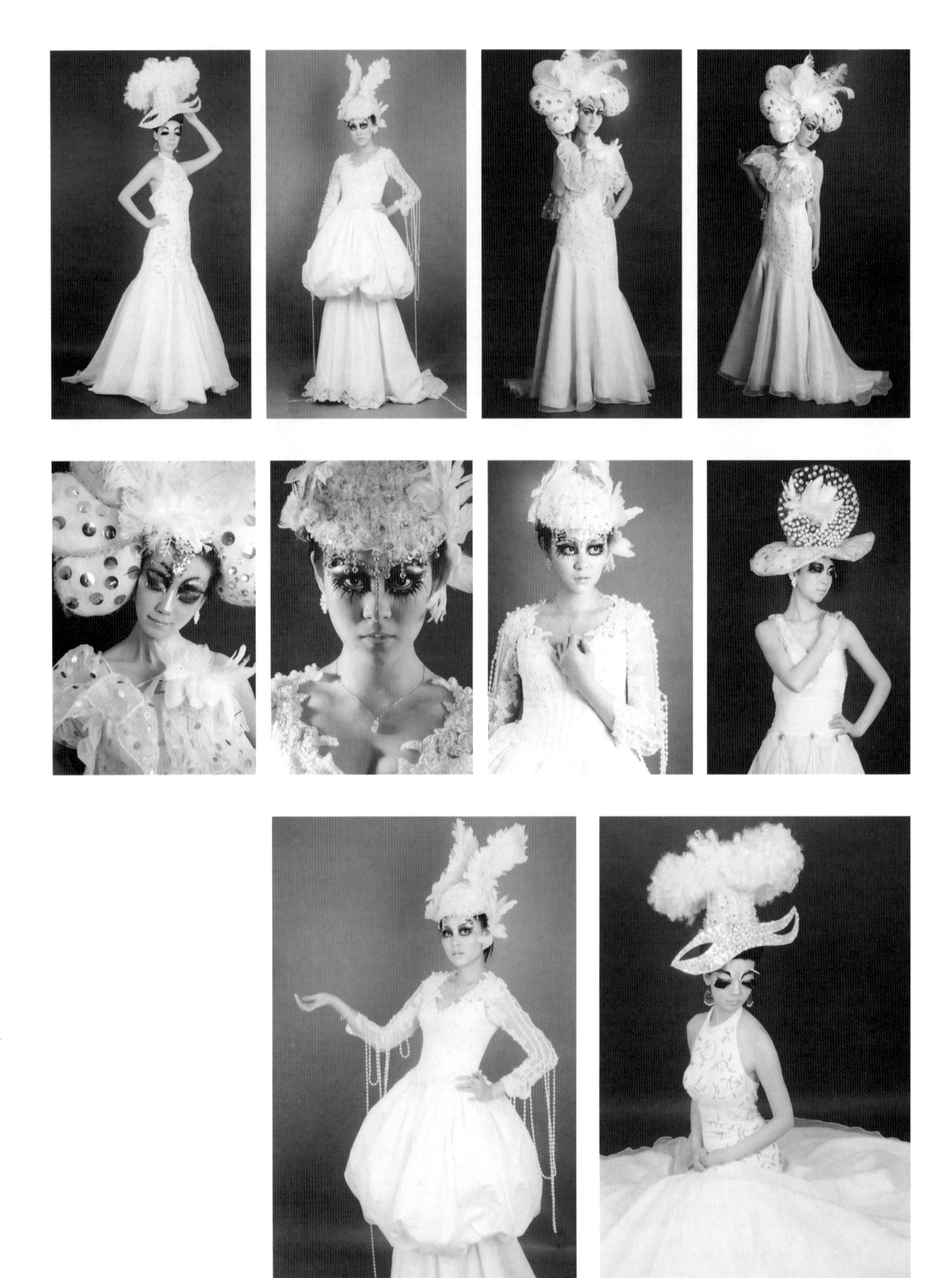

图8-26-a　装饰形象创意设计案例一

图8-26-b 装饰形象创意设计案例二

图8-26-c　装饰形象创意设计案例三

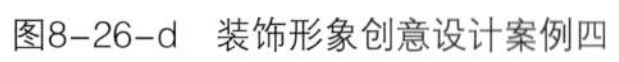

图8-26-d　装饰形象创意设计案例四

图8-26-e 装饰形象创意设计案例五

图8-26-f 装饰形象创意设计案例六

（五）另类形象创意设计

另类形象是打破传统的造型形象。是崇尚个性、另类，讨厌重复、大众化的东西。另类造型的重点就是打破常规的设计表现。在妆面的设计上打破传统妆容的设计，追求标新立异、创意独特、张扬个性的个性化妆容。服饰的特点是没有固定的款式设计，服装另类并表现出具有艺术性、戏剧性的独特造型。服饰有时可以不实用，甚至是怪诞、夸张、违背常理。但可以达到视觉上的冲击和心灵上的震撼效果。色彩醒目、款式多样化的特点。另类造型没有约定成俗的限制，设计者只要能够想象并表达出主题就可以尽情的发挥其创意。

另类形象创意设计特征：

目的——塑造崇尚个性、另类，讨厌重复、大众化东西，打破传统的造型形象。

设计要点——最终的形象创意设计中达到视觉上的冲击和心灵上的震撼效果。色彩醒目、款式多样化的特点（图 8-27）。

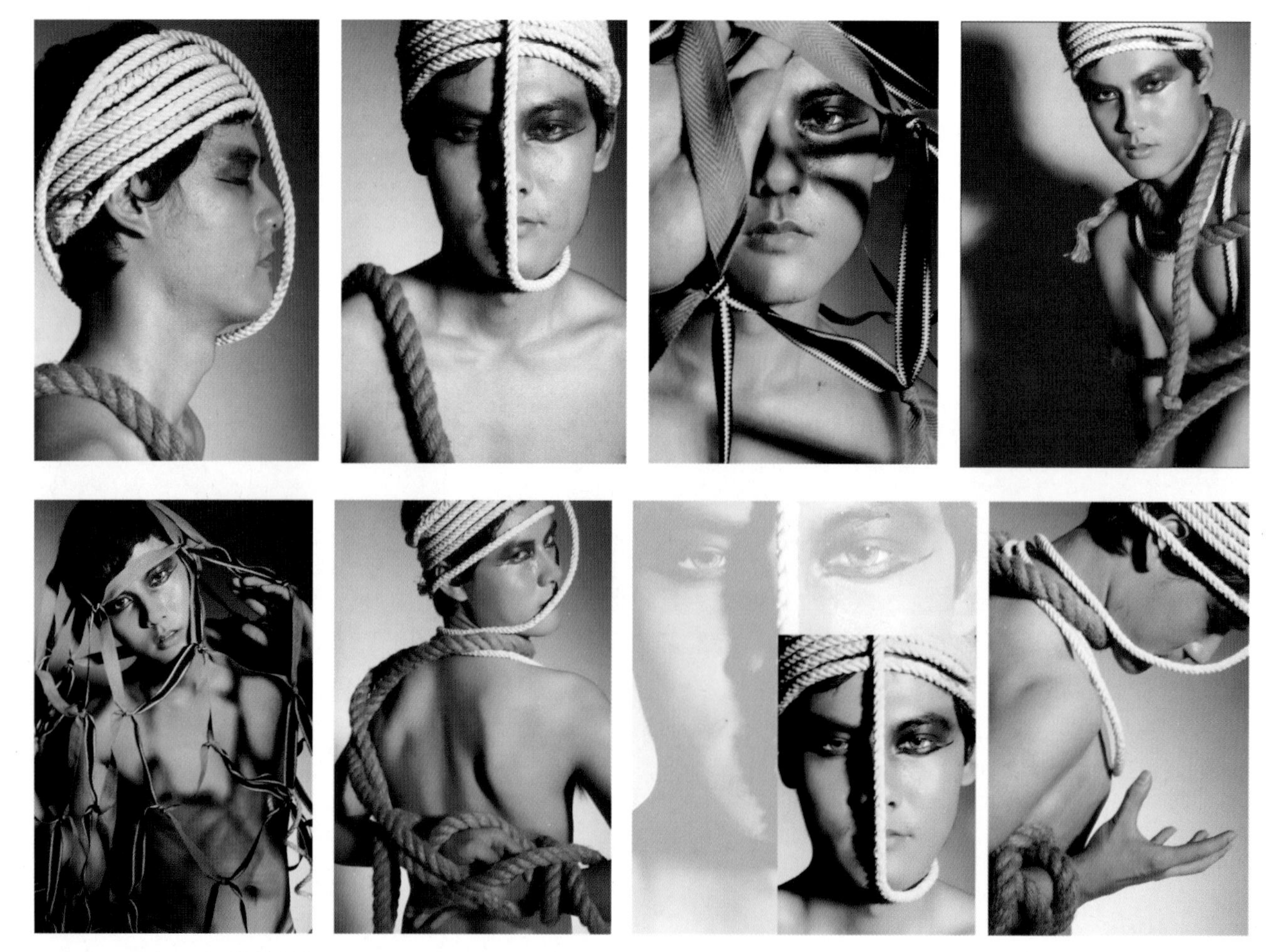

图8-27-a　另类形象创意设计案例一

图8-27-b 另类形象创意设计案例二

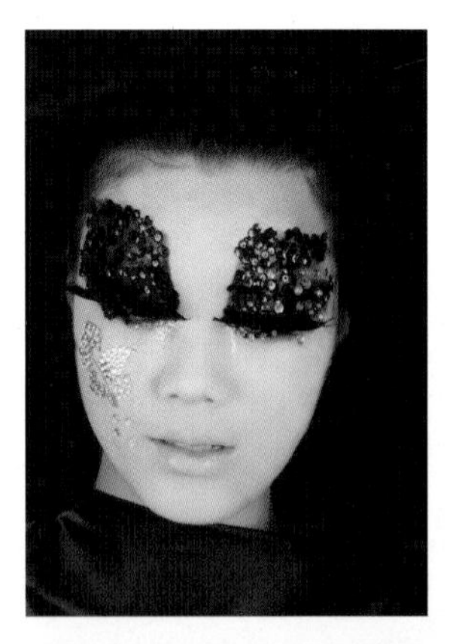

图8-27-c 另类形象创意设计案例三

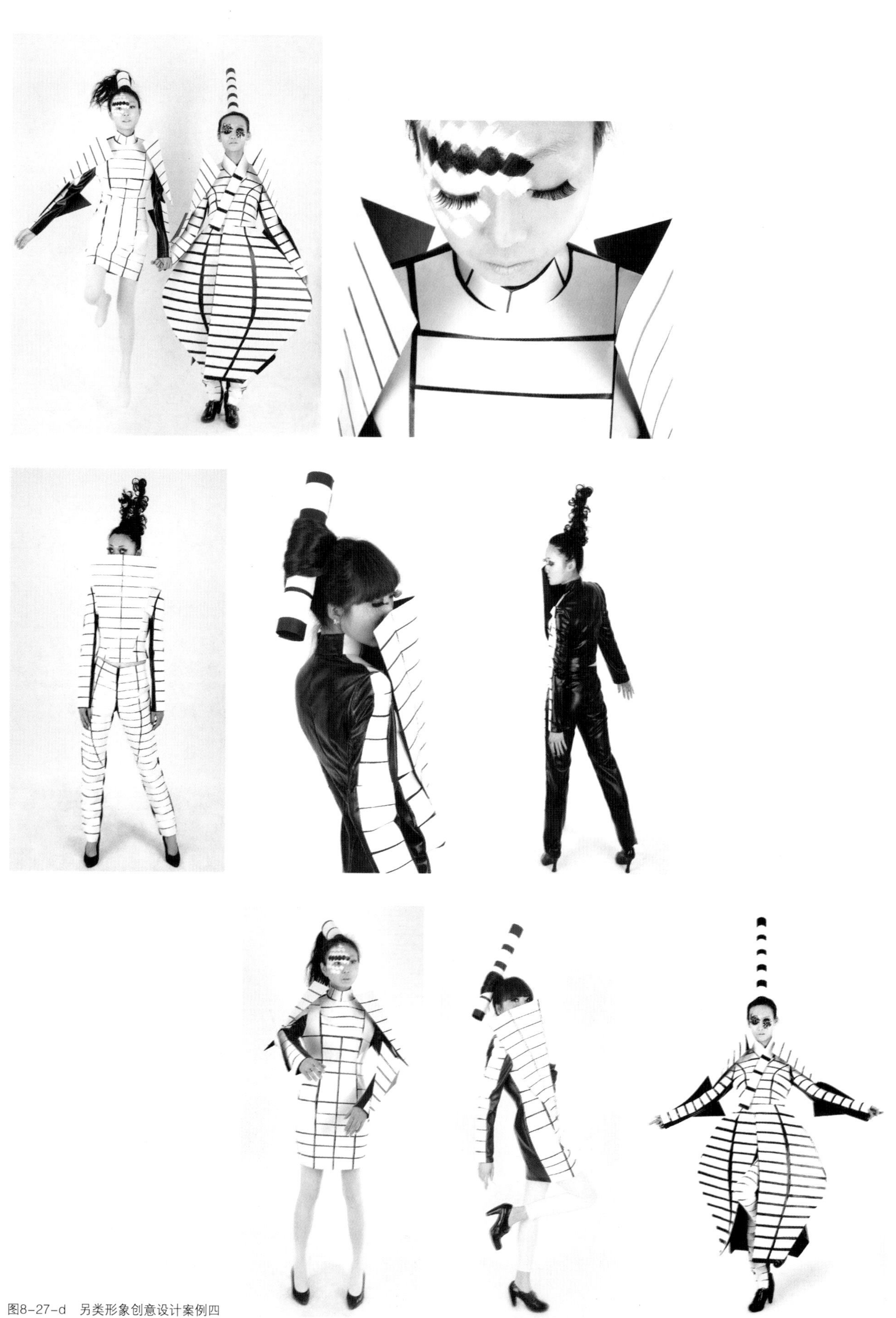

图8-27-d 另类形象创意设计案例四

第九章　服饰形象设计作品案例

案例一：

主题名称：甜心公主

设计风格定位：社交场合的可爱俏丽型形象设计

适宜场合：生日聚会或特别的节日聚会

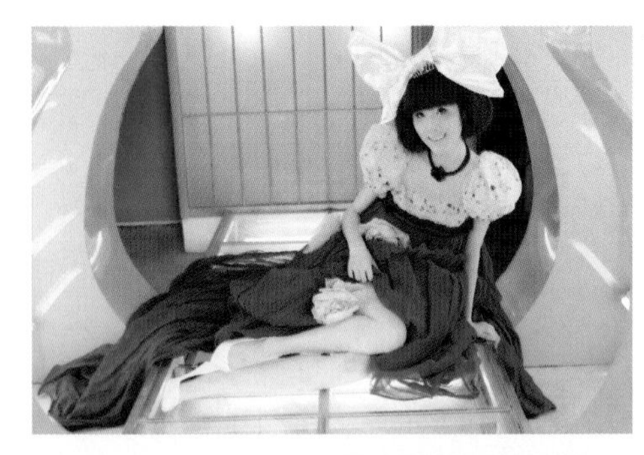

案例二：

主题名称：飞羽之恋

设计风格定位：社交场合的性感妩媚型形象设计

适宜场合：参加晚宴或朋友聚会

案例三：

主题名称：秀“色”

设计风格定位：休闲类的时尚创意形象设计

适宜场合：朋友聚会、生日聚会或特别的节日派对活动

案例四：

主题名称：蓝色之恋

设计风格定位：社交场合的浪漫优雅型设计

适宜场合：晚宴聚会和婚礼场合

案例五：

主题名称：雪山飞狐

设计风格定位：装饰类创意形象设计

适宜场合：朋友聚会、舞台表演

案例六：

主题名称：花影

设计风格定位：社交场合的时尚创意形象设计

案例七：

主题名称：我型我塑

设计风格定位：休闲场合的青春时尚型设计

适宜场合：约会、购物、参加聚会

案例八：

主题名称：商旅之逸

设计风格定位：社交场合的浪漫优雅型

适宜场合：晚宴聚会、商务聚会

案例九：

主题名称：青春的驿动

设计风格定位：休闲场合的青春时尚型设计

适宜场合：朋友聚会或休闲活动

案例十：

主题名称：又见上海滩

设计风格定位：社交场合的浪漫优雅型设计

适宜场合：晚宴聚会和婚礼场合

案例十一：

主题名称：我的青春我做主

设计风格定位：休闲服饰的青春时尚型

适宜场合：朋友聚会

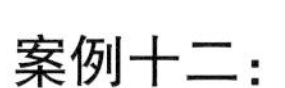

案例十二：

主题名称：似花含露

设计风格定位：社交场合的复古形象设计

适宜场合：参加舞会、音乐会、颁奖晚会

案例十三：

主题名称：邂逅

设计风格定位：社交场合的浪漫优雅型设计

适宜场合：参加舞会、音乐会、颁奖晚会

案例十四：

主题名称：格言

设计风格定位：社交场合的可爱俏丽型设计

适宜场合：生日聚会、节日聚会

案例十五：

主题名称：东方丽人

设计风格定位：社交场合的性感妩媚型设计

适宜场所：聚会及出席一些较为正式的庆典晚会、颁奖仪式

案例十六：

主题名称：铿锵玫瑰

设计风格定位：职业风格的的现代简约型设计

适宜场所：办公室、写字楼、会议室，接待室等

案例十七：

主题名称：浮沉幻影

设计风格定位：创意形象的复古风格

适宜场合：特定的节日聚会、舞台表演

案例十八：

主题名称：绅士风范

设计风格定位：社交场合的浪漫优雅型

适宜场所：社交聚会、婚礼

案例十九：

主题名称：飞扬青春

设计风格定位：休闲场合的活力运动型设计

适宜场所：出游、学校或朋友聚会等

案例二十：

主题名称：梦之破晓

设计风格定位：休闲服饰的休闲随意型

适宜场所：外出旅游

案例二十一：

主题名称：心旅之程

设计风格定位：社交场合的浪漫优雅型

适宜场合：晚宴聚会

案例二十二：

主题名称：酷我e族

设计风格定位：休闲服饰的时尚风格

适宜场所：外出、聚会，娱乐

案例二十三：

主题名称：玉树流光

设计风格定位：时尚创意形象设计

适宜场合：舞台表演

案例二十四：

主题名称：海洋之星

设计风格定位：休闲场合的前卫叛逆型设计

适宜场所：朋友聚会、时尚派对

案例二十五：

主题名称：放飞的梦

设计风格定位：社交场合的性感妩媚型

适宜场合：社交晚宴、约会

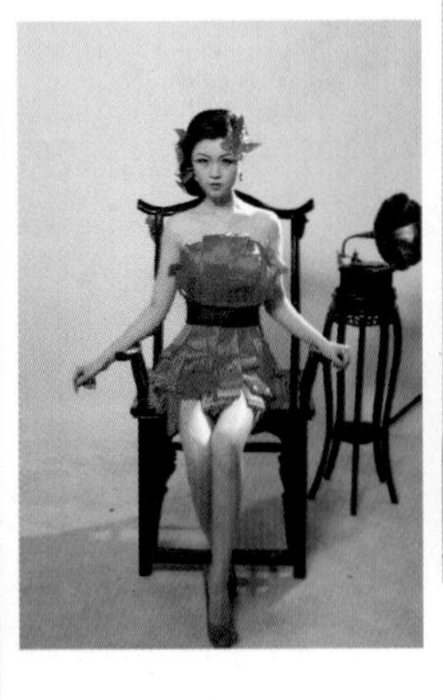

案例二十六：

主题名称：冰之吻

设计风格定位：时尚创意型社交场合形象设计

适宜场合：晚宴或朋友聚会

案例二十七：

主题名称：嫣然之趣

设计风格定位：社交场合的可爱俏丽型设计

适宜场合：生日聚会、节日聚会

案例二十八：

主题名称：西风东渐

设计风格定位：民族风创意形象设计（以剪纸和民族元素来演绎现代民族中时尚创意的艺术风格）

案例二十九：

主题名称：流年衣影

设计风格定位：前卫创意形象设计

案例三十：

主题名称：纯然浪漫

设计风格定位：社交场合的现代简约型

适宜场合：宴会、颁奖晚会、庆典

案例三十一：

主题名称：伊人风尚

设计风格定位：休闲场合的时尚形象设计

适宜场合：时尚派对

案例三十二：

主题名称：纯粹

设计风格定位：另类创意形象设计

案例三十三：

主题名称：对弈

设计风格定位：另类创意形象设计

案例三十四：

主题名称：似水流年

设计风格定位：社交场合的性感妩媚型设计

适宜场合：时尚派对

案例三十五：

主题名称：惑

设计风格定位：另类创意形象设计

案例三十六：

主题名称：鹅之吻

设计风格定位：创意时尚形象设计

案例三十七：

主题名称：夜归人

设计风格定位：社交场合的创意形象设计

适宜场合：时尚派对、舞台表演

案例三十八：

主题名称：鸦之恋

设计风格定位：仿生创意形象设计

案例三十九：

主题名称：凝尘

设计风格定位：创意时尚形象设计

案例四十：

主题名称：钗头凤

设计风格定位：民族风创意形象设计

参考文献

[1] [韩] 李京姬，金润京，金爱京著；韩锦花，吴美花译.形象设计，北京：中国：中国纺织出版社，2007

[2] 顾晓君. 21世纪形象设计教程，北京：机械工业出版社，2005

[3] 周力生. 形象设计美学，北京：化学工业出版社，2009

[4] (加) 英格丽 · 张著. 你的形象价值百万：世界形象设计师的忠告，北京：中国青年出版社，2008

[5] 蓉宋. 形象美学，沈阳：春风文艺出版社，1995

[6] 柏玉华. 形象设计基础教程，南昌：江西科学技术出版社，2004

[7] (美) 多娜 · 富士井著；徐庆，谢文英，高平译. 色彩与形象. 北京：中国纺织，2004

[8] 吴帆著. 形象色彩设计，上海：上海交通大学出版社，2007

[9] 秦文启. 形象学导论，北京：社会科学文献出版社，2004

[10] 曹耀明. 设计美学概论，杭州：浙江大学出版社，2004

[11] 周生力. 形象设计概论，北京：化学工业出版社，2008

[12] 李芽. 中国历代妆饰，北京：中国纺织出版社，2004

[13] 吴帆. 化妆设计，上海：上海交通大学出版社，2010

[14] 沈宏. 衣仪天下，北京：中信出版社，2008

[15] 夏国富，耿兵. 形象设计基础，上海：上海交通大学出版社，2007

[16] 吴帆. 杨秋华著. 形象创意设计，上海：上海交通大学出版社，2007